统计思维

后浪出版公司

{ 大数据时代
瞬间洞察因果的
关键技能 }

[日] 西内启 著

李晨 译

浙江人民出版社

目 录

商务与统计学之间千丝万缕的联系

01 商务与统计学之间的鸿沟到底因何存在

《统计学是最强学问》是本怎样的书

市面上有许多统计学入门书，其写作方式却鲜有变化。首先是概率论，然后介绍正态分布之类的概率分布，接下来讲解估计、检验、相关系数和回归分析，一般就是以这样的顺序从数学的角度理解上述各种概念。

有幸售出35万册的畅销书《统计学是最强学问》（以下简称"前作"），则是统计学"入门的入门"。它从实用的角度说明了统计学在现代社会中发挥着多大的作用，以及现今普遍使用的统计方法，是经过了怎样的历史、因何人的思考而诞生的。可以说，前作是将涉足统计学领域所需的基本常识凝缩在了一本书中。

因此，在看到"即使读了这本书也无法应用统计学"这样的感想或批判时，我毫不意外，因为事实确实如此。

企业对大数据赞不绝口，可引进了昂贵的系统却只用来画一张漂亮的饼状图。前作的目的仅在于填补统计学与社会之间的鸿沟，并改变上述状况。

若能吸引更多人关注统计学，我的目的便达到了。接下来，读者只要在琳琅满目的入门书中选出适合自己的来学习，日本人的统计能力自然也就会上升……这就是我当时的想法。

续作（本书）的理由

听到了同侪的反馈，我才知道这种想法似乎有些过于乐观。这就是写作本书的理由。

现将他们所认为的现有统计学入门书不适合自己的理由总结如下：

- 出现公式就读不下去
- 乍一接触到统计工具，不知道它的含义
- 不知道各种方法对自己的工作有何助益
- 不知道自己工作适用哪些统计学知识

他们曾问我是否有书能满足上述需求，但我确实尚未见过这样的书。

前作中也曾提到，统计学是有力且广泛通用的工具，在诸多学术领域都有应用。各学科的目的、思维方式、研究对象的性质不同，同样的统计方法会有不同的应用方式，更有许多专门用于某一学术领域的统计方法。正是因此，经济学和心理学本科生的统计学教材内容相差很大。那些不想提及这些差距而仅介绍共同部分的统计学入门书，便只能使用抽象的公式，因而就会枯燥无味。

也就是说，大多数教科书与商务人士对统计学的需求并不相符，只是因为这些书原本就不是为了用于商业而写，这类书的作者和出版机构并没有任何过错。

为什么找不到好的统计学教科书？

理想情况下，最适合为商务人士写作统计学教科书的，也许是在商业各领域积累了定量分析实务经验的管理专家。

然而，管理专家中很多都在做历史与个案的定性研究，即使是进行定量分析的研究者，研究主题也不一定是用统计来解析如何提高某项业务收益率。举例来说，很多管理专家是从企业战略和收益关系等宏观视角进行统计分析。在分析某项业务的客户时，不同的专家也有着迥异的指导思想和方法。另外，也有人善于使用本质与统计学完全不同的、名为管理会计财务分析的定量分析方法。

这一点也同样适用于最近广受瞩目的"数据科学家"。将这些研究数理统计学或机器学习①方法的研究员放到商业活动的第一线，他们也不一定能立刻派上用场。即使有个别人能够立刻适应环境，那也只能说是出于运气，或是因为他本身算是商业直觉很好的年轻人罢了。

理解分析方法本身或是了解众多特殊的分析方法，与思考在现实中如何活用这些方法、创造何种价值，本身就是不同的事情。即使你所在的企业聘用的年轻数据科学家没有立刻适应工作，错也不在他们。与上文类似，只是因为他们并不是为了商业目的而学习罢了。

写到这里，大概会有人想问我到底是哪一种人。我与统计相关的职业生涯，是我易于将知识活用于商业活动的基础。

---

① 是作为人工智能核心的多领域交叉学科，研究计算机如何模拟和实现人的学习行为以获取新的知识或技能，重组已有的知识结构使之不断改善自身的性能。——译者注

　　我早先致力于研究公共卫生学。对于这门学问，只要目标是人类健康，采用何种研究方法都可以。因此我在美国求学时所属的公共卫生学研究生院（School of Public Health）不仅有医学院毕业后拿到医生执照的老师，还有经济学家、法学家、教育学家、社会学家、信息技术从业人员、曾在广告代理机构任职的营销专家……来自各个领域的专业人士聚集在那里，以人类健康为目标活用各种知识，形成新想法。

　　物理学是自然科学的王者，经济学是社会科学的女王，公共卫生学则可以说是科学的综合格斗术。尽管在进行"格斗"时可以选择任何方法，但最后一定会归结于"证据"，也就是统计学的分析结果。有时即使对手是女王，也要用证据将其击倒，而最近女王也正在学会用证据来反击。

　　我从年轻时开始直到现在，每日运用统计学技术分析横跨各领域（从基因到公共卫生政策）的实证数据并将其活用，这大概是我侥幸获得的最大财富。若是没有这笔财富，我也许根本不会想在前作中介绍不同领域的统计学的思维方式以及其中的差异吧。

02 "把握""预测"与"洞察"的统计学

商务活动需要的是"洞察"人的统计学

除了能让人理解许多领域中统计学的使用方法及其差别，公共卫生学所使用的统计学还在另一点上有助于商务活动。那就是它与几乎所有的商务活动相同，以人类的行为和社会状态的变化作为研究对象。

让我们和其他的学术领域比较一下。工学和农学的研究对象分别是非生物和人类以外的生物，我们可以控制大部分条件对它们的量和质进行实验，如在超低温下停止分子的震动来测定数据，或是收集实验生物所有的基因，只要技术和预算允许，实验想做就可以做。

与之相对，大多数人只能从观察和预测的角度来看计量经济学所研究的股票价格和经济状况等宏观变动。

研究声音、图像和自然语言的机器学习领域，也有其特殊的专业技术，如共振峰频率、特征点和修饰结构等。它以声音、图像和句子知识为基础，赋予0/1二进制记录的数据以意义，通过算法准确快速地处理对人类而言理所当然的认知行为。

　　需要事先声明的是，如果你所需要的是这方面的统计学知识，这本书对于你来说可能并没有用。实际上已经有了许多更加适合你的书。**这本书所涉及的，全部是为了洞察个人，并对其行动和状态进行部分改善的统计学。**

　　人类个体多样，决策机制复杂，用自己的行为来改变别人很难，或者说强制改变别人的做法在伦理上面临困难。因此经济学家研究合理性，政治学家研究权利，社会学家研究人与社群的相互作用，心理学家研究认知和感情，教育学家研究知识和能力，营销专家研究需求和欲望，就像这样，不同的领域尝试从不同的切入点去理解人类。然而，如果被问到什么对改善人的行动来说最重要，我一定会回答"全部都很重要"。

　　我在商务领域从事分析工作时，无论身处哪个行业、哪种职位，都需要用数据来洞察个人和集团的行动，进而寻找改变这种行动的方法。在这几年中，我在调查和数据分析上都没有遇到困难，应该是因为商务活动所需要的，就正是洞察人类行为的统计学吧。

统计学应用于商务的三大利器

　　洞察人类的统计学具体做的，就是**"洞察"**人类行为的**"因果关系"**。此外，统计学还被用于**"把握现状"**和**"预测未来"**，但本书（基本上）没有涉及它们。

　　所谓"把握现状"，举例来说，就是通过市场调查来估算现有多少人正在使用某种产品。本书并不涉及这一类的统计学，原因在于这种方法已经被使用在商务第一线，且已十分完善。

　　已经有许多商务人士从调查数据中推算出平均值和比例，并将之总结成图表。调查公司的发展也使得几千人规模的调查不再那么困难了。

　　只要收集了相应的数据，即使不理解标准误差的概念而没有将其写在报告中，只要误差并不大，这些数据使用起来也没有什么问题。明显偏向某些性别和年龄的数据可以推测整个日本的平均值吗？部分项目未被回答的问卷要如何处理呢？现在有着各种高级的统计方法来处理这类问题，所以很少有商务人士会因为执着于此而获利。实际上，在为其提供建议的时候，我也只会说："有关误差和调查对象分布偏差的问题，调查公司能够给出准确的答案，交给他们去做比较好吧。"

　　另外，制造业的质量管理方面，试验品的规格平均值是多少，其浮动有何特点，也属于"把握现状"的统计学方法，但这也不在本书的讨论范围之内。制造业利用统计学来进行质量管理可说得上是战后日本的看家本领，无论是门外汉还是专家，公司内部和业界的培训与资料内容都极其丰富。那些在我出生之前就能在商业中活用统计学的人，已经把我要说的都说完了。如果一定要解释，以往的统计学的应用，都是以"物体"和"能以物理方法测量的量与质"为基础，而我想要提出的，则是将统计学应用于"人"和"无法以物理方式测量的量与质"的领域。如果你对这点感兴趣，本书可能会对你有所助益。

　　"预测未来"，举例来说，就是利用统计学来尝试准确地预测未来股价或原材料价格是否会上升，或者库存会如何变化。此外，机器学习的图像和声音识别当中，仅从数据来准确预测"如果是人类会如何认识"，以此来模仿人类的认知方式，也属于"预测未来"。

　　本书不涉及这一点的原因是，在没有弄清分析方法之前，根据复杂的状况做出准确的预测是非常困难的。经济学家写作的统计学入门书中有时会有利用时间序列分析来预测股票价格的例子，但是如果真的可以通过充分预测来获利，这些方法也就根本不会写在书上了（即使所写的方法果真能够获利，模仿者的增加就会改变市场环境，其结果，或是利润因介入者过多而减少，或是加大经济泡沫，受到强烈批判）。

熟知各种统计方法的专业投资家的收益率，其实不会比随机购买上市公司全体股票这种猴子也能做到的投资方法收益率高。如果想要使用统计学来增加资产，我认为还不如重视上述实证数据（《漫步华尔街》，伯顿·马尔基尔著）。

关于预测的困难，纳特·西尔弗所著的《信号与噪声》中有详细介绍，对统计学在预测上的使用方法更加有兴趣的读者不妨参考阅读。

如何将"洞察"的统计学转化为商业优势？

在供应与采购部门工作的人，最关心的可能是预测采购价格和出货量的变化，然后制定相应对策。然而对于市场部门来说，洞察常常比预测更重要。举例来说，比起准确预测"这种制成品可以卖出多少""进行何种推广活动可以将商品卖出去""做出何种商品才能大卖"之类的洞察才能成为利益的源泉。也就是说，追溯客户购买背后的原因的这种"因果关系"才是重要的。

医学和公共卫生学领域也是这样。即使在统计学上明确了人的生活习惯与死亡率之间的关系，大部分医学相关人士对于准确预测某个人会在几岁时死亡的兴趣也并不大。统计学被应用于医学的目的，不是在于探索人会在几岁时死亡这一结果，而是在于如何让人更加健康长寿。"再这样下去你就只剩下多少年的寿命了"，大概有读者在体检时被医生这么威胁过。前作中提及（本书后面也会出现）的弗雷明汉研究项目中，诞生了根据性别、年龄、血压、吸烟史等项目计算心脏病发病概率的"弗雷明汉危险评分"法。然而，对于这些例子来说，准确预测剩余生命和发病率本身并不重要，从中认知风险，然后改变不健康的生活习惯这一目的才是重要的。

与把握现状和预测未来的统计学相比，这类洞察因果关系的统计学知识，尚未以简单易懂的形式普及。有许多统计学的教科书上写着"注意不要混淆相关关系和因果关系"，但是却很少提及，进行随机对照实验可以相当正确地判明因果关系。

然而，在一切都被数据化的今天，洞察因果关系在各种领域都是有力的武器。

如果你从事的是销售工作，只需要找出容易下单与不容易下单的客户的差别。若是从事人事工作，只需要找到能够与不能够为公司带来利润的人才的区别。或是从事刚才所提到的供应部门的工作，只要洞察价格谈判成功与失败的状况差异，便能带来利润。

幸运的是，无论IT技术如何发达，现在想要洞察这类因果关系，还是人脑更加合适。而且与高端的数据科学家相比，每日在第一线培养直觉又具有一些统计能力的人，更有优势从相同的数据中找出有价值的信息。

比如分析结果显示，某种商品仅仅在某个季节销量格外好。大多数情况下，计算机和外部人士都只能得出"在这个季节大量进货"这一想法，可是一直从事与店铺和商品相关工作的人，面对这一信息却可能"灵光一闪"。季节或商品本身并不重要，重要的是考察在表象背后是否存在某种联系，能够带来利润的新想法便由此萌生。很明显，这是一门所有的商务人士只要学会便能转化为优势的技能。

本书的使用要点

因此，本书从许多社会人士以"把握现状"而使用的平均值和比例方法起步，讲解的重点，是以恰当地洞察数据背后的因果关系为目的的统计学。

出于前述的对于现存入门书的不满，本书和前作一样，尽量让所有的说明不依赖公式、仅靠语句和图就可以理解。仅在为从本质上说明统计方法而必须使用公式的情况下，把用高中知识就可以理解的数学内容补充在了书的最后。本书想办法让没有读数学附录的读者也可以无障碍地理解正文内容，所以如果你看到公式就倍感压力，现在就可以拿起办公用的订书器将书后的附录部分订上。书后的数学附录，大多是为了帮助读者理解入门书中理所当然作为前提，或是因为仔细说明会过于困难而省略的内容。即使现在跳过不看，日后当你阅读大学统计学入门书而感到疑惑的时候，回头再看，或许也能够在其中找到值得参考的内容。

一般的统计学教科书中，用大学以上的数学知识在几行中说明的东西，本书书后的数学附录也会用大篇幅以高中数学一一讲解，而正文则花费了更多的篇幅用语句和图来说明。还有一点细节，就是正文的数值计算举例，无论中间的计算过程多么复杂，本书都尽量让最后的答案是小学生也能看懂的整数或者分数。

本书中使用的统计方法大多十分基础，不过也涉及了Logistic回归、因子分析和聚类分析这三种一般的统计学入门书中很少出现的方法。我甄选出这几种方法，是因为它们在商务分析中最常用到，只要学会便不会为普通的分析而发愁了。

　　首先，第1章讲解了均值、比例以及标准差这些最基本的统计学工具的本质。目的不是让读者理解"将数据加起来用数量去除"这种理所当然的计算过程，而是理解为何这样计算得到的均值对于"洞察"的统计学是重要的。理解了这些，你就能更好地理解后续的统计学方法。

　　接下来的第2章，介绍了统计学中的假设检验的思维方式，也就是检验不同分组的均值和比例之间的差距是否存在并非偶然误差。比如在比较旧店铺和新店铺客人的平均消费水平时，发现新店铺比旧店高出100日元。然而，即使是同一顾客，每次的消费金额也会有差别，如果这100日元的差距的确有意义，就可以说新店铺的尝试是成功的，旧店铺去借鉴新店铺的运营可能更好。但如果只是偶然的误差，结论就是无用的。分辨这两种情况的工具，就是统计性假设检验。

　　第3章除了讨论群组之间的差异，还介绍了回归的分析方法。某一个值增加，其他的值有增加还是减少的倾向，回归分析的目的就是分析这种关联性。比如店铺距离车站越远，销售额是越高，还是越低，还是不存在关系，以及如果是越高大约会高出多少日元。知道了这些，就可能提升分店预期收益能力。进行这种分析的工具就是回归分析。

　　最后在第4章，则要学习运用因子分析和聚类分析的方法，将数量庞大的数据项目巧妙转换为少量数据项目。为何需要这类方法，以及这类方法是如何思考的，在读第4章之前敬请期待。

　　与前作相同，为说明这些方法到底有何作用而使用的，全部是商务场景中常见的例子。其他统计学的入门书中时不时出现"苹果重量的平均值是"这样小学生水平的表达，或是突然出现与统计学毫无关系的专业术语。本书将两者全部修正为针对商务人士的例子。此外，本书沿袭了前作，说明各种统计方法是什么人在考虑什么时想到的，通过历史来说明方法背后的思维方式。

　　另外，正文中的说明大多基于频率论（frequentist）这种一般性的统计学思维方式。近年来与频率论不同的、以贝叶斯理论的思维方式为基础的统计学也有很大发展，但正如前作所述，贝叶斯理论被认为适用于"预测"的统计学，因此以理解洞察的统计学基础为目的的本书，将其排除在外了。

　　撰写前作时，我并没有想到统计学的书会如此受欢迎。我想，即便只有一部人看到，作为专业人士，我仍有社会责任为那些因大数据而感到不安的人提供统计学知识。

　　意想不到的是，前书的读者群很大，因此我有责任写作本书，以填补读者与多数统计学入门书之间的鸿沟。

　　若是本书可以成为大家实践统计学的第一步，这将是我的荣幸。

第 1 章

当我们谈论统计学时，我们在谈些什么

"平均值"和"比例"的本质

03 "洞察"的统计学必须掌握的三大基本功

仅曾使用简单汇总的方法来"把握现状"的人，要迈出用分析来洞察因果关系的第一步，必须掌握的知识有三点。

（1）理解平均值和比例等统计指标的本质含义
（2）"要从幅度而不是点来把握数据"的思考方法
（3）"要以何种标准汇总何种数值"的思考方法

大家如今在办公室看到的解析数据结果的图表，大概都是图表1-1上图的样子。在读完本章之后，应该可以理解图表1-1下图的含义，或是体会到这类图表的必要性。

理解了"平均值"的本质，自然也就能理解"比例"

关于（1），想读本书的人，大概没有不知道如何计算平均值的。但是，大概也没有人思考过，为何这样计算下来便能说明分散的数据真正的意

图表1-1 一般的解析结果图示

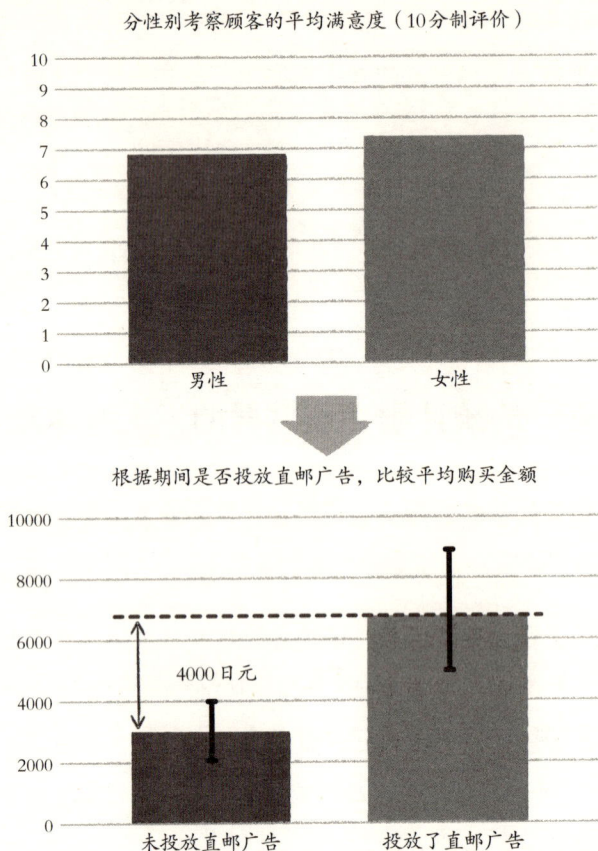

分性别考察顾客的平均满意度（10分制评价）

根据期间是否投放直邮广告，比较平均购买金额

义。其实在平均值的背后，存在着比统计学思维方式产生时期更早的深刻思考。后面的部分会按照这一顺序，说明平均值的本质。

另外，为什么举的例子明明是"平均值和比例"，进行说明的却只有平均值，想必很多人并不知道，**平均值和比例的本质是完全一样的。**

针对通常用数字来表示的信息如年龄、收入、消费金额等[用术语来说叫作**定量变量**（quantitative variable）]，我们通常采用"平均值"

的形式来进行汇总。另一方面，针对并不是用数字而是用文字来表示的性别、职业、商品分类等信息 [称**定性变量**（qualitative variable）]，则采用每一种分类所占的"比例"来进行汇总。顺便解释一下，定量变量表示的是"数量大或小"，定性变量表示的则"不是数量大或小，而是性质上的不同"。"用 5 分制回答满意度（数值越大则满意度越高）"则不容易确定该用定量变量还是定性变量来表示。对于这一问题，是应该作为定量变量计算平均值，还是作为定性变量计算 5 分制评价人数的比例，意见分成了两派。但本书认为作为一种定量变量来看待是没有错的（本书后面会讲到在实际分析中应该如何处理这种难以判断是定量还是定性的变量）。

另外，比如说 1 号、2 号、3 号……这种虽然是用数字来表示，但数字的大小本身并没有意义，只是将数字用作一种记号的情况，不应该使用平均值，而应该使用比例。尽管计算邮编的平均值没有意义，但利用邮编的前 3 位数字来将顾客分类，汇总分析每一地区的顾客各占了多少个百分点却是有意义的。

那么，为什么说平均值和比例的本质是完全一样的呢？

比如针对 100 人的调查有 60 人是男性，汇总的结果是男性比例为 60%，这一计算对读者来说应该没有问题。

在这里，假设我们要考虑"男性的程度"这样一种定量变量。对于"男性的程度"这个变量，若是回答是男性，则为其赋值 1，相反则赋值 0，它的平均值会是怎样呢。

将数值 1 的 60 人份相加，再将数值 0 的 40 人份相加，最后用 100 这一全体人数去除。这样通过 60÷100 得到"男性的程度"变量的平均值是

0.6。这与刚才所算的60%的比例完全相同。

　　另外，比如"问卷回答者的职业"这一定性变量有3种以上分类，针对它得到了公司员工40%、专职主妇30%、学生20%、其他10%的汇总结果，那么公司职员的程度、专职主妇的程度、学生的程度、其他的程度，这几个变量的平均值便是0.4、0.3、0.2、0.1。

　　也就是说，**比例并不是完全不同于平均值的汇总方法，对于无法用数值表示的定性变量，为每一分类赋值1或0，然后考虑"符合某一分类的程度"，计算这一定量变量的平均值就能得到比例。**

　　至今为止无意中使用着平均值和比例的人，若是能从今天开始在理解这点的基础上去接触数据，这将是我的荣幸。此外，这种用1或者0来表示的变量，可以作为同时具有定量变量与定性变量特征的一种特殊情况来理解。只能取到1或者0这两个值的变量，被称为**二值变量**（two-valued variable）。

　　所以可以说，关于平均值的数学性质，基本都可以用在比例上。下节开始会接触到平均值的本质，希望大家在读的时候，能够意识到它对于比例也是一样的。

区间比数值更重要

　　接下来说明（2）"要从区间而不是数值点来把握数据"的思考方法。这里所指的"点"，指的就是平均值或比例。

　　许多人在汇总数据时，会单纯用他们认为大概处在数据正中间的"唯一的值"，来理解数据的分散程度。

　　计算平均值和比例，和计算支撑物体的重心是相同的，让我们把这一点的数据称为重心。比如在可以忽略质量的棒的左边起10cm、20cm和

图表1-2 重心与平均值

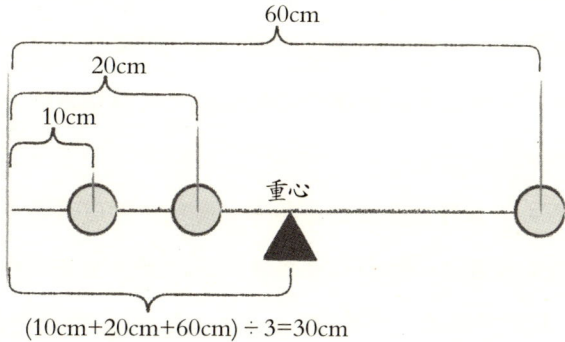

$$(10cm+20cm+60cm)÷3=30cm$$

60cm的位置放上相同质量的重物，重心会位于左边起30cm的地方，这与（10+20+60）÷3=30这一求平均值的计算方法完全相同（图表1-2）。

就像这样，无论数据有100个还是1000个，都可将其平均值概括为表示数据重心的那一点的数值。比起看过无数数据结果还是毫无发现，用易于理解的标准点来把握数据更好。

然而，这唯一的点却无视了许多信息。对于平均年龄是20～29岁的群体，这个群体到底全部是年龄在20～29岁左右的年轻人，还是40～59岁的成年人与不到1岁的婴儿各占一半，仅凭这个点是说不清的。

因此在平均值与比例之后，统计学中又诞生了**把握"数据大约在何种范围内存在"这一幅度的方法**。如何才能从幅度上把握数据，为什么从幅度上把握数据是重要的，这两点在后面的小节会有介绍。

锁定"结果"与"原因"！

最后要说的是(3)中提到的以何种标准汇总何种数值，这为在洞察因果关系上使用统计学提供了最重要的框架。单纯从数学的角度说明统计学的教科书，很少会提及这类思考方法，但它确实对于将统计学应用于实践必不可少，因此我想在本节的最后对其做出说明。

所谓因果关系，是指某种原因导致结果发生某种变化。即使是单纯地汇总平均值和比例，只要能够恰当地选择比较维度，就能迈出探索因果关系的第一步。

将企业相关的数据分性别、分年龄来考察，相信很多人在工作中都接触过。然而，思考过"应该以哪个项目为维度来汇总哪些项目"的人想必很少吧。假设数据有100项，那么从理论上，就必须全部看过100（汇总项）×99(根据汇总项来分类汇总的其他项目)，也就是9900个汇总表(图表1-3)。因为这太不现实了，大多数人可能是根据自己的经验和直觉来建立假设，比如"对有广告认知的顾客来说品牌形象更好吗"，然后只看与这个假设相关的汇总表。但是，数据分析的工作本来是寻找与经验和直觉相反的新发现，明明做着这样的工作却仅仅来验证自己的经验和直觉，这真的很可惜。

图表1-3 100项数据产生的汇总表

分析轴	项目1	项目2	项目3	…	项目99	项目100
项目1	—	表1	表2	…	表98	表99
项目2	表100	—	表101	…	表197	表198
项目3	表199	表200	—	…	表296	表297
…	…	…	…	…	…	…
项目99	表9703	表9704	表9705	…	—	表9801
项目100	表9802	表9803	表9804	…	表9900	—

那么该如何是好呢？应从洞察因果关系，也就是从**最终想要控制的结果及可能的影响原因**这一角度来看待数据分析。

我将这个"最终想要控制的结果"称为outcome（成果指标）。将可能影响outcome，或者可能说明outcome差别的原因称为**解释变量**（explanatory variable）。另外，outcome的说法一般不会出现在统计学教科书里。与之相对，这些书中一般会称之为"结果变量""目标变量""因变量"，在机器学习领域中则称"外部基准"。我将其称为outcome，其实有着非常重要的意图。

经常使用outcome这一说法的领域有两个，其一是医学，另外一个则是政策学。这两者都是对我而言极其重要的领域。这两个领域都认为好的研究或分析必须能够给社会带来好处。举例来说，在进行政策评价的时候，"新政策的认知度达到了百分之多少"或者"申请资料的人有多少"这样的分析结果，就不是"outcome"，而是"输出值（output）评价"。因为我们不应根据政策认知度的提升或资料的发行来评价政府工作的价值，重点在于"这些给社会带来了多少好处"。评价"带来多少好处"这一成果的，就是outcome。

在医学中也是如此。我们经常将死亡率、某种疾病的发病率、可能与发病率相关联的指标（血压或血液检查值等）称为研究的outcome。outcome就是要在测量了各种数据的基础之上，贯彻将目标最大化或最小化的意识。

商务活动与之相同。想要将数据分析和价值联系在一起，首先要思考自己的数据能呈现出哪些**"需要最大化或最小化的目标"**。这就是我们所说的outcome。市场营销方面的outcome应该是销售额或顾客数，经营策略方面的是签约成功数或合同的金额合计，与库存管理有关的则是废弃库存的数量或进货价格，又或者是缺陷产品带来的机会损失。相反，广告的认知度或社交网站上的评论数量则不是outcome，而是输出值。它们本身并不是最终的目标，仅仅是中间过程，对某些行业和商品来说，甚至与利益完全无关。

然而，即使恰当地选择了要汇总的outcome，若是仅仅观察销售额的平均值或总额，仍不可能知道"如何才能赚钱"。最多也就是毫无根据地号召"目标是销售额与前年相比增加5%"罢了。

此时，作为左右outcome的"候补原因"，解释变量就变得很重要。比如在分性别比较购买金额的时候，发现女性的平均购买金额明显偏高。这种情况下，用心设计便于女性光临的店铺，在女性经常查看的媒体上刊登广告，也许能够收获远远超过成本的销售额增加量。又或者说，如果该品牌是否"亲民"可以极大程度上影响平均销售额，仅仅通过将广告和产品设计变得更加亲民就可以大幅提升销量。

仅凭感觉到"直到现在都做得不错"，单纯考虑性别和年龄这样的解释变量，而不能像上面那样意识到候补原因，其实是很浪费数据资源的。

假设需要分析的数据项目有100个，只要能确定需要最大化或最小化的outcome是什么，就不需要去看9900个汇总表了。最多只需观察其他99个项目分别与outcome比较的99个汇总表格，便可能从中得到沉睡至今的新发现（图表1-4）。

即使这样也觉得数量过多的人，可以通过以下的视角来寻找需要优先分析的解释变量。

● **因果关系并非"太过显而易见"**

图表1-4 从100项数据产生的汇总表中确定1个汇总项目（outcome）

分析轴 （候补原因）	项目 1	项目 2	项目 3	…	项目 99	项目 100
项目 1 （outcome）	—	表 1	表 2	…	表 98	表 99
项目 2	表 100	—	表 101	…	表 197	表 198
项目 3	表 199	表 200	—	…	表 296	表 297
…	…	…	…		…	…
项目 99	表 9703	表 9704	表 9705	…	—	表 9801
项目 100	表 9802	表 9803	表 9804	…	表 9900	—

只需要关注这 99 个

● 发现了其对outcome的影响后，可以轻易地控制这一原因

● 至今为止并未被关注和分析过

　　也就是说，诸如"顾客增加了销售额就会增加""顾客平均每人的花费金额增加了销售额就会增加"这种任何人都认为理所当然的东西，即使特意花时间去分析，得到的回报也是极低的。也有所谓的咨询师给这样的计算冠以KPI（Key Performance Index）这种夸张的名字，用漂亮的Excel表格给客户展示计算。然而，即使在业务观测中用上这种对outcome的影响不言自明的KPI，也不能洞察新的因果关系或是产生创造利益的新想法。

　　其次，即使总算知道了"如果改变这个原因就可能增加销售额"，但若是这一原因无法改变，那也只是纸上空谈。例如知道夏天来了啤酒的销量会变好，也无法为了市场营销而改变季节。

　　另外，假设得到了改变销售人员配置可以提升营业额的分析结果，若是掌握销售部门人事权的重要人物是个坚持"比起数据，销售更重要的是精神"的顽固人士，这一分析结果也就没有了用武的余地。相比之下，只有大多数利益相关者对数据分析感兴趣时，寻找"候补原因"才可能更有效率。

　　最后的条件是"至今为止并未被分析过"。这是与"思考最有可能的假说"完全相反的路径。即使因果关系并非理所当然，只要是可以控制的，越是"不知道是否相关的项目"，将之作为解释变量来分析，就越可能会遇到新的发现。

　　许多的企业都有现存数据，仅仅操作两三次Excel的数据透视表就可以改变解释变量。希望读者有意识地多加尝试，寻找新的创意。

　　了解了以上的内容，你的统计能力和分析能力应该有了飞跃式的提升。那么从下节开始，让我们从平均值的本质开始学习吧。

04 深奥的"平均值"

对于"洞察",平均值比中位数更为重要

若是被要求举出自己所知道的统计学词汇,恐怕基本所有的日本人都会说是平均值吧。"相加再除以2"这样的说法在日常对话中会出现,把所有数据的值相加再用总数去除就得到了平均值,这基本可以算是成年人的常识了。初高中的定期考试之后一定会公布平均分,年龄、身高、年收入等社会上的各种数字,都会用平均值的形式报告出来。但是,你有思考过为什么这种平均值拥有统计学意义吗?

顺便说一下,也会有人提醒说,以"把握现状"为目的的统计学不能仅靠平均值来判断事物。用来把握总体的数值,用术语来说叫作代表值。为了判断数据的中心而使用平均值这一代表值,经常会误导人们。

例如,说起某公司员工的平均年收入是500万日元,也许有人会想"进入这家公司,自己也能够得到500万日元左右的收入"。

图表1-5 9名员工的平均值

年收入（万日元）

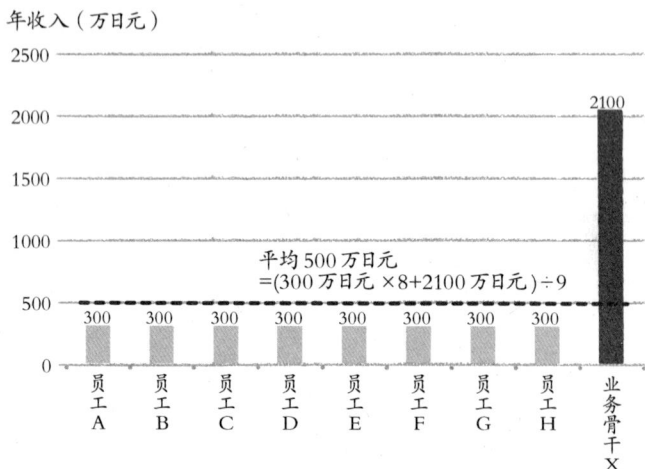

平均 500 万日元
=(300万日元 ×8+2100万元) ÷9

员工A　员工B　员工C　员工D　员工E　员工F　员工G　员工H　业务骨干X

　　然而，假设9名员工中8个人的年收入是300万日元，只有一位业务骨干年收入2100万日元，平均年收入也是500万日元（图表1-5）。很明显，这个业务骨干和其他员工不同，处于特殊的地位，进入这家公司能够拿到500万日元年薪的"现状把握"是不确切的。

　　为了应对这种情况，"把握现状"的统计学告诉我们，在平均值之外，同时使用**中位数**（median）和**众数**（mode）是更好的。

　　中位数就是指"排在最中间的值"。在我们的例子中有9人份的数据，其中位于最中间的第5个人的值就是中位数。按工资从低到高来考虑，第1~8 人的数值完全相同，第5个人可以是这8个人中的任何一个，中位数是300万日元。另外，假设这家公司有8名偶数个员工，因为不存在"刚好排在最中间"的人，中位数就是第4个和第5个人的值相加再除以2。

　　此外，众数指的是出现频率最高的值，也就是说数据中这个值出现的次数最多。在这次的例子中，8名员工对应的300万日元就是众数（图表1-6）。

图表1-6 9名员工的中位数和众数

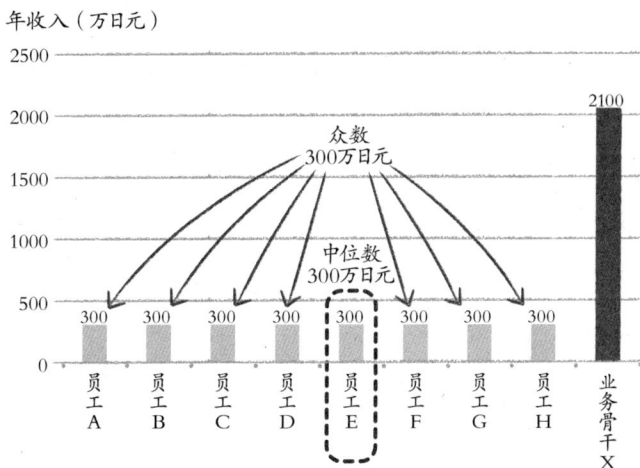

无论是使用中位数还是众数,对工资体系不平衡的公司,都能得出"员工的年收入大概是300万日元"的结论, 因此二者都是比平均值更能反映现状的代表值。然而,虽然"把握现状"的统计学教科书都会讲授这一点,**但目的是"洞察"的统计学却不需要太过在意中位数和众数**。这其中的原因, 便是这一章的主题。

数学家们围绕"代表值"的奋斗

计算数据的平均值作为代表值的想法自古就有,但其数学依据,却是从200年前才被定义出来。比如因为在积分近似计算中使用的"辛普森公式"而青史留名的英国数学家托马斯·辛普森(Thomas Simpson),在1775年的书简中写道:

为了减小由于观测工具和感觉器官的不准确等所产生的观测误

差，天文学家通常会观测多个数据然后使用其平均值，但这一方法至今也没有被广泛接受。在名人之中，也有人认为，小心谨慎地得到的单个观测值，和平均值一样值得信任。

辛普森之外，博斯科维奇（Boscovich）、拉普拉斯、勒让德（Legendre）、高斯等18世纪的数学家们，都研究了数据的分布和平均值的关系。当时的科学家大多关注天文学，然而测量天体方位和高度等，仅仅是手稍微摇晃或者视线转移，也会得出不同的观测结果。因此，他们希望从数学上探明，能够代表在测定完全正确的情况下应该可以得到天体位置的"真值"。

首先，博斯科维奇认为，想要从存在偏差的多个数据之中计算"真值"，必须把数据分解为"真值"和"与真值之间的偏差"，而可以信赖的"真值"，就是能够将"偏差"最小化的数值。

比起天体，让我们举个更加现实的例子。假设现在让3个人凭借目测来回答某建筑物的高度有多少米。在这里，假设第一个人回答说是10m，第二个人回答说是12m，第三个人回答说是13m。如果我们要从这3个人的回答之中推测建筑物的高度，我们可以信赖任何一个人，也可以谁都不相信。极端一点来说，实际上有可能全员都低估了100m的巨大建筑的高度，然而这有些太不自然了。

通常思考自然会认为建筑物的高度大概在12m左右吧。真值是12m的推测，和真值是100m的推测，二者之间最大的差别是3人所报告的数值的偏差程度。

假设真值是12m，第一个人少估测了2m，第二个人刚好准确因此偏差是0，第三个人则高估了1m。3个人合计一共产生了3m的偏差（图表1-7）。

图表1-7 3人观测的偏差（真值是12m的情况）

建筑物的高度（m）

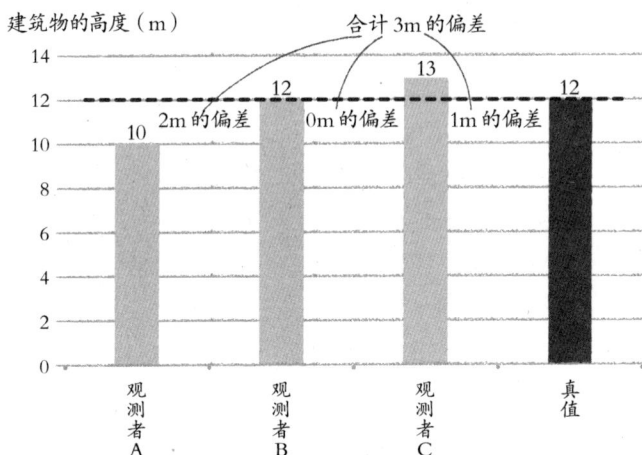

另一方面，假设真值是100m，第一个人低估了90m，第二个人低估了88m，第三个人低估了87m，合计产生了265m的偏差（图表1-8）。

3人合计是有3m的偏差，还是有265m的偏差，哪一个看上去更加自然，大概是前者。也就是说，可以信赖的真值的推测值，是在假定其是真值的情况下，手中的数据与之偏差最小的那个值。这就是博斯科维奇的想法。

此想法认为，使得观测值和真值之间的偏差总和最小的值，即"值得信赖的推测值"，实际上就是中位数【数学附录1】。

所以读者可能会认为中位数是更好的指标。然而，对于当时来说，首要的问题是计算的烦琐程度。

低估2m和高估2m的情形都认为"误差是2m"，用数学语言来说就是"计算绝对值"。这种思考的方式，即使不特意用绝对值这样的语言或者数学记号来表现，平时可能也在被大家使用着。然而在数学上处理绝

图表1-8 3人观测的偏差（真值是100m的情况）

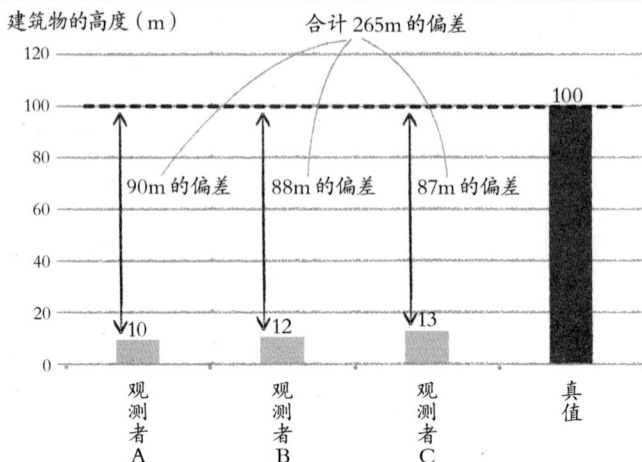

建筑物的高度（m）

合计265m的偏差

90m的偏差　　　88m的偏差　　　87m的偏差

10　　　　　　12　　　　　　13

100

观
测
者
A

观
测
者
B

观
测
者
C

真
值

对值其实是极其烦琐的。也就是说，首先要按照观测值比真值大或者小来分情况讨论，然后再改变正负号，若是不经过这样的过程在公式上就无法处理，因此很难进行发展性的考察和证明。

读者们可以体验一下单纯从数据中寻找中位数。图表1-9中是仅仅25人份的身高数据，但即使是这种数量的数据，重新排序的工作也让人疲累。与之相比，平均值就只需做加法和除法，擅长计算的人很快就可以完成。

正因如此，大数学家拉普拉斯直到1795年左右都在研究基于"最小化绝对值之和"的推测方法，之后却放弃了这一课题。只要使用了绝对值，无论是做公式的展开或证明，还是实际去求推测值，工作都太过繁杂了。

这种"绝对值的烦琐"问题，因勒让德或是高斯发现的**最小二乘法**而得以解决。

之所以说"或"，是因为虽然最初公开发表这种想法的是1805年的勒

图表1-9 仅有25人的数据（单位：cm）

178	170	180	160	172
183	161	166	177	171
163	167	170	172	173
166	169	159	167	177
176	163	158	174	162

让德，但是从高斯的日记来看，在10年之前的1795年，当时20～29岁的高斯就发现了这一方法。对于天才青年高斯来说，最小二乘法实在是过于显而易见，因此他认为大家都已经在使用而没有想要特别公开。另外，高斯在这一领域的贡献不仅限于最小二乘法，他还有着更大的发现，这一点我们稍后再说。

简单来说，最小二乘法就是"用平方来代替绝对值"。就是说在低估2米的情况下，把"−2米的偏差"平方变成"偏差是4"。当然在高估了2米的情况下，把"+2米的偏差"平方也得到"偏差是4"。和使用绝对值的场合相同，无论原来的偏差是正的还是负的，"偏差的平方"都是大于0的值。将使得平方和最小的值作为"真值"来推测，这就是勒让德和高斯的发现。

虽然可能无法向数学家之外的人传递这份喜悦，但计算平方的式子展开相对于绝对值而言异常简单。不需要分情况讨论，如果只是算式，中学生也可以做到，高中生则可以将整理出来的式子求导。也就是说，用true的首字母 t 来表示"真值"，求解使得观测值与真值之差的平方和最小的 t，即使不是大数学家，或没有电脑，也能仅靠整理公式然后求导得出答案。所以，"不计算绝对值而是计算平方"这一微小的思维转换，在之后却大大加速了统计学的进步。

将平均值用于人类的"近代统计学之父""社会学鼻祖"

那么根据最小二乘法从存在偏差的数据中推测真值，会是怎样呢？答案是**"使用平均值来推测最合适"**【数学附录2】。

不考虑计算烦琐的问题，平均值比中位数更好的原因，是由高斯发现的，我们将会在下节讲述。然而，平均值是"将数据的值全部加起来然后用个数去除"，不过是表现了计算过程的粗浅理解罢了。这一点希望读者们牢记。**平均值是基于最小二乘法，考虑将观测值的偏差最小化时的优良推测值。**在这种思考方法诞生的背后，并不是存在偏差的观测对象本身，而是对其背后隐藏的某种"真值"是否存在的假定。

活跃于19世纪的A.凯特莱（A.Quételet）本来是天文学家，却想到了将天文学上"真值"和数据的相关性应用于人类。他收集分析了当时社会上存在的各种各样表现人类存在方式的数据，并期待着找到其背后的规律性。他的研究成果和观点载于《论人类及其能力之发展，或社会物理学论》（*Sur l'homme et le développement de se facultés, ou Essai de physique sociale*）一书中，比如说书中有着图表1-10这样的表。

这是1828—1829年及1831—1832年的法国、1833年比利时收监的受刑人员按教育程度分类的汇总表。让人吃惊的是，虽然时间和地域完全不同，完全无法读写的人在受刑人总数中所占的比例却基本相同（61%或者62%）。

在那之前（或者说现在也是如此），犯罪被认为是单纯的个人意识和

图表1-10 凯特莱的汇总表

数据来源 犯罪者的教育状态	1828—1829年的法国	1831—1832年的法国	1833年的比利时
完全无法读写 （占全体的比例）	8969人 （62%）	8919人 （61%）	1972人 （61%）
读写不流畅 （占全体的比例）	3805人 （26%）	3873人 （27%）	472人 （15%）
可以读写 （占全体的比例）	1795人 （12%）	1774人 （12%）	776人 （24%）
合计	14569人	14566人	3220人

道德问题，可一旦收集数据计算平均值和比例，我们却看到了教育这一社会环境的影响。正是凯特莱指出了这一点。

也就是说，包含了意识和多样性的个体差异，与天体观测值的分布类似，背后存在着被各种因素左右着的人类行为倾向。凯特莱认为，想要得到这种倾向性的"真值"可以使用平均值。之后，他被称为"近代统计学之父"和"社会学的鼻祖"。

他留下了如下言论：

（关于社会和人类）我们应该可以发现与支配天体的法则相同的、超越时间的各种各样的法则——在那里，人类的意识完全消失，只有神的工作才有其用武之地。

发现和运用此种法则的第一步就是平均值。

05 为何平均值可以捕捉真实情况？

"科学的王者"高斯的贡献

那么，为什么平均值比中位数更优越呢？

一个理由是，从洞察因果关系的角度来看，在很多情况下，比起中位数，平均值更能针对我们关注的问题给出直接的答案。也就是说，洞察因果关系时我们所关心的，大多是将反映某种结果的总值最大化或最小化，而针对"改变某些因素，结果的总值会如何变化"这个问题，中位数不能给出答案。

有时，在"把握现状"的过程中，使用平均值并不合适。假设现在有家点心店只有9位客人，出于某些原因，有8位客人每天刚好在这里消费300日元，还有1位客人每天消费2100日元。这家点心店想要在一年之中随机地选择数天，通过抽奖来提高销售额。每次可以抽奖的日子，平时消费2100日元的顾客会消费3000日元（图表1-11）。

在这个例子中比较"有抽奖的日子"和"没有抽奖的日子"的中位数，

图表1-11 点心店9位客人的中位数

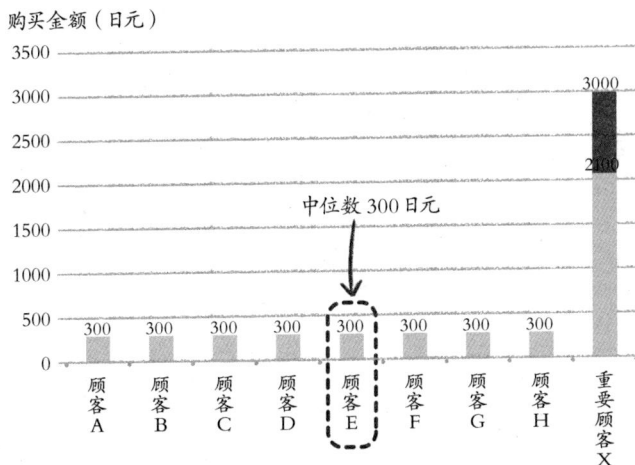

购买金额（日元）

二者没有任何差别，都是300日元。再进一步，即使平时只花300日元的
8个人中有3个人增加了自己的购买金额，中位数仍然会是300日元。这
样看来抽奖似乎毫无效果。

　　然而，从总量上来看，不抽奖的日子销售额是4500日元，抽奖的日
子则是5400日元，可以预计销售额会增加900日元。如果增加的这900日
元的销售额大于抽奖和奖品的成本，则可以判断这家点心店之后也应该
继续进行抽奖，反之则应该停止。

　　在这种情况下比较平均值，先不论谁以何种方式增加了购买金额，
在不抽奖的日子平均销售额是500日元，抽奖的日子则是600日元，结论
是平均每个人的购买金额增加了100日元。此外，用这100日元的金额差
乘以顾客的人数9，和预计销售额总量增加900日元的结果一致。

　　总结起来，假设销售增加额仅集中于一部分数值极端的人之中，为了说明整体销量如何变化这一总数上的增减，使用平均值更加合适，无论它是否适用于"把握现状"。而即使知道"中位数增加了100日元"，我们也无法计算出它对总量的影响。

另外，不考虑这种实用上的问题，关于为什么可以认为平均值是分散的数据背后的"真值"[①]，卡尔·弗里德里希·高斯（Carl Friedrich Gauss）在1809年的《天体运行理论》（*Theoria Motus*）中，记述了统计学至今仍在采用的决定性的思考方法。

在数学和物理学中，有两个完全不同的被称为"高斯定理"的发现，仅从这点读者就能知道他的伟大了。在高斯之外，以拉普拉斯为首的当时的大数学家们，都对"数据的假设不同，平均值会如何变动"进行了研究。高斯关于天体运行理论的想法与众不同且杰出之处，在于他和其他数学家完全相反，是从结果向前回溯来提出问题的。也就是说，他思考的是"平均值作为真值的高质量推测值的条件是什么"，其结果是发现了高斯分布，也就是现代被称为正态分布的数据分散规律。他得出的结论是，**如果数据的分散服从正态分布，最小二乘法就是最优的推测方法，作为其结果，平均值是最优的推测值。**

此外，虽然勒让德和高斯都发现了最小二乘法这一计算方法，但勒让德的发现考虑的是"若使用最小二乘法来处理与真值的偏差，会怎样呢"。不考虑计算的简便程度，勒让德对最小二乘法为什么是高质量的推测方法这一点，并没有给出证明。后代的统计学教科书经常会出现"高斯发现了最小二乘法"，而对勒让德则不着笔墨。

[①] 前文所说的"真值"为理论上的真实值，此处的"真值"是指"约定真值"，即出于某种目的，约定将某个接近真值的值当作真值来处理。——编者注

正态分布粉墨登场

　　"正态分布"就是图表1-12那样，用左右对称的平滑山峰形曲线表现的数据的分布方式。我想一次都没有见过这张图的读者应该不是很多，在许多统计学的教科书中它会突然登场，引发初学者的恐惧。

　　名称大概也是令初学者害怕的理由。正态分布在英语中本来叫作normal distribution，直接翻译过来就是"正常的分布方式"。虽然日语极其出色的特征之一，是为了将日常使用的含义和术语区别开来而将译文译为汉字，但其实原本的语言中并没有"正态"这种语言上的郑重其事感。如果它的名字是"正常分布"，大概任何人都能稍稍感受到一点亲切吧。

　　高斯发现的数据的分布方式哪里"正常"？首先，从经验上就有许多数据服从正态分布。比如大学体检中得到的学生身高，男女数据看上去都极像正态分布的形状。图表1-13的横轴是身高，纵轴是各个身高的人数占总人数的比例，也就是说，从这个总体中随机选出一个人，其身高为各种高度的概率。

图表1-12 正态分布图

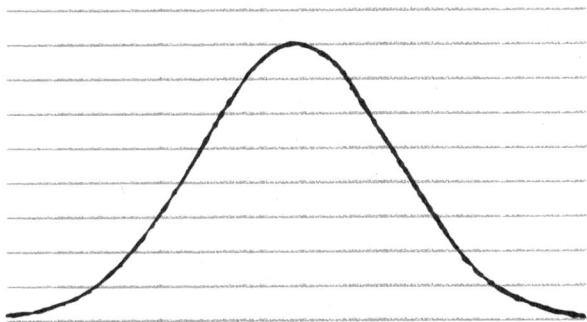

图表1-13 服从正态分布的数据举例

占总体的比例

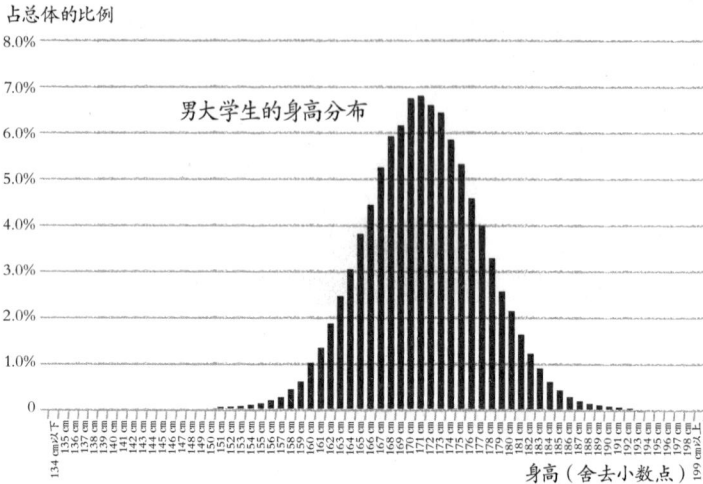

男大学生的身高分布

身高（舍去小数点）

占总体的比例

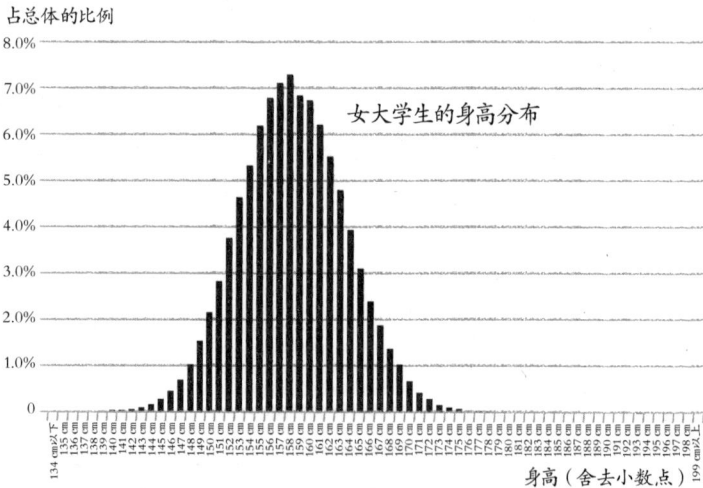

女大学生的身高分布

身高（舍去小数点）

支撑现代统计学的"中心极限定理"

还不只是如此。即使原始数据并不服从正态分布，将几个数据的值加总起来，大多也会收敛于正态分布。这被称为**中心极限定理**（central limit　theorem），是现代统计学的重要基石。此外，如果"将几个数据的值加总起来"服从正态分布，那么进一步用"加起来的数据数量"去除，所得到的平均值也会收敛于正态分布。所谓收敛，从感觉上是指随着数据的增加一点点接近，如果数据趋于无限，则完全一致。举个例子来说，将之前的男女身高数据混合在一起，会出现左右不对称的有2个峰顶的形状，怎么都不能说它是正态分布（图表1-14），但是无视性别随机选取4个人计算平均身高，不断重复这一过程，得到的平均身高的分布就像图表1-15一样，变成了漂亮的接近正态分布的形状。

为什么会发生这种事情呢？

让我们把数学上的说明交给书的最后【数学附录6】，为了理解概念，来思考一下为什么即使原始数据不在平均值附近，将其加起来的值却在中心（平均值）的附近集中，从而画出了左右基本对称的平滑曲线。

图表1-14 男女混合身高分布

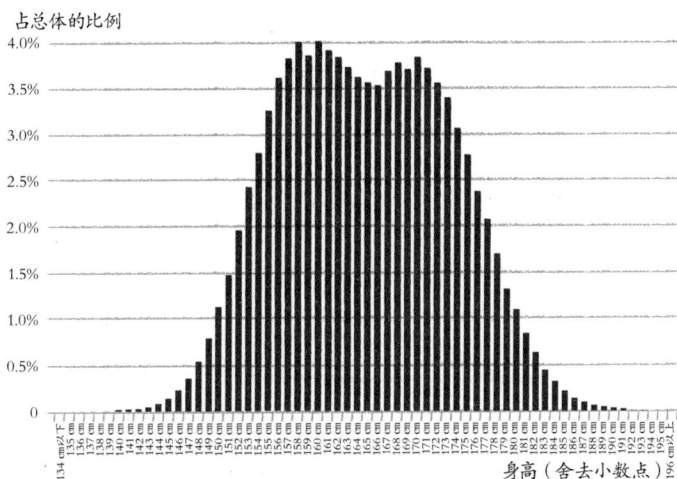

图表1-15 男女4人平均身高的分布

占总体的比例

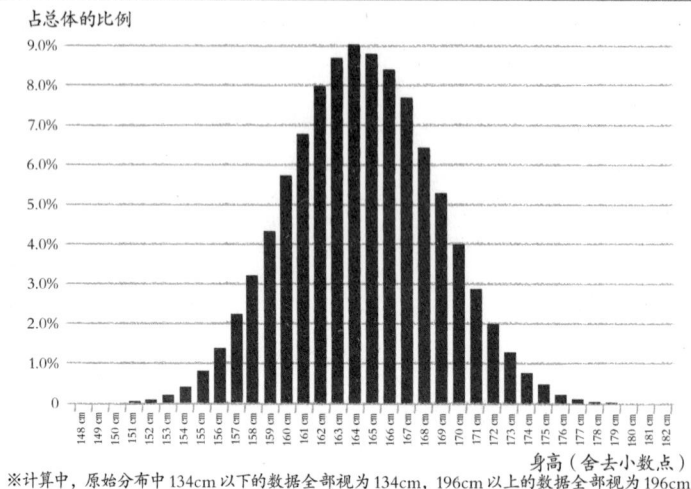

※计算中，原始分布中134cm以下的数据全部视为134cm，196cm以上的数据全部视为196cm

　　线索就在于棣莫弗（De Moivre，高中学习虚数时登场的棣莫弗定理的发现者）的发现。掷多枚硬币，其中正面向上的概率，随着枚数的增加收敛于正态分布。我们可以从这里开始思考。

　　掷硬币"出现正面的枚数"是1或0，其分散程度远离正态分布，但是把许多枚加起来就收敛于正态分布，这也是刚才所说的现象的一例（图表1-16）。

　　让我们仔细来看一下硬币出现正面的枚数和对应的概率吧。

　　为了考虑原始数据左右不对称的情况，让我们特意假设这种硬币反面出现的概率是⅔，正面出现的概率是⅓。将"掷1枚硬币出现正面的概率是⅓"换一种说法，就是"掷1枚硬币时出现正面的枚数的平均值是⅓"。

　　掷2枚这种硬币的时候，第1枚和第2枚正反面的组合，可以整理为图表1-17的样子。这张表意味着反反（有2枚反面）、反正（有1枚正面）、

图表1-16 出现正面的硬币枚数分布

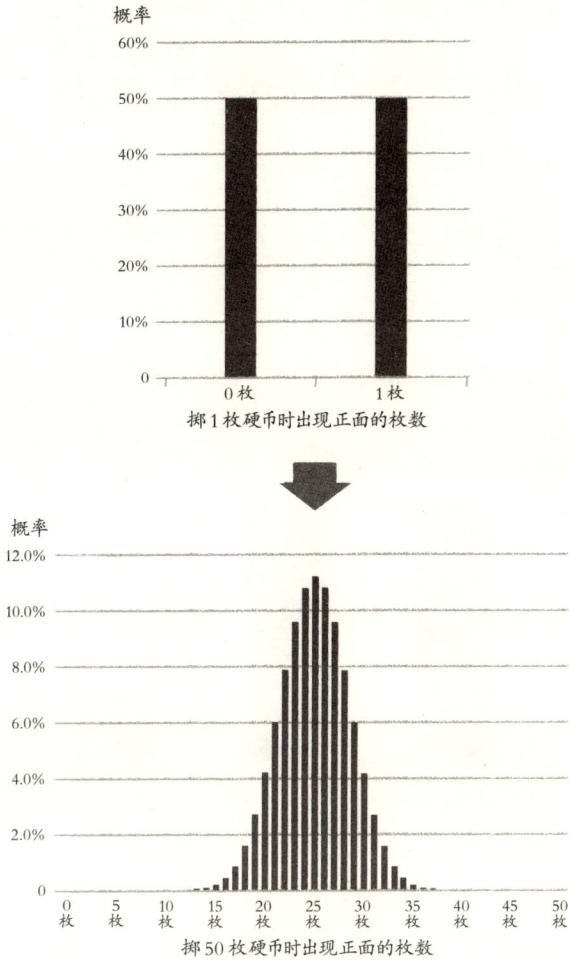

掷1枚硬币时出现正面的枚数

掷50枚硬币时出现正面的枚数

正反（有1枚正面）、正正（有2枚正面）这2×2也就是4种模式的可能性，以及相对应的概率⅔×⅔、⅔×⅓、⅓×⅔、⅓×⅓。也就是说，正面有0枚的概率是44.4%（=⁴⁄₉），正面有1枚的概率也是44.4%（=²⁄₉+²⁄₉），正面有

图表1-17 掷2枚硬币时正面枚数的概率

第2枚硬币	第1枚硬币	
	反面 概率2/3	正面 概率1/3
反面 概率2/3	0枚 概率4/9	1枚 概率2/9
正面 概率1/3	1枚 概率2/9	2枚 概率1/9

图表1-18 掷2枚硬币时正面枚数的概率（图）

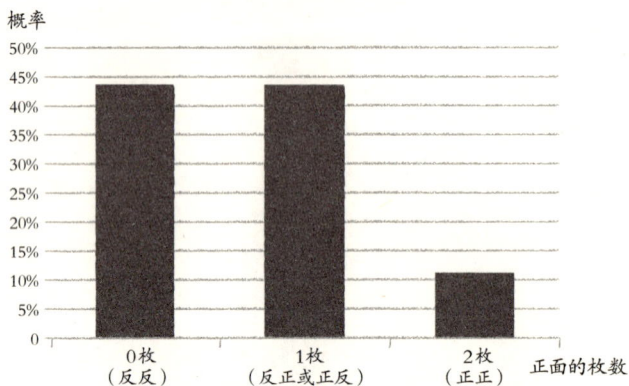

概率

纵轴：50%、45%、40%、35%、30%、25%、20%、15%、10%、5%、0

横轴：0枚（反反）　1枚（反正或正反）　2枚（正正）　正面的枚数

2枚的概率是11.1%（＝1/9），画成图就是图表1-18的样子。

在这一基础上，还可以考虑掷4枚硬币的情况。将硬币分成各有2枚的2组，第1组和第2组的正面出现枚数都是0或1或2中的一个，像刚才一样，我们可以在一个3×3共9种模式的表中，计算出最终正面出现的枚数及其概率（图表1-19）。两组正面都是0枚合计就是0枚。第1组、第2组的任何一个是0枚而另一组是1枚，合计就是1枚。一组是0枚，另

图表1-19 掷4枚硬币时正面枚数的概率

第2组硬币	第1组硬币		
	正面0枚 概率 4/9	正面1枚 概率 4/9	正面2枚 概率 1/9
正面0枚 概率 4/9	0 枚 概率 16/81	1 枚 概率 16/81	2 枚 概率 4/81
正面1枚 概率 4/9	1 枚 概率 16/81	2 枚 概率 16/81	3 枚 概率 4/81
正面2枚 概率 1/9	2 枚 概率 4/81	3 枚 概率 4/81	4 枚 概率 4/81

图表1-20 掷4枚硬币时正面枚数的概率（图）

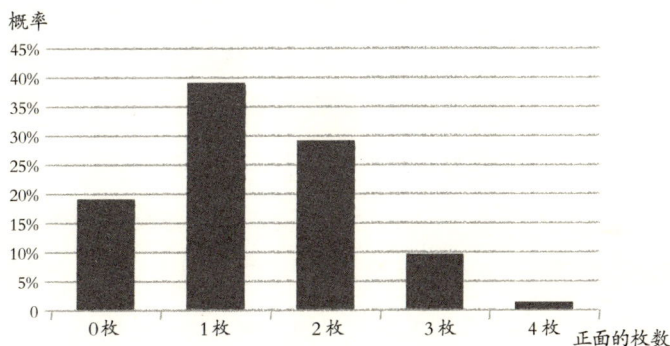

一组是2枚，或者两组都是1枚，合计就是2枚。一组是1枚，另一组是2枚，合计是3枚。最后，两组都是出现2枚，正面合计就是4枚。

　　总结每种模式的概率就得到了图表1-20中的图。看上去掷4枚这种不均匀的硬币时，出现1枚正面的情况发生的概率最高。

　　最开始我们就说过，掷1枚这样的硬币，平均⅓枚是正面。因此掷4

枚硬币应该会出现 $4 \times \frac{1}{3}$ 也就是平均 1.33 枚的正面。1枚是正面的这个数字1，比起0枚和2枚等其他数字，最为接近平均值1.33。也就是说数据收敛于"出现正面的枚数的平均值"附近。

这种情况很大程度是受刚才计算过程中"处在中间的值，加总的组合数最多"的影响。4枚中出现0枚或者4枚这种极端的组合，在图表1-19中只有左上和右下各一种模式，但是4枚中出现2枚这种"在正中间"的组合，其概率却是从右上到左下的对角线上的3种模式的概率之和。

但是，加总的模式数量并不能决定一切，因为被加总的概率本身就有大有小，所以最接近平均值的"4枚中的1枚"发生的概率最高，而不是"4枚中的2枚"这一处在中间的值。实际上，这个因被加总的原概率的大小不同，而有所修正的处在中间的值，就是平均值。

前作《统计学是最强学问》中曾说过的，玩阿弥陀签时要选择在中签的正上方开始，也是源于这一原理。阿弥陀签其实就是沿着横线向右或者向左随机选择的游戏，但比起极端地偏向某一方向移动的概率，左右均等移动的组合数更多，所以能够达到正下方的概率最大。

特别是在距离平均值很近的地方，这种"概率加总"的影响会更大。举例来说，"加总多个数据的时候得到的数值比平均值稍小的概率"，可能是"原始数据全都比平均值稍小的概率的合计"，但也可能是"原始数据大多数比平均值小很多，但混入了一部分比平均值大很多的数据"。即使原始数据的分布方式是非对称的，加总起来，比平均值低的一侧的数据特征和高的一侧的数据特征混合在一起，会一点点地接近左右对称的形状。

以上就是从概念上理解"为何左右非对称的数据的加总会收敛于正态分布"。作为参考，让我们看看再重复进行2次刚才的计算，得到的掷

图表1-21 掷16枚硬币时正面枚数的概率（图）

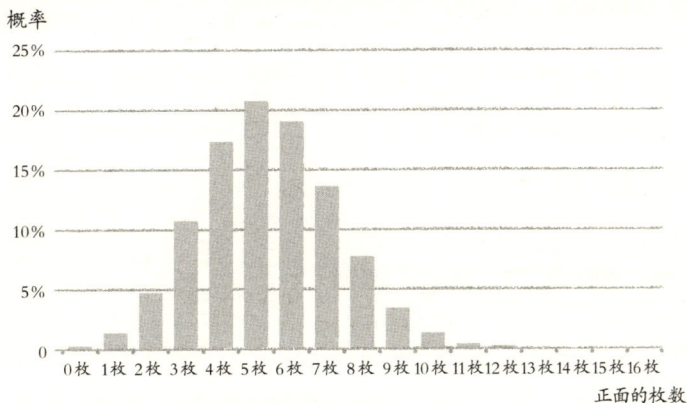

16枚硬币时正面枚数出现概率的图表（图表1-21）。这时候，就能够看到中心在5枚（也就是最接近16×⅓这一平均值的值）左右、很像正态分布的图形了。

另外，最早将棣莫弗发现的这种数据的分散性联系起来，进行定式化的，是以"杨氏定理"和"杨氏率"闻名的医学家兼物理学家托马斯·杨（Thomas Young）。他指出，和硬币一样，假设误差以一定的概率取到0或者1，将多数这种误差的原因加总起来，数据的分布方式就会服从高斯所说的正态分布。

此外，在杨之后，19世纪的俄罗斯数学家切比雪夫（Chebyshev）和他的弟子马尔可夫（Markov）、李雅普诺夫（Lyapunov）证明了"一般的数据加总后服从正态分布"的中心极限定理，探明了其成立的情况和不成立的情况之间的界线。

总结一下上文，就是高斯的发现——如果距离真值的偏差服从正态分布，基于最小二乘法，使用数据的平均值来推测真值是最优的。另外，如果与真值的偏离不只由单一原因造成，而是由许多微小的偏差综合而成，马尔可夫和李雅普诺夫也证明了它仍会服从正态分布。所以，如果目的不是要把握数据自身的分布方式，而是**对数据背后的真值有兴趣，使用平均值就可以。**

对统计学一知半解的人会有的困惑

这种"虽然原始的分布不是正态分布，平均值却服从正态分布"的性质，往往会在"把握现状"和"洞察因果关系"之间，或者干脆说，在"懂得的人"和"一知半解的人"之间造成混乱。

例如，为了洞察看了新广告和旧广告的两组客人在销售额上有无差别，我选择使用平均值来进行分析。前辈和指导老师可能会质疑说"完全不确认数据的分布就使用平均值吗？"这简直就像是在说结果"荒谬"。

从"把握现状"的角度来看，这种质疑是正确的。我们已经说过，为了把握分布不对称的数据的整体情况，使用中位数比使用平均值更好。然而，如果目的不是把握现状，而是洞察因果关系，事情就完全不同了。比如想知道广告新旧在多大程度上左右销售额。此时，选择使用平均值并不是为了知道不同组别之间的概况。不论平均值能否正确地捕捉数据的中心，只要它能提供充分的证据让我们判断一组的销售额比另一组是高了还是低了，这就足够了。

另外无论原始数据的分布方式如何，只要数十次、数百次地从数据中抽出部分计算平均值，不断重复这种行为，根据中心极限定理，重复计算得到的平均值会收敛于正态分布。

明确区分"原始数据的分布方式与代表分布方式的平均值"和"与

原始数据的分布方式无关的平均值自身的分布方式"，是现代统计学的重点，也是对统计学一知半解的人经常会混淆的地方。

除了把握现状和洞察因果关系这种目的上的差别，"混淆"还与过去和现在数据量的差距有关。过去，仅从10只实验动物身上取得数据，再用笔算解析之后写成论文的情况非常普遍。虽说部分数据只要经过足够次的加总，最终都会收敛于正态分布，但偏差巨大的数据加总的次数常常不够大，因而不能完全收敛于正态分布。

如果数据只有10组，我们当然可以提出"完全不确认数据的分布（前提是10组数据大约收敛于正态分布）就使用平均值吗"的质疑，但如果数据成百上千，却仍要装作很懂的样子以同样的理由来质疑，那就不值得称赞了。当然，如果数据的分布不服从中心极限定理，就另当别论了。

无论如何，如果不是想把握"顾客是何种群体"的现状，而是想要洞察"采取某种行动能够在多大程度上提升销售额"这种因果关系，需要知道的真值，就是采取了和没有采取该行动的情况下销售额的差别。

另外，实际获得的数据与真值之间存在许多偏差。顾客的多样性是造成这种偏差的原因之一。但即使顾客自身的消费额不服从正态分布，从数百人以上的数据中得到的平均值在大多情况下是服从正态分布的。

因此我希望你也能安心地在工作中活用平均值。它并不是单纯的加法和除法这种幼稚的计算，而是凝结了大数学家们智慧的伟大方法。

06   了解商务数据的切入点——标准差

理解了平均值的本质，接下来让我们不是从点，而是从范围上来把握数据。

即使知道客人平均消费额是3000日元，我们也不知道是"大多数人都花费3000日元左右"，还是"既有只花100日元的人也有花费1万日元的人"。为了恰当地区分这种情况，要进行何种计算以及如何把握计算的结果，这就是接下来的主题。

便于把握现状的四分位数

非常原始的方法，是"最大值和最小值"。比如，如果我们能说明"最小值是2900日元，平均值是3000日元，最大值是3200日元"，也就能知道这个群体的数据全部都分布在平均值3000日元左右了。但是，最大值和最小值的局限在于会受单个数据的影响。即使1万人之中9998人都花费3000日元，在只有一个人花费500日元、只有一个人花费1万日元这样分别有1个最大和最小的极端值的情况下，说"最大值是1万日元，最小值是 500 日元"，难免给人留下数据之间差距很大的印象。

为了避免这一点，有时会用比最大值和最小值稍微平缓些的基于排序的指标来表示数据的范围。其中的代表就是**下四分位数、上四分位数**。将这两个点和中位数合在一起叫作**四分位数**（quartile）。

我们已经知道，中位数，数据是奇数个时取"排在正中间的值"，偶数个时取"正中间两个值的平均值"。"正中间"就是把全部的数据分成两半的点。四分位点是在此基础上计算"一半的一半"，也就是把数据分成四份。下四分位数指的是¼，上四分位数指的是¾，也就是"一减去¼"。

下四分位数和上四分位数可分别从数据的底部（最小的）和顶部（最大的）开始数。当数据的数量不能被 4 整除时，上下四分位数就取"数据数量被 4 除的上侧值"；如果可以整除，上下四分位数就取"数据数量被 4 除得到的排位和其后一位的值的平均"。具体来说，比如像图表 1-22 所

图表1-22 9位顾客的四分位点

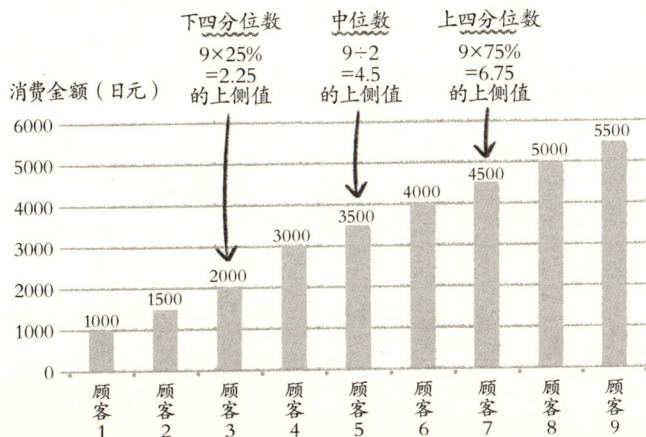

示数据数量是9。其下侧值就是从最小值开始数第3个数值，即下四分位数。其上侧值就是从最小值开始数第7个数值，即上四分位数（也可以认为，因为下四分位数是从最小值开始数第3个，所以上四分位数是从最大值开始数第3个）。

另外，如果数据数量是8，8×25%=2，并没有余数（可以被4整除），那么从最小值开始数第2个和第3个值的平均值就是下四分位数。因为8×75%=6，从最小值开始数第6个和第7个数的值（又或者是从最大值开始数第2个和第3个的值）的平均值就是上四分位数（图表1-23）。

以同样的计算顺序，并不是用4而是用10来除就得到10%点和90%点，用20来除就得到5%点和95%点，有时我们也会使用它们（图表1-24）。

使用四分位数，我们可以知道大概有一半的数据位于下四分位数和上四分位数之间（75%-25%=50%），从而不受极端的最大值或最小值影响，说明从该总体中获取的数据"分布在这个范围内"。在把握现状的统计学

图表1-23 8位顾客的四分位点

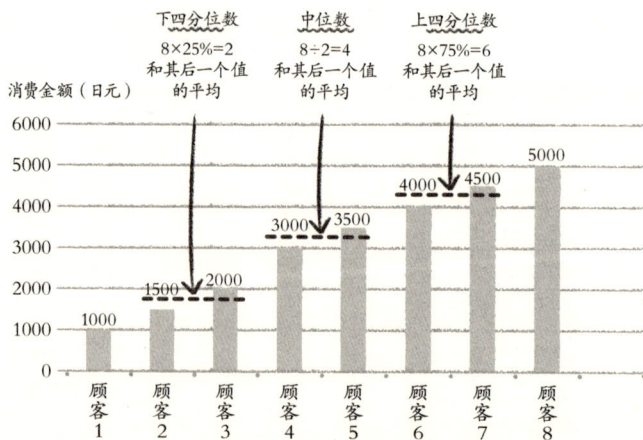

图表1-24 10%点、90%点和5%点、95%点（顾客有21位的情况）

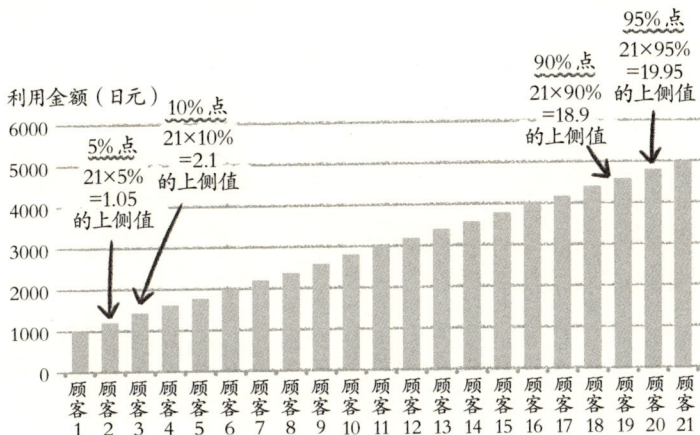

利用金额（日元）

5%点
21×5%
=1.05
的上侧值

10%点
21×10%
=2.1
的上侧值

90%点
21×90%
=18.9
的上侧值

95%点
21×95%
=19.95
的上侧值

顾客1　顾客2　顾客3　顾客4　顾客5　顾客6　顾客7　顾客8　顾客9　顾客10　顾客11　顾客12　顾客13　顾客14　顾客15　顾客16　顾客17　顾客18　顾客19　顾客20　顾客21

之中，经常使用四分位数而不是中位数。

便于商务计算的"方差"

然而，和中位数一样，四分位数也存在上述问题，重新排序非常麻烦，公式的展开很难，计算总量的差异也很难。如果可以，我们希望找到一个像不使用中位数而是使用平均值那样的、和四分位数一样可以表明"数据分布在这个范围"的值。这样的值要怎样求出来呢？

答案是**"方差"**（variance）。

前面我们说明了平均值就是在假设其为真值的情况下，将实际数据"与真值的偏离程度"最小化的数值。使用"与真值偏离程度的平方和"，就可以判断数据的分散程度是大还是小。

比如店铺让3位客人针对服务满意度进行满分10分的打分，得到了图表1-25所示的回答结果。回答者A给出2分，B给出9分，C给出10分，

图表1-25 3人的满意度和平均值的偏差

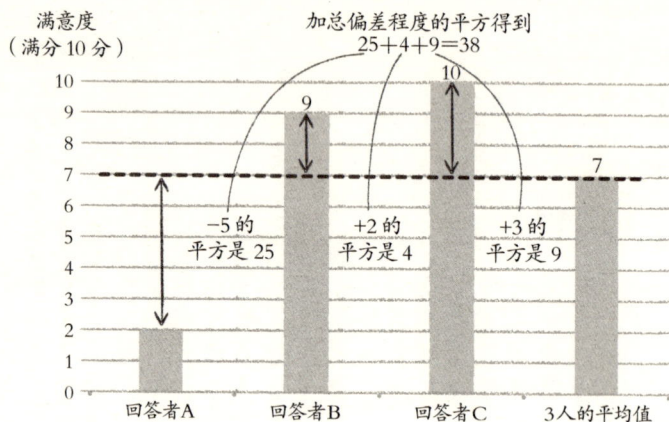

平均是7分。现在计算各位回答者"与平均值偏差的平方"的合计，得到的结果值越大，数据的分散程度也就越大。

但是请注意，使用"与真值偏离程度的平方和"来判断分散程度大小，只要数据数量增加，这个合计值也会增加。比如图表1-26所示，其他店铺针对40位顾客进行了同样的调查，其结果是半数20人打6分，剩下的一半20人打8分。让我们考虑一下这种情况。此种情况下平均值仍然是7分，计算"与平均值偏差的平方"时，半数的回答者"与平均值的偏差是-1分"，另外半数的回答者"与平均值的偏差是+1分"，因为平方都是1，这些偏差的平方和就是40。

只询问了3个人的店铺，所有的分数都和平均值7分相差了2分以上，最多还有相差5分的。后一家的店铺全员都均匀地和平均值相差1分，却得出了"顾客满意度更加分散"的结果，这明显很不正常。

因为只要数据增加，即使数据分散程度保持不变，"偏差的平方和"

图表1-26 40人的满意度和平均值的偏差

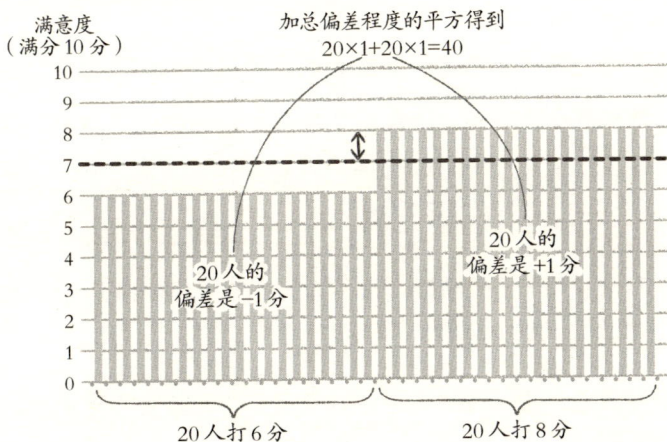

也会自然而然地变大。既然如此，**那用"偏差平方的平均值"代替"偏差的平方和"来表现数据的分散程度就好了**。这就是方差最基本的思考方法。

比如第一家店铺的"偏差平方的平均值"，就是38这一"偏差的平方和"除以回答者数量3，约等于12.7。而后一家店铺的"偏差的平方和"40被回答者数量40来除，就得到1。12.7和1就是两家店铺的顾客满意度的方差。

更详细说来，统计学中有所谓**无偏方差**（unbiased variance，意味着修正了有偏的方差）的思维方式：比起用"回答者数量"来除，用"回答者数量-1"来除会更好。关于这一点的说明就让我们交给书的末尾【数学附录4】吧。最近这些年，即使是随便做的调查，回答者有千人以上的情况也并不少见，"偏差的平方和"用1000来除或者用减去1的999来除，得到的计算结果差别并不会很大。所以本书认为，对于大多数社会人士来说，求出来的方差是不是无偏，也不用太过在意。

　　用偏差值考核是否靠谱？虽然我们从方差可以知道哪家店铺的客户满意度分散程度更大，但对于前一家店铺，即使知道了方差，即"与平均值的偏差的平方的平均值"是12.7，其实也很难感觉到什么。相比之下，后一家店铺"与平均值的偏差的平方的平均值"是1，似乎可以认为它充分表现了"全员的满意度与平均值的偏差程度都只有+1或者−1"的状态。

　　说起为什么会发生这种情况，其原因在于方差是考虑偏差的平方的指标。因为1的平方还是1，所以"全员的满意度与平均值的偏差程度都只有+1或者−1"时，方差就是1；但如果是"全员的满意度与平均值的偏差程度都有+2或者−2"的情况，方差就不是2而是4了。

　　反过来说，如果想要将其变成有实际意义的指标，在方差的"平方"处下功夫就好了。"平方"的逆运算，是"求平方根"或者"开平方"。比如对于前文12.7这个方差，只要计算"平方之后是12.7的（正）值"是多少就好了。这个用笔算可能有些困难，但用计算器计算12.7的平方根，结果约为3.6。即使手边没有计算器，只要考虑3.6×3.6=12.96确实接近12.7就好了。另外后一家店铺的方差是1，$\sqrt{1}$的结果还是1，我想就不用多说了。

　　这样计算下来，可以说与平均值的偏差在2～5之间的前一家店铺，"偏差大概是3.6"，而全员距离平均值的偏差都是1的后一家店铺"偏差大概是1"，这一结果基本和直觉相符。计算得出的前一家店铺是3.6、后一家店铺是1的值叫作**标准差**。用英语来说叫作Standard Deviation，经常缩写为SD。

　　说起标准差，可能会有人想到"偏差值"[1]，进而有些厌恶[2]，但标准差仅仅意味着"标准的与平均值之间的偏差"。偏差值是利用平均值和标准差，为了与其他考试公平比较、说明考试分数有多高的"把握现状"的统计方法。具体来说，就是不论各种考试的平均分数和分数的分布方式（也就是标准差）如何，都用标准差的倍数来表示偏离平均值的程度，再以此来表示成绩。如果成绩刚好是平均分数偏差值就是 50，如果是平均分数 +SD（标准差）的分数，偏差值就是 60。相反，如果是平均分数 -SD 的分数，偏差值就是 40。

　　顺便一提，用陈词滥调来批判在教育领域使用"偏差值"的人，大多数并不知道"偏差值真正的存在目的"。偏差值为 75 就能进东京大学，其实是非常肤浅的说法。如果不能利用偏差值公平地比较考试分数，掌握考生在同龄学生中的相对位置，将会产生许多的麻烦。比如会出现考试出题简单、赶上批卷手松的老师的学生才有"好成绩"这样不公平的事情。除此之外，没有偏差值，想通过参加模拟考试来估计能否考上目标大学也会变得更难。因为，即使在模拟考试中得到了不错的分数，也可能只是因为考试的难度太低，或者是成绩不稳定而已。另外，只要大学存在招生限额，不论是否存在偏差值这种指标，考试成绩不在一定的名次以内就一定考不上，这种现实是不会改变的。

　　再进一步说，以前也有文化人士主张："美国招生并不考虑入学考试的偏差值！他们不是看偏差值而是看人性来决定招收！"在美国，不论是怎样的名校，所使用的都是 SAT 之类像日本 center 考试一样的程度考试的分数，他们并没有像日本的 AO 入试[3]这样仅仅靠小论文和面试就

---

① 日本普遍使用的用来评定学生考试成绩的方法。偏差值＝（得分 - 平均分）÷ 标准差 ×10+50。——编者注
② 日语中标准差的汉字写作"标准偏差"。——译者注
③ 日本 center 考试是国家统一考试，相当于中国的高考；AO（Admissions Office）入试是各个大学的招生考试——译者注

可以合格的机制。SAT的得分计算方法和偏差值很像，不过进一步使用了项目反映理论的统计方法，即以更高阶的方法来实现考试分数的公平比较。

　　想要进入美国的某所大学，一般需要SAT得到多少分数，和想要进入日本的某所大学，一般要在模拟考试中得到多高的偏差值，其实本质上是一样的。

用平均值和标准差可以把握现状的原因

　　利用平均值和标准差的组合，就可以像四分位数一样，把握"数据大体分布在这个范围"这样的现状。举例来说，在日本举办center考试的大学入试中心本身就有统计学家，他们会将分数的分布方式调整为正态分布。如果数据本身就服从正态分布，从"平均值－SD（偏差值40）"的分数到"平均值＋SD（偏差值60）"的分数这一范围之中，包含了约68.3%的考生。

　　另外，服从正态分布说明数据的分布方式是左右对称的，偏差值60以上和40以下的人数占比，就是100%减去68.3%剩下的31.7%，再大概等分，也就是分别约有15.9%。正因为有大学入试中心将成绩调整为正态分布，迅速公开考试人数、平均分和标准差等情况，考生才能大致把握自己的成绩所处的位置。也就是说，只要利用自己的成绩、公开的平均分和标准差，就能算出偏差值。如果偏差值为60，就可以得出"考试人数是30万人，所以成绩在前15.9%以内，也就是4.8万名以内"的估计（图表1-27）。另外，同样的，因为95%的考生应该落在平均值±2SD（更精确地说是±1.96SD）的范围之内。偏差值是70，可以估计自己排在前2.5%，也就是如果考生人数有30万，大约排在7500名以内。

图表1-27 考试成绩服从正态分布

在全体中的比例

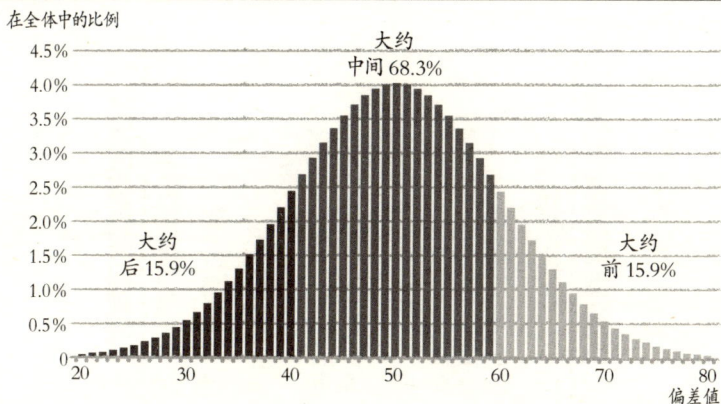

那么，数据的分布方式明显不是正态分布的时候要怎么办呢？这时，如果从"把握现状"的角度来看，可能有人认为和中位数比平均值更合适一样，与其选取平均值 ±SD 的范围，还不如使用四分位数更合适。即便如此，用标准差来反映数据情况也并没有错。

举个例子：数据不仅不服从正态分布，甚至根本就没有任何数值出现在平均值附近。图表1-28是针对200位客人的满意度调查结果，满分为10分。其中回答0分或者10分的各有40人，1分或者9分的各有30人，2分或者8分的各有20人，3分或者7分的各有10人，4 ~ 6分有0人。图表中展示的就是这种极端情况，并没有回答者的打分处在平均值附近。

可以求出，标准差大约是4.1。即使是这种情况，除了打0分或10分的80人，其余的120人都落在平均值 −SD 的0.9到平均值 +SD 的9.1这一范围内。这样，我们指着平均值SD的范围说"数据大概分布在这个范围里"，其实并没有错。

在讲中心极限定理的时候，我曾提到俄罗斯数学家切比雪夫，他证

图表1-28 极端分散数据的平均值SD的范围

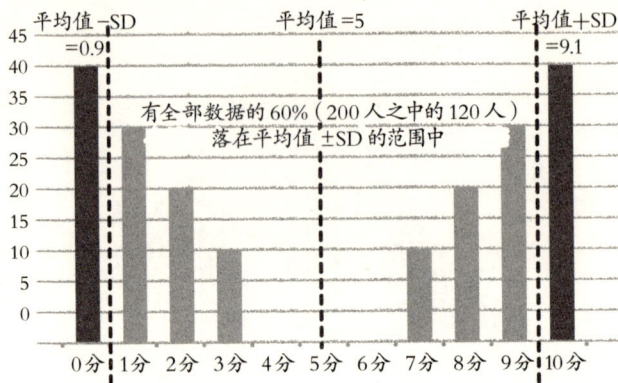

明了**无论数据的分布方式如何，在平均值 −2SD（标准差的2倍）至平均值 +2SD 的范围之中，一定包含全体的¾以上的数据**。这个关系被称为切比雪夫不等式【数学附录7】，它在证明中心极限定理的过程中扮演了重要角色。

如果是服从正态分布的数据，该范围内的数据量会比"¾"更多，如前所述，在平均值 ±2SD（确切来说是 ±1.96SD）的范围中会存在95%的数据。后面我还会多次提及 "平均值 ±2SD 范围内95%的数据"，确切地说，都应该是 ±1.96SD。对于左右非对称的，或者平均值周围不存在数据的分布方式，这个范围里存在的数据比例会变小，但也绝对不会低于¾。

也就是说，只要说明了平均值和方差，不需要四分位数就可以把握数据的概况。不论分布方式是否是正态分布，认为"数据大约分布于平均值 ±2SD 的范围之内"是没错的。

将平均值和标准差用于"洞察"商务真相

如果将平均值 ±2SD 的范围用于洞察因果关系而不是把握现状，会有什么发现吗？

假设将某家公司的数据汇总为图表 1-29。

这张表将上上个月一整个月是否投放了直邮广告作为标准，来分类汇总最近一个月每位顾客的平均销售额这一 outcome。柱形图代表平均购买金额，从柱形图的顶端上下延伸的细线代表"±2SD"的范围。这条线用术语来讲叫作须①。没有收到直邮广告的组别平均购买金额是 3000 日元，标准差是 500 日元，所以在表示平均值的柱形图顶端，上下各有长为 1000 日元的须。另一方面，收到了直邮广告的组别平均购买金额是 7000 日元，标准差是 1000 日元，所以上下各有长 2000 日元的须。

图表1-29 依据本章内容所做的分析结果

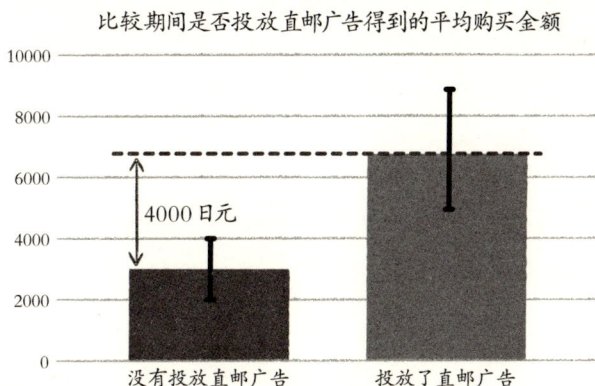

比较期间是否投放直邮广告得到的平均购买金额

---

① whisker，类似于箱线图中表示最大值与最小值的细线。——译者注

如果在投放直邮广告时，并没有"特意选择可能增加消费的人"，而是随机投放，出现这样的结果，就要考虑其中可能存在因果关系。也就是说，两组的平均值±2SD的范围并没有重合，意味着在一组的"数据大体存在的范围"之中，出现另外一组中的数据"并非理所当然"。因此，我们有理由怀疑，在有无收到直邮广告这一因素与销售额这一outcome之间存在着某种关联。

如果直邮广告是随机投放的，那么在根据是否投放了直邮广告而划分的这两组之间，不应存在直邮广告之外的差别。如果这时outcome的差别无法忽视，就该考虑直邮广告这一原因是否影响了销售额这一结果。

像这样，即使仅仅理解了平均值和标准差的本质，如果相当于解释变量的分组是被随机抽取的，由解释变量的差异产生了明显的outcome差异，我们便可以洞察到其中的因果关系了。

第 2 章

统计学为何是"最强"的商务武器

标准误差与假设检验

07 介于冒失鬼和糊涂虫之间的"最强"思维方式

只要数据自身是分散的，两组的平均值和比例就不可能每次都完全一致，也就是说经常会发生某一组稍高的情况。

但如果这个差异大到"2个标准差以上"，情况就又不同了。对于一组来说"普通"的值，对于另外一组来说"并不普通"。出现了这样大的差异，与其说这是由于数据的分散而偶然产生的，不如说这两组之间本身就存在差异。

在统计学中，把这种不是因数据分散而偶然产生的差异叫作**统计学上的显著性差异**，或直接称为**显著性差异**（significant difference）。顺便提一下，比如我们发现了年间销售额产生1日元差距的原因，这种信息在现实中怎么也不能说是有意义的。但是，即使是这仅为1日元的"感觉不到意义的差距"，只要难以认为是因数据分散而偶然产生的，就是统计学上"显著的"。希望读者记住，此后本书中用到"显著"这一说法的时候，全部是指统计学上的显著。

如何通过寻找显著性差异提升业绩?

对于实际应用而言,理解了平均值和标准差就足够了吗? 如果想要在现实问题上应用统计学,不理解本章所介绍的更为高级的概念只怕不行。

原因在于统计学上所称的power或**统计功效**(statistical power)。用组别间的平均值互相偏离了2个标准差以上,来检验显著性差异,其统计功效很弱。

在现实中需要比较的组别间平均值,大多不会偏离2个标准差,如果有那么大的偏差,不进行统计学上的处理也能发现其中的差异。

因此,统计学认为最重要的点,在于如何用最少数据来发现比2个标准差更小但更具有现实意义、具有统计学上的显著性的差异,也就是要增大统计功效。

如果结果相同,与其在数据收集和计算上花费大量时间,大多数的人都更愿意选择费时更少的统计方式。如果硬要说选择前一种方式有何优势,大概也就是为接受了数据分析或分析系统构建委托的业内人士提供了提升交易金额的理由。

具体来说,**统计功效是指"在存在差异的假设成立的情况下,认为显著性差异存在的概率"。**举例来说,虽然投放直邮广告比不投放的情况下平均消费金额确实会有所提升,每一个顾客的消费金额却是分散的。因此,如果只调查两三个人,可能在两组间发现不了什么差异,也可能会产生没有收到直邮广告的组别刚好集中了消费金额很高的顾客这一逆转现象。这就是统计功效很低的调查或分析。

"冒失鬼"的错误，"糊涂虫"的错误

并不是说一味地提高统计功效就是好的。有简单的方法可以将统计功效最大化，也就是"当差异存在的假设成立时，100%能发现显著性差异"，但这种做法是无益的，甚至很多时候是有害的。

这种做法，其实是"不依赖于任何的数据，不负责任地主张自己想到的东西"。如果假设成立，你100%可以发现有意义的差异。在公司、电视甚至国会议事堂，自己的想法毫无根据却坚持认为它正确的人有很多，我们可以说这种人是最大化统计功效的生物。马克·吐温有句名言说"坏掉的时钟每天也至少有两次指向正确时刻"，而经常预测"马上就要衰退了"的经济评论家，在衰退的前一年也一定说过"马上就要衰退了"。

这种做法之所以有害，是因为它虽然不会"拒绝正确的假设"，但并未考虑"认为错误的假设正确"（也就是明明不存在任何的差异却主张差异存在）的错误风险。在统计学上，把这种"明明不存在差异却认为存在"的错误称为**α错误**（α error），另一方面，把"明明存在差异却没有发现"的错误称为**β错误**（β error）。另外，在很多教科书上，对应首字母，将α错误称为"冒失鬼的错误"、β错误称为"糊涂虫的错误"[①]。基于这种说法，刚才所说的坚持毫无根据假设的人，是为了将糊涂的风险降为0，而表现得太过冒失了。

然而另一方面，社会上也有很多完全相反的、为了将"冒失鬼的错误"降为0而运用着简单方法的人。这种人的做法是，不论谁基于什么证据主张什么，都只会说"因为未能周密地了解，接下来让我们谨慎地讨论吧"。

简单来说，这种人完全不主张任何假设，更不用说相信假设并采取

---

① 日语中二者发音与 α 和 β 的第一个音相同。——译者注

行动了。这样做虽然能将冒失地主张错误假设的风险降低为零，但无论何种真相摆在面前，他们都会糊涂地避开。

虽说探求永恒真理的学者坚持主张"因为了解不周密，所以要慎重"，但我们面临的大多是在此时不做出最好的判断损失就会不断累积的问题。作为医生，如果只是谨慎地观察病人的状态，那大多数的病人早晚会死亡。作为商人，如果只是谨慎地考察顾客的行为，顾客就会被竞争企业夺走。

为何"统计学是最强的学问"？

统计学最出色之处，在于它系统化了在"冒失鬼"和"糊涂虫"之间做出**正确判断的方法**。

统计学在两种错误之间权衡取舍。面对不是每次都会发生同样情况的、存在变动的事物，不可能同时将两种错误降为零。因此统计学上，首先会决定在何种范围内允许犯"冒失鬼错误"的发生。惯例是假设发生的概率为5%，也就是所主张的假设在20次中有1次是真的错了。不过，在追求更加严密的决策时，有时候会考虑选取1%或者0.1%这种更低的水平。相反，有时也会允许"冒失鬼的错误"风险在10%。像5%或1%这样对错误的允许程度叫作**显著性水平**（significance level）。

确定显著性水平之后，在给定的显著性水平范围之内，想办法将"糊涂虫的错误"最小化，或者将统计功效最大化。虽然单纯地增加分析所用的数据也能增大统计功效（关于这一点本章之后会说明），但即使数据有限，也有方法不错过真相，即根据数据的分布方式以及想要检验的假设来选择不同的方法。这种用来判断是否可以认为假设成立的方法在统计学中一般称为**检验**（test，或者叫作**统计性假设检验**）。

而在给定的显著性水平之下统计功效最高的检验方法，在统计学上则称为**最强检验**或者**最大功效检验**（most powerful test）。

说起来，在统计学家J. 内曼（Jerzy Neyman）和E. 皮尔逊（Egon Pearson，发明了回归分析的K. 皮尔逊的儿子）将检验系统化以前，大多数人不是凭借自己的直觉或暧昧不明的根据来提出假设的冒失鬼，就是单纯呼吁慎重讨论的糊涂虫。

能在冒失鬼和糊涂虫之间，在理论的正确性和现实问题之间，考虑最优的判断应该是什么的学问，就只有统计学。正因如此，统计学才被用来实证各种学术领域的理论，支撑各种不允许失败的现实决策。

本章后面的内容，就是学习统计性假设检验的思维方式，即面对有限的数据，在维持一定水平的"冒失鬼错误"风险的同时，如何做出合适的决策。

举例来说，假设你正在运营一项付费网络服务，进行了A/B测试，结果发现新网页设计的转化率从0.10%上升为0.11%。虽然仅仅是0.01%的差，但如果这种差距确实有意义，没准可以将销量提升为现在的1.1倍。又或者情况正相反，这一差距"只是偶然"，那么浪费资源改变网页设计就是无意义的徒劳。读过了这一章，你应该能够知道进行何种检验，出现了某种结果要如何判断，或是要分别收集何种程度的数据，才能说明A类型和B类型之间仅存的0.1%的差距是"显著的"。

此外，本书不会讨论各种检验方法在特定的情况下是否是最大功效检验，仅仅会介绍一般的运用方法及其使用情形。比如在原始数据虽然很像正态分布但却存在偏斜时，比起本章介绍的方法，还有统计功效更大的方法可以使用。但与过去相比，现在"为了增大统计功效而增加数据"的成本变得很小，收集数百乃至数千的数据来进行分析的情况也并不少见。本书认为，在这种情况下，企图在最开始就理解这些不需要太过在意的东西而增加学习的难度，并不是上策。

希望下节及之后的内容，能让读者们学会如何将"分组合计"转化为以决策为目的的统计解析。

08 "误差范围"与数据数量的关系

有许多人会对日常接触到的数据说"这就是误差范围"。比如到目的地需要50分钟或45分钟是"误差范围"，或者说某个项目必要的预算是1000万日元或1100万日元是"误差范围"。这些人或许是有着"预测值的10%左右是误差"的大概印象，才说出这些话的吧。

然而，统计学真正学习到一定程度，就无法这么轻松地说出"误差范围"了。因为在统计学中，"误差的范围"并不是主观的印象，而必须根据数据的数量和数据的分布方式（也就是方差或标准差）来准确地计算。

统计学意义上的"误差"在商务领域的影响

举例来说，针对日本高中生的调查结果表明，希望使用新产品的人的比例是75%，让我们来考察数据数量对于误差的影响。直接来解释这个结果，就是日本全体高中生对于这一产品的使用意向的"真值"是75%，也就是说忽视价格等因素，每4个人中有3个想要这件新产品，可见该产品的市场发展空间十分广阔。

但是，无论是 4 个人中有 3 个人回答"想要使用"，还是 1000 人中有 750 个人回答"想要使用"，使用意向是 75% 的结果都是成立的。可是大多数人的直觉应该是，前一个仅有 4 人得出的 75% 的结论，和后一个 1000 人得出的 75% 的结论相比，并不值得信赖。二者在数字上都得出了 75% 这个结果，但是其中有什么差别呢？

在这里，作为尝试，让我们考虑一下"偶然有 1 个人改变想法的情况"。回答者中有 1 个人恰好当天遇到高兴的事情，或者恰好身体不适而改变了回答的结果，似乎也没什么不可思议的。

如果对于 1000 人的调查，回答了"想要使用"的人中有 1 人改变为"不想使用"，那么使用意向就变为了 74.9%（1000 人中有 749 人）；相反，如果回答了"不想使用"的人中有 1 人改变为"想要使用"，使用意向就变成了 75.1%（1000 人中有 751 人）。也就是说，如果是 1000 人的调查，其中 1 人改变了想法，只能带来 0.1% 的结果变化。

另一方面，如果 4 人中回答了"想要使用"的人里有 1 人改变为"不想使用"，使用意向就变成了 50%（4 人中有 2 人）。又或者那个"不想使用"的人改变了想法，结果就得到了全员，也就是 100% 拥有使用意向。这就是说，仅仅 1 人的"偶然"，结果就会是 50%，或 75%，或 100%，也就是 25% 的差异（图表 2-1）。

统计学所处理的对象，并非全都一致地具有相同的值或者相同的状态。也就是说调查对象不同，所取得的值也会有所不同，或是处于某种状态，或是不处于这种状态。再进一步，就像刚才"改变想法"的例子，即使是同一个人，时间点不同，数值和状态也可能发生变化。

利用有限的数据求出的平均值和比例，包含着"调查对象中偶然

图表2-1 1人改变想法给比例带来的影响

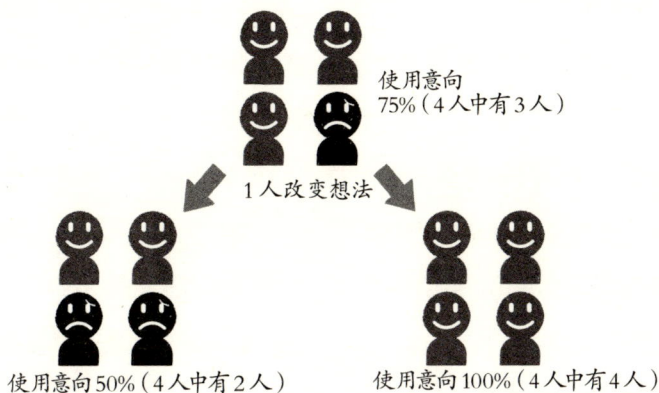

使用意向
75%（4人中有3人）

1人改变想法

使用意向50%（4人中有2人）　　　　使用意向100%（4人中有4人）

有很多数值高的人"或者"达到某种状态的人恰好很少"的可能性。因此即使之后在同样的状态下进行同样的调查，也不知道最终能得到什么样的结果，也不一定就会和通过无限次调查所得到的"真值"完全一致。

不过，即使这样也不能说得到的值是荒唐无用的。**用以表示从有限的数据中求出的平均值或比例以何种概率在何种程度上偏离"真值"——这就是统计学意义上的对误差的描述。**

另外，"以何种程度偏离"这一点，除了与数据数量有关之外，还与原始数据的分散程度有关。接下来让我们来思考这个问题。

新产品是否更受消费者青睐？

刚才我们在调查是否想要使用新产品时忽略了价格因素，现在假设我们询问了4名调查对象："你认为定价多少可以卖得出去？"得到的结果是，第一个和第二个人回答说4000日元，第三个人回答了低500日元的3500日元，第四个人相反，回答了高500日元的4500日元。从4个人的回答，可以得出"平均来看4000日元左右可以卖得出去"的结论。

再假设，我们同时也对去年发售的旧产品进行了"认为定价多少可以卖出去"的调查。对于旧产品，第一个和第二个人回答了和新产品一样的4000日元，但是第三个人回答了比它低3000日元的1000日元，而第四个人回答了高出3000日元的7000日元。这一调查的结果同样也是"平均来看4000日元左右可以卖得出去"。

然而，如果针对这两个调查考虑一下刚才考察过的"1个人偶然改变想法"的可能性，就会发现这两项调查平均4000日元的结果，其实有着不同的意义。

对于新产品，所有接受调查者回答的金额都分布在平均值 ±500日元

图表2-2 1人改变想法对平均值的影响（新产品）

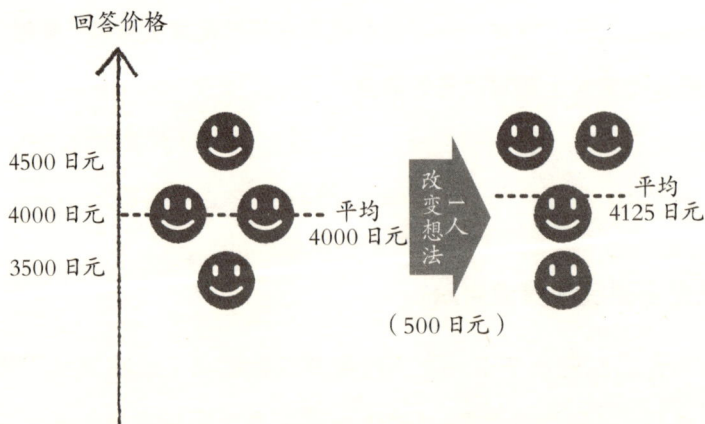

的范围内。假设此时回答了和平均值一样金额的第一个人偶然改变了想法，自然而然，我们就会认为这个人最多也就会改变 500 日元。这时，这 1 个人 500 日元的变动给 4 人平均值带来的影响，最多也就是 ±125 日元（500 日元 ÷4）罢了。也就是说，即使考虑了第一个人可能改变想法，也可以认为平均值会在 3875 日元至 4125 日元之间（图表 2-2）。

另一方面，对于旧产品，回答者之间存在平均值 3000 日元的分散。在这种情况下考虑回答金额与平均值一致的第一个人偶然改变想法的可能，对平均值的影响就是 ±750 日元（3000 日元 ÷4 人），因此可以认为平均值会在 3250 日元至 4750 日元之间（图表 2-3）。

无论是对新产品还是对旧产品的调查，人数和平均值都是一样的。然而，原始数据的分散程度越大，利用相同数量的数据求出来的平均值的偏离范围也就越大。

图表2-3 1人改变想法对平均值的影响（旧产品）

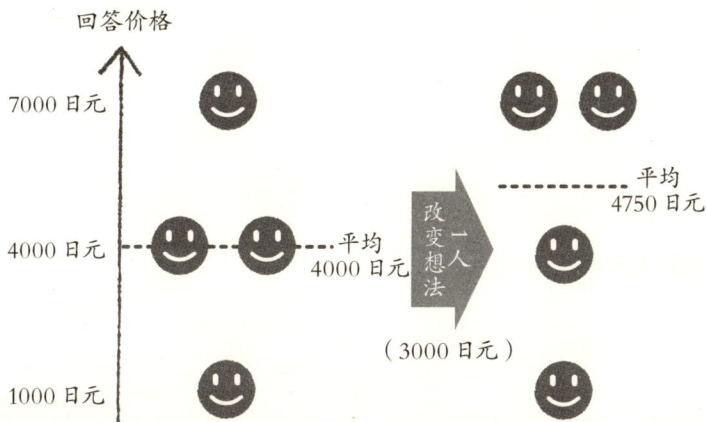

并不需要大数据的统计学

那么，平均值、原始数据的分散、数据数量和误差的关系是怎样的呢？

提前公布答案，就是图表2-4所示的公式。但首先，让我们先来详细说明一下这个初学者经常和标准差（第56页）混淆的概念——**标准误差**（英语写作Standard Error，经常缩写为SE）。

这次的调查中，我们对偶然的4个受调查者的答案计算了平均值。然而，为了获得"日本高中生全体的使用意向"和"日本高中生全体的价格感受"的"真值"，就必须将调查对象设定为高中生，这一群体如今在日本有300多万人。所以我们可以认为这4个人，是构成"真值"的全体中偶然被选出的"一部分样本"。这和为了让客人决定今后是否要继续使用某种产品，而先免费给客人试用的样品是同样的意思。另外，从全体中被选出来的样本所包含的数据数量（这次的调查中是4人）用术语来说叫作**样本量**（sample size）。

从300万人的高中生当中选出4个人，调查他们对产品价格的感受然后计算平均值，这样的操作想进行多少次都行。即使做出了同一个人不能被调查两次的限制，也至少可以进行75万次左右。

那么，经过这样的计算求出的75万个平均值，其分布方式是怎样的呢？和第41页例子中男女大学生身高的混合数据相同，无论关于"价格

图表2-4 求标准误差的公式

$$平均值的标准误差 = \frac{原始数据的标准差}{\sqrt{计算平均值所使用的数据数量}}$$

图表2-5 75万个 "可能的平均值" 的分布和标准误差

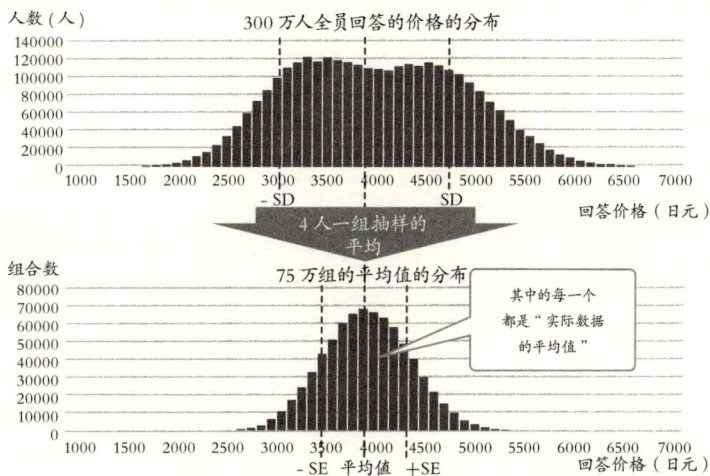

多少能卖出去" 的原始数据自身是否接近正态分布, 选取多人算出的平均值大概都会类似正态分布。另外, 这个类似正态分布的分布的中心, 也就是75万个 "由4人数据计算得出的平均值" 的平均值, 会和300万高中生全体的平均值一致。

接下来的问题,是这75万个平均值的方差或标准差是多少? 这个 "由4人数据计算得出的平均值" 的标准差, 就叫作标准误差 (图表2-5)。

另外, 并不只是从数据计算出的平均值才有标准误差。从数据计算出的 "比例的标准误差" 自不必说, 其实也可以考虑从某些数据计算出的繁杂的 "标准差的标准误差"。

无论如何, 利用有限的数据计算出能够代替所关注的 "真值" 的近似值, 这种行为背后, 一定会有刚才例子中75万个的平均值那样的、数量巨大的 "应该得到的值" 存在。这个**"应该得到的值"的分布的标准**

差就是标准误差，而标准差则是表现原始数据分散程度的指标。

由多项数据计算出的平均值的分散程度（标准误差），一定会小于原始数据的分散程度（标准差）。另外，计算时所使用的数据的数量也就是样本量增加，标准误差就会变小。

其中的理由和前一章考察的掷多枚硬币的例子是相同的，掷多枚硬币的时候，比起永远出现某一面的概率，正面和反面均等出现的概率更高。数据的数量变多，比起样本中仅仅包含原始数据中大于平均值，或小于平均值的数据的概率，大于或小于平均值的数据同时出现的概率会更高。这样，当数据数量增加时，"数据的平均值"会越来越集中于真实的平均值附近。因此，数据的数量越大，从数据中计算出的平均值的分散程度（标准误差），就会越小于原始数据的分散程度（标准差）。

将这个数据数量越大标准误差越小于标准差的关系用数学式子来表示，就是之前图表2-4所表明的关系：

$$平均值的标准误差 = \frac{原始数据的标准差}{\sqrt{计算平均值所使用的数据数量}}$$

使用平均值和标准差即可进行"样本量设计"

为什么标准误差是用标准差除以数量的平方根来算，数学上的证明就让我们交给书的最后【数学附录3】。但如果能活用这一点，利用从数据计算出的平均值和标准差，就可以估算出"下一次的调查如果想要得到某个标准误差需要多少数据（也就是样本量）"。这种估算数据数量的工作用术语来讲叫作**样本量设计**（sample size design）。

比如有这样一家连锁饮食店，知道自己的顾客消费的平均值是4000

日元，标准差是1000日元。这家公司正考虑在几个候选的地区开设新的分店。不考虑竞争和客人的口味喜好，仅考虑和自己店铺的标准价格带最接近，也就是 "每次酒会的平均预算与4000日元最接近" 的地区似乎比其他的地区更有希望。这家公司在各地区分别调查多少回答者比较好呢？

把 "标准差1000日元" 代入刚才的标准误差与数据数量的关系式中，就可以画出图表2-6这样的图。横轴是一个地区的样本量，纵轴是不同样本量相应平均值的标准误差。图中曲线的左边是从 "样本量是4" 开始计算的。

样本量是4人，用标准差1000日元除以也就是2，就得到标准误差是500日元。同样，样本量是100，用就得到标准误差是100日元。如果能再增大样本量，在各个地区得到2500人的样本量，标准误差就是20日元。

另外，我们已经说明了，对于数据自身的分布，可以说 "数据大体

图表2-6 标准差是1000日元的情况下样本量与标准误差的关系

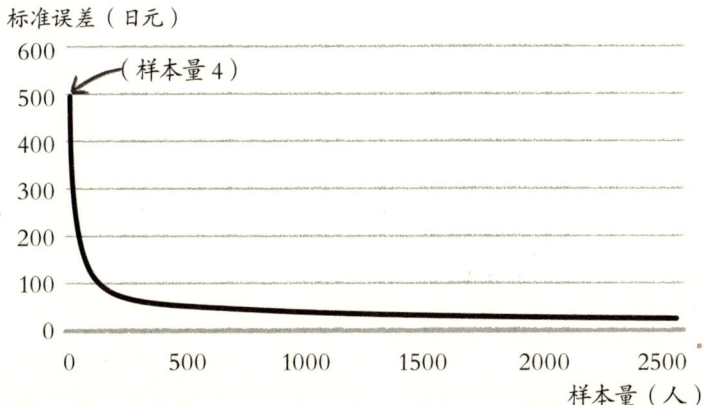

分布在"平均值±2SD 的范围内。对于标准误差来说也可以有相同的解释。之后我们会更加详细地说明，但如果调查的结果是"平均值是 4000 日元，标准误差(SE)是 100 日元"，我们可以考虑平均值±2SE 的范围，也就是"平均值大概在 3800 ～ 4200 日元的范围里"。

如果在某个地区得出平均值大约是 4000 日元，恐怕并没有必要将其精确到几十日元的范围内，因此在各个地区做 2500 人的调查有些太夸张了。但如果仅调查 4 人，标准误差就是 500 日元，那么即使得到了"平均 4000 日元"的结果，也只能知道"平均值大概在 3000 ～ 5000 日元的范围内"，这并没有什么参考价值。

样本量设计就是像这样，将最终的误差范围和调查所需花费的时间与金钱放在天平上，估算必要的数据数量。如果能够理解样本量设计的思维方式，应该就能明白"总之就要做全体调查"或"总之就要大数据"的想法并不合适了。

比例的标准误差

图表 2-7 是比例的标准误差和数据数量的关系。

比如从 100 个数据中计算出比例是 90%，其标准误差就是 $\sqrt{0.9 \times 0.1 \div 100}$，等于 0.03 也就是 3%。乍一看，这个式子似乎与刚才提到的平均值的式子完全不同。但是，如果按照前一章最开始说明的思

图表2-7 比例的标准误差和样本量的关系

$$比例标准误差 = \sqrt{\frac{比例 \times (1-比例)}{数据数量}}$$

考方法，将比例看作用来表示达到某种状态（1）和未达到某种状态（0）的数据的平均值，这个式子就和平均值的标准误差完全一样了。

这一点在书后有充分的证明【数学附录3】，但仅用简单的式子来表达 "用1或0表示的数据的方差"，就得到：

$$数据的方差 = 比例 \times （1- 比例）$$

因此，比例标准误差的公式明显和

$$标准差 \div \sqrt{数据数量}$$

这一关于平均值的关系式是一样的。

顺便提一下，刚才所说的 "根据数据求得的平均值 ±2SE" 被称为**平均值的95% 置信区间**（95% confidence interval）。但想要正确地理解置信区间的意义，需要先理解下一节说明的统计性假设检验的思维方式。另外，和标准差（SD）一样，关于标准误差（SE），此后也会多次出现 "平均值 ±2SE" 这一说法，确切地说也应该是 "平均值 ±1.96SE"。

此外，关于居酒屋分店的调查，我们只介绍了以 "把握现状" 为目的的样本量设计。如果要考虑目的是洞察因果关系的样本量设计，仍然需要理解统计性假设检验的思维方式。

那么让我们从下一节开始学习统计性假设检验的思维方式，进一步加深对误差和样本量的理解吧。

09 假设检验的思维方式

冒失鬼和糊涂虫的议论

接下来正式地介绍统计性假设检验的思维方式。

如果没有统计性假设检验，人类对于假设真假的议论，大概会是如下这样：

A：我擅长运动的同学如今在工作上都非常成功。比起学习，专注体育的人将来才能在社会上成功。

B：那只是偶尔有人同时擅长体育和工作。既有完全不擅长运动的伟人，也有潦倒的前奥运选手，没错吧？

A：才不是。这阵子我读了一本麦肯锡出身的牛人写的书，他在学生时代也是专注于橄榄球的。

B：这种人只是偶然存在吧。

A：怎么会，索尼创始人盛田先生也专门写了本书叫《学历无用论》……

　　B：你怎么能断定麦肯锡的牛人和盛田先生没错，或者他们没说谎呢？

　　A：你真是烦啊。我堂兄弟和我第一个上司，都是热爱运动的成功人士啊。

　　B：不论这些人是多么热爱运动的成功人士，你也不能否定存在热爱运动却没成功的人，也不能断言不存在不擅长运动却成功了的人吧。

　　比如说苹果公司的史蒂夫·乔布斯，微软的比尔·盖茨，年轻的时候都是相当宅的哦。看上去也不像是擅长运动的。

　　A：那只是例外吧？

　　B：这么说来，你同学和堂兄弟才可能是例外吧！

　　这种无结果的议论可以无限地继续下去，我们就此打住吧。在这里，A 代表的是因为小部分事例就主张 "是否热爱运动会影响成功" 的 "冒失鬼"。另一方面，B 则是无论面前有多少例子，都要问 "能够断定是正确的吗" "难道没有反例吗"，这样固执地拒绝假设的 "糊涂虫"。

　　哲学是深刻思考万事万物的学问，但因为对于任何的假设都故意质疑，许多一般人难以想象的例子会在哲学中出现。其中一个就是 "亨普尔的乌鸦"。

　　这是德国的卡尔·亨普尔（Carl Hempel）在 20 世纪 40 年代提出的例子。考虑 "亨普尔的乌鸦" 问题，我们会发现，自己连 "所有的乌鸦都是黑的" 这种理所当然的假设是真是假都无法证明。

　　"乌鸦是黑色的"，是无法用 "看见了一只黑色的乌鸦" 来证明的。

即使某只乌鸦是黑色的，但只要其他的乌鸦是红色的，或者有乌鸦是蓝色的，"乌鸦就不一定是黑色的"。也就是说"乌鸦是黑色的"所主张的，是"所有的乌鸦都是黑色的"。这种"所有的……都是……"的表达方式，因为是"对所有东西而言"，所以具有**全称性**（universal）。

对具有全称性的假设进行反证是简单的。只要能找出一只不是黑色的乌鸦，就能证明"并不是所有的乌鸦都是黑色的"。然而，想要证明"所有的乌鸦都是黑色"却要费很大力气。不管找到了多少乌鸦，糊涂虫们都可以说"这并不能说是全部的乌鸦""不能证明没有其他不是黑色的乌鸦"……反对的理由不计其数。

这样严密地思考下来，我们根本无法主张乌鸦到底是黑的还是白的。《心经》教给了我们"色即是空"这样伟大的道理，看来我们只能认为乌鸦的颜色是没有实体的空虚之物，微眯着眼睛糊涂下去了。

——不过，前提是我们并不知道何为统计性假设检验。

统计性假设检验的思维方式

虽然统计性假设检验也无法证明"全称性"，但通过引入概率，我们可以不考虑"所有"，而考虑"大部分"。面对糊涂地不知道乌鸦是黑是白的B，学会了**统计性假设检验**（Statistical hypothesis testing）方法的S可以与其进行这样的对话：

B：严格来说，我们无法主张乌鸦是黑的还是白的……

S：我们确实不知道是不是全部的乌鸦都是黑的，但是却可以证明"认为我们见过的乌鸦大多是黑的是合理的"。

B：真的吗？ 这也能证明吗？

S：没错。最近你见过的乌鸦是什么颜色的？

B：黑色的。

S：至今为止你见到多少黑色的乌鸦？

B：至少应该有100只吧……

S：不是黑色的呢？

B：虽然我没有见过，但是也不能证明就没有啊。

S：你说的没错。但是假设乌鸦中黑色和白色各占一半，你认为偶然连续看到100只黑色的概率是多少？ 这其实就是掷100枚硬币全部出现正面的概率。

B：这个……

S：计算0.5的100次方，会得到比一万亿分之一的一万亿分之一更小的数字。顺便告诉你，即使乌鸦中有九成是黑色的，0.9的100次方也只有0.0027%。这种奇迹怎么可能出现呢？

B：但是即使概率再低也不是零，所以没办法完全否定 "确实出现了这种奇迹"。

S：这样，我们以后在一起的时候就一直打赌吧。如果看到的乌鸦不是黑色的，我就请你喝你喜欢的饮料，如果是黑色的你就请我喝罐装咖啡吧。

B：哎呀，这个……

S：你看，你已经在想 "认为乌鸦大多是黑的是合理的" 了吧。

总结一下S的思考方法就是：

为了能实际取得数据，首先要确定 "讨论的范围"。并不考虑全世界如何、全人类如何，而是**将焦点集中在 "当前能收集到的数据范围" 中**，

假设是否妥当。不这么做，糊涂虫们就会反对说："你的数据中没有包括某些东西，所以……"

接下来，既不考虑100或者0这种全称性命题，也不考虑自己想要主张的"大多数乌鸦是黑色"的假设，而是**考察完全颠覆自己主张的"黑色和非黑的乌鸦各占一半"这一假设**。根据实际数据，如果能证明这个"完全颠覆自己主张的假设"只在非常不可能的概率下成立，就能证明自己的主张很难被完全颠覆了。

再进一步，并不仅仅考虑完全颠覆自己主张的**"黑色和非黑的乌鸦各占一半"的假设，对"如果九成的乌鸦是黑色"这一和自己的主张相近的假设也进行考察**。如果这个"九成乌鸦是黑色"的主张也只在非常不可能的概率下才成立，考虑九成以上的乌鸦是黑色的就是很自然的了。

最后，**问题会归结到得失上**。将统计性假设检验的思考方法用在不会给任何人带来得失的、对永恒真理的探索上，意义并不是很大。而得失，在医学上就是人命，在教育学上就是学生的学习能力，在商业上就是金钱。像这样要赌上得失选择最优的一方时，统计性假设检验就能发挥它的威力。若是不会产生任何得失，不去断定乌鸦是黑是白而糊涂下去也没问题，但如果见到了黑色的乌鸦就要请人喝一罐咖啡，也就是说要赌上得失，糊涂虫也不得不将自己的决策转向在概率上讲更合理的一方了。

理解p值和置信区间的本质

如果想要主张"乌鸦大多数是黑色的"，就要故意检验完全颠覆自己主张的假设，即"黑色和非黑的乌鸦各占一半"，这个假设被称为原假设（null hypothesis，也称为零假设），意味着将所主张的假设"归零"。

在假定原假设成立的情况下，出现该数据或更极端数据的概率称为p

值(p-value)。p来自于"概率"(probability)。也就是说,我们得到的"(假设乌鸦中黑色和白色各占一半)连续看到100只黑色乌鸦"这一观察结果对应的、比一万亿分之一的一万亿分之一更小的概率,就是这次的例子中的p值。p值足够小,认为"原假设不可能发生"就是合理的。

要得到多小的p值才能认为"不可能"呢?虽然不同领域并不相同,但标准大约是5%以下,也就是说在原假设基础上,该数据20次中只能发生1次,习惯上就会认为"不可能"。

说到为什么将5%作为界线,其实并没有数学上的根据,似乎只是因为伟大的统计学家费希尔曾经写道"(用5%来判断p值)很方便"。

关于这个5%的标准,2002年恩师曾告诉我"大概就是阪神老虎棒球队夺取中央联盟冠军的概率"。现在调查来看,在中央联盟创立伊始的1950—2002年这53年间,阪神老虎三次(1962年、1964年、1985年)夺得冠军,根据这一数据,夺得冠军的概率是5.7%,确实很接近5%。但因为之后2003年和2005年都获得了优胜,从1950年至2013年的夺冠率就变成了8%。因此对大家来说更好的做法,可能是将不到5%的p值的标准理解为"比阪神夺冠更低的概率"。

最经常使用的,是像"黑色和非黑的乌鸦各占一半"这种完全否定自己主张的原假设,但这并不是说不能选用其他的假设。"九成乌鸦是黑色"也是很棒的原假设,还可以假设"99%的乌鸦是黑色"。但是原假设过多就会难以理解。如果在"九成乌鸦是黑色"的假设下,遇到100只黑色乌鸦的概率都小到难以置信,那么"八成是黑色""七成是黑色"这样的假设就更不可能了。

无论是何种类型的原假设,我们都可以说明该假设在哪种范围以外是可以推翻的,哪种范围之内是无法否定的。这就是前一节提到过的置信区间的真正含义。置信区间可以用平均值 ±2SE 来表示。J. 内曼等人定义的**置信区间，是表示"不可能的原假设"与"无法否定的原假设"到底处于何种范围。**

实际计算一下，在"97.0%的乌鸦是黑色的"这一假设下偶然遇到100只黑色乌鸦的概率是4.8%，而"97.1%的乌鸦是黑色的"这一假设下该概率变为5.3%。也就是说，如果用 p 值是否小于5%来判断假设，从"97.1%的乌鸦是黑色的"到"100%的乌鸦是黑色的"的假设都是无法否定的。这就是置信区间的思维方式。

像这样，通过统计性假设检验的思考方法，利用 p 值和置信区间，我们得到了似乎可以认为"在如今的数据范围之内97.1% ~ 100%的乌鸦是黑色"的结论。在东南亚有灰色的乌鸦，也存在因为突然变异而有着纯白羽毛的白乌鸦，因此不能说"全部的乌鸦都是黑色的"。但我们至少证明了，作为现实的决策，"认为我们接下来遇到的乌鸦是黑色的可能更合理"。

此前，我们利用统计性假设检验和糊涂虫B进行了讨论，当然我们也可以用统计性假设检验来劝告冒失鬼A。然而，像亨普尔的乌鸦这种极端的主张，我们可以如上简单地用概率计算来进行验证，可是为了验证A所主张的"擅长运动就能成功"的假设，必须要再了解一些真正的统计性假设检验的方法。

进行这种假设检验要如何思考呢？这就是接下来的主题。

10　用z检验来劝告冒失鬼

接下来，让我们来看看上一节中冒失鬼A主张的"擅长运动就能成功"的假设，要如何在统计学上进行检验吧。

首先要做的，与刚才和糊涂虫B讨论时相同，是将假设涉及的范围，具体到可以用实际数据来检验的程度。

如果想要主张"古今中外所有的人必须要靠运动才能成功"，当然就必须要调查人类历史上古今中外所有人的运动经验及其成功与否，这是非常不现实的。如果不加上"全日本""全公司"这样的限制，就无法收集到实际数据。

另外，"做运动"和"成功"这样的说法本身其实也有很大弹性。比如对于"做运动"，仅有慢走或肌肉锻炼这样的健身经验算不算运动？只是在初中时代是少年运动社团的成员算不算？是不是在真刀真枪的比赛中拿了成绩才算？必须在最初就进行定义。如果不这样做，无论得到了什么样的分析结果，对方都会有说辞。

确定数据的搜集范围并定义语义，就像是体育运动的规则，如果提前不能完全定好，就论不出黑白。如果不定好时间限制、球门和球场的大小就去踢足球，就和小学生在休息时欢呼着踢球差不多。商务人士被这样的会议占用时间只会遭受损失。

冒失鬼如何误读交叉表

在确定数据收集范围、定义语义之时，慎重地听取讨论对象或是共享分析结果的对象对假设的印象，是很重要的。或是手边已有可以使用的数据，此时就应以使用这些数据为前提，先问一问"我想先在这个范围，利用这个定义来检验假设，这样可以吗"，提前获得相关人士的认同。

比如A在大企业的人事部工作，可以得到过去10年进入公司的应届生的入职表和现在的职位信息。这些数据共有500个，其中300个员工在大学参加过体育社团，剩下的200个员工则没有。有100人是职位在部门主管及以上的成功人士，其他400人仍然是普通员工。

如果有如此难得的数据，首先应该考虑是否能通过它来验证假设。虽说有挂名在体育社团却不参加练习的人，或者有本身并不那么积极活动的体育社团，但要说比起没有加入体育社团的人，加入了体育社团的人"做运动"的概率更高却是没错的。而进入公司10年内做到了部门主管或更高职位的人，在之后的升职竞争之中也可以说是领先的。

如果在这个方向与A达成了共识，就可以按照"是否参加过体育社团""职位是否是部门主管以上"将实际数据汇总为表格。像这样同时考虑多种因素，把符合条件的人数分别是多少，或者比例分别是多少进行汇总，这一工作叫作制作**交叉表**（cross tabulation）。交叉汇总的结果如图表2-8所示。

图表2-8 是否参加过体育社团与成功与否的交叉表

	主任以上	没有职位	合计
参加过体育社团	63 人	237 人	300 人
其他	37 人	163 人	200 人
合计	100 人	400 人	500 人

　　参加过体育社团的300人中，成功人士有63个，没参加过的200人中则有37人成功。如果A不理解统计学，很可能会这么说：

　　"你看，参加过体育社团的人中，成功人士果然比较多嘛！"

　　这个结论做得过于冒失了。可能是A所在公司招聘政策的缘故，录用的人本来就有超过半数参加过体育社团，因此单纯从数量上来说，参加过体育社团的人更多也是理所当然的。假设1万个参加过体育社团者中只有20个成功人士，10个没参加的人全部成功了，我们一定会认为虽然人数上更多，但其实参加过体育社团者并不成功吧。

　　在这里，为了在同一基准下衡量人数的多寡，我们采用比例的形式来表示人数。根据刚才的交叉表，把参加过体育社团者和没有参加过的人的成功率用柱状图来表示，就得到了图表2-9所示的结果。

图表2-9 根据是否参加过体育社团来比较成功率

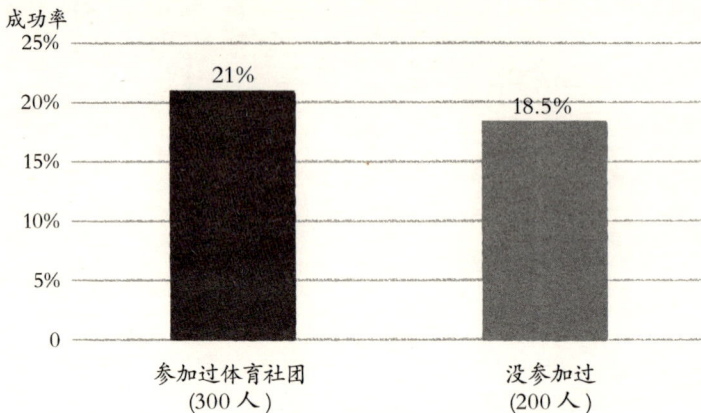

参加过体育社团的人成功率是21%，而没有参加过的人成功率是18.5%。结果说明参加过体育社团者的成功率高了2.5%。这时候如果A不了解统计学，一定会这么说吧：

"你看，果然参加过体育社团的人容易成功吧！"

然而，这仍然是过于冒失了。

假设多次重复投掷两枚正面出现的概率完全相同的硬币，两枚硬币出现正面的比例也不可能每次都一致。有时某枚正面出现的比例较高，或者有时另一枚正面出现的比例较高，发生这种事情理所当然。因此，仅仅比较比例就欣欣雀跃"这个比较高！"与掷几次硬币得到了稍多的正面，就欢喜"真棒！ 我找到了容易出现正面的硬币！""我发现了容易出现正面的掷硬币的方法！"一样，都过于着急了。

让我们试着利用300个参加过体育社团者21%的成功率，根据第80页的公式来计算标准误差。得到的结果如下：

$$参加过体育社团者成功率的标准误差（SE）= \sqrt{\frac{0.21 \times (1-0.21)}{300}} = 2.35\%$$

也就是说，计算参加过体育社团者成功率 ±2SE 的范围，就可得出他们的成功率大概在 16.3%（=21%−2×2.35%）～ 25.7%（=21%+2×2.35%）之间。

根据上一节介绍的置信区间的思考方法，更准确的表达是："根据 p 值是否小于 5% 这一显著性水平来进行假设检验，成功率在 16.3% 至 25.7% 之间的假设，都是无法否定的。"

比例或平均值 ±2SE 的置信区间，代表在 5% 的显著性水平下无法否定的假设的范围，因而被特别称为 95% **置信区间**，意即从全体的 100% 减去 5% 的显著性水平下拒绝掉的假设之后，剩下的 95% 区域。如果将 5% 视作恰好为 ±2SE 这个界限以外的区间，似乎就可以理解为什么费希尔说 5% 的显著性水平 "很方便" 了。

另外，超出这个 95% 置信区间的 5%，指的是数值过大的 2.5% 和过小的 2.5% 这两侧的和。在这种意义上，有时也特意将其叫作 "双侧显著性水平 5%" 或者 "显著性水平 5% 的双侧检验"（图表 2–10、2–11）。通常，如不加以说明，该检验就可被认为是双侧检验。而在单侧 5% 的水平下拒绝过大或过小的一方的检验，被称为**单侧检验**（one–tailed test）。

此外，双侧合计在 10% 的显著性水平下无法否定的假设的范围，称为 90% 置信区间，双侧在 1% 的显著性水平下无法否定的假设的范围称为 99% 置信区间。除了 5%，使用其他显著性水平时也同样是用 "100% 减去拒绝假设的双侧显著性水平值" 来表示置信区间。

图表2-10 **置信区间的思维方式**
（因为假设的"真值"太小而认为其不可能的情况）

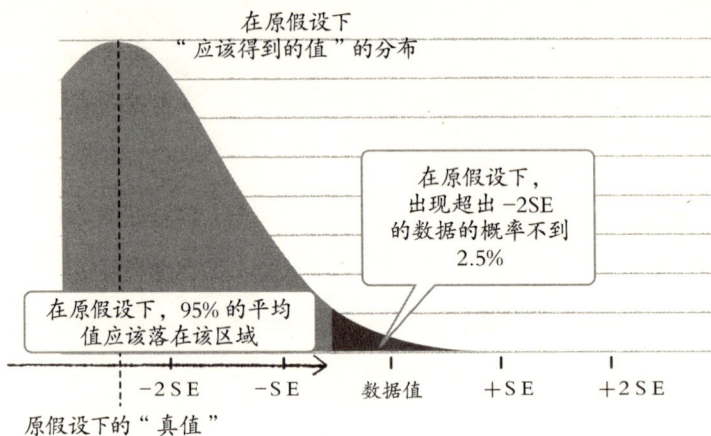

在原假设下
"应该得到的值"的分布

在原假设下，
出现超出 −2SE
的数据的概率不到
2.5%

在原假设下，95% 的平均
值应该落在该区域

−2SE   −SE   数据值   +SE   +2SE

原假设下的"真值"

图表2-11 **置信区间的思维方式**
（因为假设的"真值"太大而认为其不可能的情况）

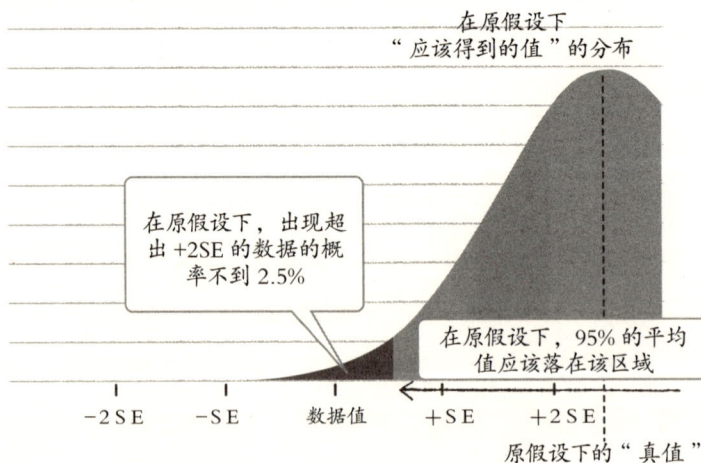

在原假设下
"应该得到的值"的分布

在原假设下，出现超
出 +2SE 的数据的概
率不到 2.5%

在原假设下，95% 的平均
值应该落在该区域

−2SE   −SE   数据值   +SE   +2SE

原假设下的"真值"

运用同样的方法，计算未参加体育社团者的成功率18.5%的标准误差，得到：

$$未参加过体育社团者成功率的标准误差（SE）=\sqrt{\frac{0.185\times（1-0.185）}{200}}=2.75\%$$

虽然标准误差因为人数少而变大了，但如果考虑这一组 ±2SE 的95%置信区间，就可得到"5%的显著性水平下，成功率为13.0%（=18.5%-2×2.75%）至成功率为24.0%（=18.5%+2×2.75%）的假设是无法否定的"结果。

将标准误差作为"须"画到刚才的柱形图上，就得到了图表2-12。我们一看就会发现，±2SE的须表示的区间重叠了许多。在这种程度的误差之下，两者比例之差到底是否是偶然的，仅靠看图是难以判断的。

图表2-12 **根据是否参加过体育社团来比较成功率**
（附标准误差）

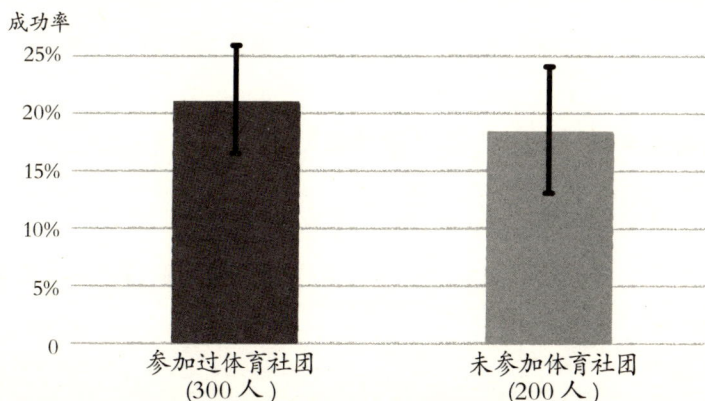

※须表示的是比例 ±2SE 的范围

也可以求"比例之差"的标准误差

即便如此，主张参加过体育社团者容易成功的 A 可能还会这么说：

"参加过体育社团者最大成功率是 25.7% 是'无法否定'的吧？与之相对，未参加体育社团者的成功率最低是 13.0% 也是'无法否定'的吧？所以认为参加过体育社团者的成功率翻倍也是'无法否定'的吧？"

之所以会有这种疑问，是因为我们只分别检验了各组的成功率，只考虑了"哪个范围的假设不可能／无法否定"，而我们真正想知道的，并不是各组的成功率如何，而是"简而言之哪组更容易成功"。

我们当然也可以做这样的假设检验。之前介绍标准误差的时候，我们说了既存在平均值的标准误差，也存在比例的标准误差，连"标准差的标准误差"这种麻烦的东西也是存在的。**只要是从存在分散的数据中算出某个值，就一定有相对于这个值的标准误差。**

因此，"平均值之差"的标准误差和"比例之差"的标准误差也都是存在的。因为数据之和会收敛于正态分布，所以平均值和比例也会收敛于正态分布，这点我们已经说过了。与之相同，平均值之差和比例之差，只要有成百上千的数据，也会收敛于正态分布。运用这个事实，我们就可以对平均值或比例之差进行假设检验，求出 ±2SE 的 95% 置信区间了。

用 z 检验来判断"比例"和"平均值"之差

那么这个"比例之差"的标准误差要如何求出来呢？

详细的公式展开我们会交给本书最后【数学附录 8】，但只要知道了前文所说的：

● 将比例看作达到某种状态（1）和未达到某种状态（0）的二值变量的平均值，这二值变量的方差可以用比例 ×（1−比例）来求。
● 方差的可加性。

就可以理解此处的标准误差的计算方法了。

方差的可加性，在这次的例子中意味着想要求"参加过体育社团者的成功率和未参加体育社团者的成功率之和"的方差，可以把"参加过体育社团者的成功率"的方差与"未参加体育社团者的成功率"的方差加起来。

当然说到这里，可能有人会说："我们想知道的不是和而是差啊！"但其实不必有此担心。因为方差是进行平方的运算，"未参加体育社团者的成功率乘以'−1'"的方差和"未参加体育社团者的成功率"的方差完全是一样的。因此，正如"二者的值相加"的方差可以用方差的可加性求出来一样，"二者的值相减"的方差也可以用方差的可加性求出来。

接下来的计算顺序是：首先基于原假设，求出"两组没有差别时共同的成功率"。根据该值，利用第81页的公式，可以计算出"两组共同的原始数据的方差"是成功率 ×（1−成功率）。不过在这里我们希望利用"方差的可加性"加起来的并不是"原始数据的方差"，而是"各组成功率的方差"。

"各组成功率的方差"简而言之就是"各组成功率的标准误差"的平方。因此，把各组成功率的标准误差，也就是"原始数据的方差"除以数据数量得到的值平方，再利用方差的可加性加起来，就求出了"两组成功率之差"的方差。最后再求这个方差的平方根，就得到了"两组成功率之差"的标准误差。

这样循环地考虑方差和标准误差，恐怕有些读者已经混乱了，经过这样的顺序计算得出的"两组成功率之差的标准误差"，可以写作：

两组成功率之差的标准误差

$$= \sqrt{\frac{全体成功率 \times (1-全体成功率)}{参加过体育社团者的人数} + \frac{全体成功率 \times (1-全体成功率)}{未参加过体育社团者的人数}}$$

$$= \sqrt{0.2 \times (1-0.2) \times \left(\frac{1}{300} + \frac{1}{200}\right)} = 3.65\%$$

利用数据数量很大（数百乃至数千以上）时比例或平均值之差服从正态分布的性质，检验该差距是否是因数据分散而偶然产生的，这种假设检验的方法被称为 **z检验**（z test）。

我查阅了许多资料都没有找到 z 检验这一名称的由来，但想必是和一般使用 x 或 y 来表示"未知数"这一数学惯例有关。z 检验所使用的 z 变换，就是不论平均值和比例，或其差原来是什么值，都将其变换为"偏离了平均值多少个标准误差"的形式。因为 x 或 y 经常用来表示"原本的未知数"，因此惯例就用 z 来表示"变换后的未知数"了，这是我个人的想法。总而言之，这里所使用的 z，并不是像龙珠 Z 或者高达 Z 那样"虽然不明所以，但总之很帅"就是了。

在本例中，参加过体育社团者的成功率是21%，未参加体育社团者的成功率是18.5%，故参加过体育社团者的成功率要高出2.5%。考虑这个“比例之差”并计算其 ±2SE 的范围。95% 置信区间是 −4.8%（=2.5%−2×3.65%）～ 9.8%（=2.5%+2×3.65%）。

这意味着：在双侧 5% 的显著性水平下，我们无法否定参加过体育社团者成功率比未参加者高出 9.8% 的假设，也无法否定参加过体育社团者成功率比未参加者的低 4.8% 的假设。简而言之，结论是：无法确定哪一方成功率更高。

另外，更严密一些，想要求“两者的成功率没有差别”这一原假设所对应的 p 值，用 2.5% 这个实际得到的成功率之差除以标准误差 3.65%，即考虑“距离正态分布的中心（平均）偏离了多少个标准差”就可以了。实际计算得出约为 0.685，在正态分布中，得到大于中心（平均值）标准差 0.685 的值出现的概率大约有 25%［如果想自己计算这个概率，可以在 Excel 中输入“=1−normsdist(0.685)”］。因此，根据双侧检验的思考方法，我们可以求出“无论哪方大哪方小，出现这样的差距（大于标准差 0.685）的概率”是 50%（25% 的 2 倍）。

也就是说，在“两者的成功率没有差别”这一原假设下，“两组之间出现这种程度（或者更大程度）的成功率之差”的概率大约也有 50%。

当然，从这个结果我们还是不知道两者成功率是否存在显著性差异，也不能断言不存在显著性差异。因此，A 可以将数据范围扩大，收集不同年龄层和职位层的数据，甚至是相关公司的数据，然后进行同样的分析。如果数据数量增大了 16 倍，而成功率之差仍然不变，标准误差就是刚才求出的 3.65% 的¼，也就是 0.91%。成功率之差的 95% 置信区间就是“0.7%（=2.5%−2×0.91%）～ 4.3%（=2.5%+2×0.91%）”，也就是说“在双侧 5% 的显著性水平下，参加过体育社团者的成功率至少高出 0.7%”。反之，如果差距真的只是偶然产生的，则扩大数据量有可能会使成功率的差距消失。

对于这类"比例之差"，差距有多少、分散程度如何，知道了这些，我们就可以通过逆运算进行样本量设计。

z检验也可用于考察"平均值之差"

平均值与比例在本质上是相同的。如果比例之差服从正态分布，也同样可以用z检验来判断平均值之间的差距"是偶然的还是有意义的"。

现在，我们不再使用"是否做到主任以上"这一比例，而是考虑使用根据绩效发放的奖金来衡量"是否成功"。入职10年以内的年轻人，可能不会有反映在职位上的"成功"差距，但绩效较好的年轻人想必更容易升职，因此用奖金数额作为判断标准似乎也没什么问题。

假设参加过体育社团的300人得到的奖金平均是80万日元，标准差是12万日元；没参加过的200人得到的奖金是78万日元，标准差是10万日元（图表2-13）。让我们用z检验来看看，这个2万日元的平均奖金的差距到底是不是偶然的。

和考察比例之差相同，我们可以计算"平均值之差"的标准误差。正如第81页的公式，标准差除以人数的平方根，得到的就是每一组的平均值的标准误差。将这个数值进行平方就成了"平均值的方差"，根据方差的可加性，其合计就是"平均值之差的方差"。最后计算这个"平均值之差的方差"的平方根，就得到了"平均值之差"的标准误差。计算得出，两组间平均奖金之差的标准误差是9900日元（图表2-14）。

若以平均值 ±2SE 的95%置信区间来表示这一结果，那么即使考虑误差，也可以大致认为参加体育社团一组高出0.02万日元（=2万日

图表2-13 参加过体育社团者和未参加体育社团者的奖金数额比较

	平均奖金	标准差	人数
参加过体育社团	80 万日元	12 万日元	300 人
其他	78 万日元	10 万日元	200 人

图表2-14 平均值之差的标准误差的计算过程

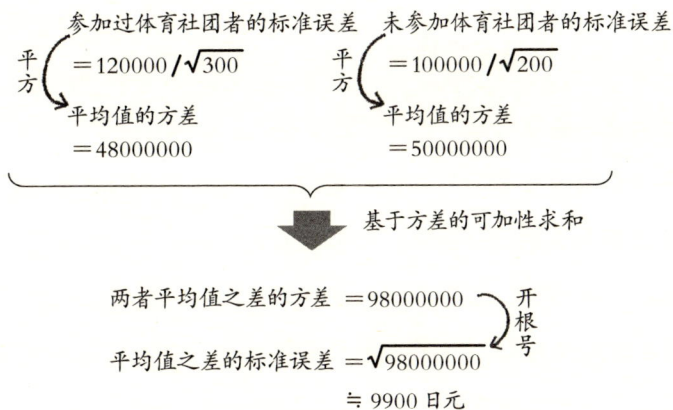

参加过体育社团者的标准误差
平方 $=120000/\sqrt{300}$

平均值的方差
$=48000000$

未参加体育社团者的标准误差
平方 $=100000/\sqrt{200}$

平均值的方差
$=50000000$

基于方差的可加性求和

两者平均值之差的方差 $=98000000$ 开根号

平均值之差的标准误差 $=\sqrt{98000000}$

$\fallingdotseq 9900$ 日元

元 −0.99万日元 ×2）到3.98万日元（=2万日元+0.99万日元 ×2）。也就是说，在双侧5%的显著性水平下，"两组的平均奖金毫无差别"这一原假设被拒绝。

接下来像刚才一样求 p 值，用2万日元的平均值之差除以标准误差9900日元得到2.02，此时仅需计算大于正态分布中心（平均值）± 标准差 ×2.02的值的概率就好了。计算可得，不论哪组大哪组小，出现这样的差距（大于标准差 ×2.02）的概率为0.043。这个 p 值表明"平均奖金没有差别"的原假设是十分不可能的。显然，这一数值低于显著性水平5%。

这就是组间平均奖金之差的统计性假设检验的结果。在进入这个公司不到10年的年轻职员之中，职位上的"成功"差距可能是因为偶然的数据分散而产生的，但若从平均奖金的数额来看，则很难将参加过体育社团者奖金额度更高视为偶然。

在医学和商务中运用假设检验

不能大张旗鼓地宣扬，现在在医学领域，基本上不存在双侧5%的显著性水平下显著的数据，但即使事实如此，也并不意味着不允许进行统计上没有显著意义的治疗行为。如果尚未有疗法被确证为有效，只要该疗法理论上可能有效，且医生和患者达成一致，常常就会决定"不妨试试看""能治好就太棒了"。特别是那些不会危及生命的罕见疾病，因数据难以收集，研究也很难进行，上述情况也就很容易出现。

商务领域也是一样。作为学者，稍微偏向糊涂虫的一侧也无可厚非，但对于商务人士来说，因"并不是5%的水平上显著"而过于慎重，并不一定就是好的。商务人士往往必须在认为自己有可能被误差蒙蔽的情况下，承担风险，把握商机。

然而，不论遇到什么都凭直觉做出决定，与在数据和假设检验的基础上"承担风险"大有不同。后者需要区分基本不需要承担风险的情况；为了不承担风险而需要进一步收集数据的情况；以及无论如何都必须承担风险的情况。

也就是说，假设检验的 p 值和置信区间会告诉你"自己是否是个冒失鬼"。但是如何活用它们，就要看你的经验与直觉的发挥了。

11 专为少量数据设计的屠龙刀

上班族统计学家创造出的 t 检验

像之前那样，如果各组的数据数量多达数百乃至数千以上，就可以认为"平均值之差服从正态分布"，进而进行 z 检验。统计学中也有方法，在数据更少时检验平均值之差是否纯属巧合。之前所举的例子是职员众多的大企业，但即使是在仅有几十人的组织中，也可以考察"奖金的平均数额是否有差别"。这时使用的方法被称为 **t 检验**（t test）。

统计性假设检验的"检验"在英语中是 test，有一种说法是 t 检验的"t"也来源于"test"。因其所使用的是检验（test）少量数据的 t 分布而不是正态分布，所以被称为 t 检验。

发明 t 检验的威廉·戈塞特（William Gosset），曾在牛津大学攻读化学和数学专业，后跟随回归分析和相关系数的发明者 K. 皮尔逊（Karl Pearson）学习统计学。不过，他并不是身处大学的研究者。他任职于因吉尼斯黑啤酒而出名的吉尼斯公司，工作是活用统计学和化学知识进行酿造工序和原材料的改良。

也就是说，他是第一个在民营企业工作的统计学家。他所发明的 t 检验有时也被称为"学生 t 检验"（Student's t test），这是由于他瞒着公司发表研究成果的时候使用的是笔名"Student"。直到戈塞特去世，他的雇主吉尼斯家族都不知道，他每天下班之后默默在家研究统计学，并取得了巨大的成果。

皮尔逊的研究拥有充足的预算和人员，不论对象是动物还是人类，只要皮尔逊感兴趣，就都可以收集数据，并对其进行测定和计算。因此，他的研究只要考虑"数据很多且服从正态分布"就好了。

与皮尔逊相反，戈塞特在信中写道：

"如果除了我，你还没见过其他人也在利用容量极少的样本进行工作，那你真是太幸运了。"

在同一封信中，他提到即使是剑桥大学的工作人员，也在利用样本量是 4 的数据进行分析。

对于戈塞特来说，无论是在吉尼斯公司内测量酵母的数量，还是在家中进行理论研究，样本量都难以达到数百甚至数千。为了在样本量只有几十的时候考察是否存在无法认为是偶然的显著差别，他发明了 t 分布和使用 t 分布的 t 检验。

小可大用的 t 检验

现在，如果要考察平均值之差是否显著，大多数的统计解析工具都会使用 t 检验而不是 z 检验。我们常说"大材小用"，但在统计学中，就是相反的"小可大用"。也就是说，为大数据量设计的 z 检验无法用于样本量只有 20 的情况，但是对数千条数据使用 t 检验却没有问题（在这种情况下两种检验的结果一致）。因此，若想检验平均值之差，优先选用t检验。

　　z检验和t检验的基础理念是共通的，二者都是要求出一个p值，而这个p值表示"平均值之差"为"平均值之差的标准误差"的若干倍在概率上有多不可能。只是z检验所使用的，是距离分布的中心大于2SE的概率是5%的正态分布。而容量仅有几十个的数据，并不会那么"贴近正态分布"。

　　这个问题在方差上尤其明显。理论上，方差的"真值"是数据"与真实平均值偏离程度的平方的平均值"。但是实际上我们并不知道"真实的平均值"是多少，因此在计算时使用的是与"样本均值"之差的平方。然而，数据越少，"样本均值"就越容易远离"真实的平均值"。因此，数据越少，样本方差相比"真实的方差"就会越小，利用样本方差计算出的样本标准误差也自然会偏小。

　　为了理解这一点，让我们举个有点极端的例子。从本应服从正态分布的总体中抽出共有3个数据的样本，这3个数据恰好都大于真实的平均值的概率并不会非常小。该事件会以½的三次方，也就是⅛的概率发生。

　　假设我们考虑的是日本成年男性的身高，本来总体的平均值（＝真实的平均值）是170cm，而3人样本的身高分别是172cm、174cm、176cm。这3人的平均身高是174cm。考虑偏离"真实的平均值"的方差，以及偏离"样本均值"的方差，二者分别是怎样的呢？

　　加总与"真实的平均值"之差的平方再用人数去除，也就是求出4、16、36的和56再用3去除，得到方差约为18.7。另一方面，加总与"样本均值"之差的平方再用人数去除，也就是求出4、0、4的和8再用3去除，得到方差仅约2.7。另外，即使像此前所讲的计算无偏方差，即用"人数−1"去除，"样本方差"也只有4。

只要"样本均值"是从样本中计算出来的，样本均值就不可能独立于样本数据。如果数据在总体的分布中偏大，其平均值当然也会偏大，反之也成立。因此，只要"样本均值"和"真实的平均值"并不一致，从全体上看，"样本数据与从样本中求出的平均值"一定会比"样本数据和真正的平均值"更加接近。这就是从有限的数据中求出的方差容易偏小的原因。

在此，戈塞特和最早注意到其发现的价值的费希尔，从数学上整理了"从样本中求出来的方差与样本量之间的关系"。他们发现，利用著名大地测量学家赫尔默特（Helmert）所发现的、K.皮尔逊所命名的卡方分布，就可以根据不同的样本量，分别计算出从样本求出的方差与真实方差之间的差异所服从的分布。

考虑一个平均值是0、方差是1（所以标准差也是1）的服从正态分布的变量X，卡方分布就是若干个变量X的平方相加后所服从的分布（图表2-15）。因为所考量的是变量"X"的平方，所以用与X相似的希腊字母χ（Chi）将其命名为"χ^2分布"。这个卡方分布，根据加起来的x的平方的数量（用术语叫作自由度，degree of freedom）不同会有不同的分布形状（图表2-16）。当自由度无限大时，该分布与正态分布完全一致。在自由度达到数百乃至数千以上时，它基本就是正态分布了。

基于卡方分布的性质，**根据样本量或卡方分布自由度的不同，计算"平均值之差"位于"平均值之差的标准误差"多少倍之内的概率是多少的分布，就是t分布。**

z检验使用的是正态分布，"平均值之差"位于"平均值之差的标准误差"1.96倍之内的概率是95%，根据这个性质我们算出了95%置信区间。

图表2-15 卡方分布图

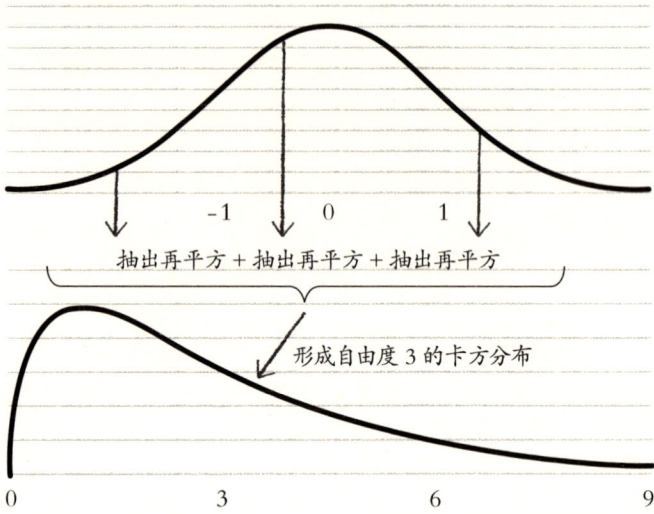

图表2-16 不同自由度的卡方分布图

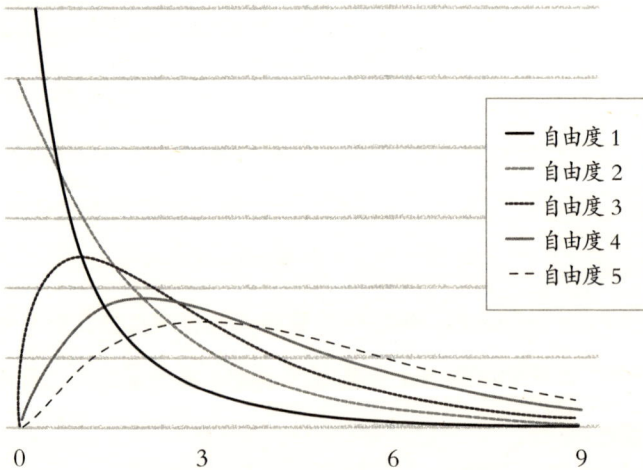

图表2-17 正态分布和 *t* 分布

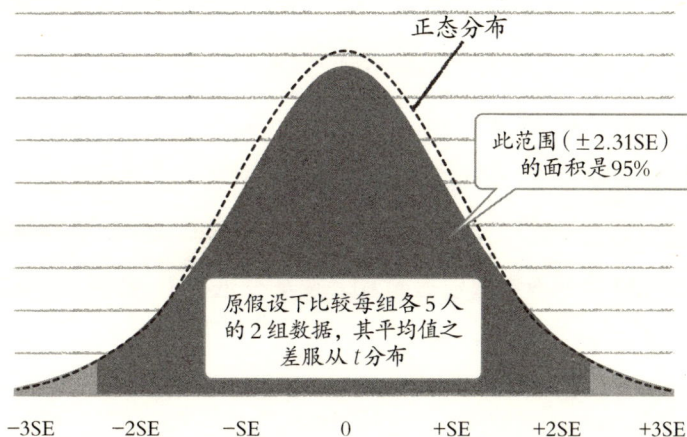

但是根据 *t* 分布，同样是95%置信区间，范围却比正态分布要更大。比如2组各有5人，合计有10人的样本量，95%置信区间并不是 ±1.96SE，而是 ±2.31SE。由于"从有限样本中算出的标准误差"比"大量收集数据能得到的真实的标准误差"稍小，因此就不得不相应地考虑更广的范围（图表2-17）。

这一区间在每组10人总计20人时是 ±2.10SE，在每组30人总计60人时是 ±2.00SE，每组100人总计200人时是 ±1.97SE，在每组250人总计500人时，就变成了和正态分布一样的 ±1.96SE。这就是处理数百乃至数千以上条数据时使用 *z* 检验（而不是 *t* 检验）不会有问题的原因。

数据数量有限时，则使用"费希尔确切概率检验"

那么，在样本量有限的情况下，如何考察比例之差呢？实际上，比起汇总为平均值的数值变量，若采用以比例形式汇总的"是否达到某种状态"的二值变量，由于其可能的分布形态和方差范围有限，所以即使样本量很小，也容易收敛于正态分布。因此，只要样本量没有少到10个20个，就不需要太过担心使用 z 检验是否妥当。

说得再详细一点，原假设为两组达到某种状态的比例没有差别，根据原假设列出"分组""是否达到某种状态"的交叉表，**按照惯例，只要每个单元格中的数字都能达到10，或至少也有5，使用 z 检验就没有问题。**

比如要分析参加过体育社团者的成功率，如果每组各有30人、两组整体的成功率为40%，那么即使实际的交叉表中有0或者1这么小的数也没有关系。因为在两组间成功率没有差别的原假设下，所有单元格中的数字都在10以上（图表2-18）。

图表2-18 原假设下的交叉表（可进行 z 检验）

	部门主管以上	无职位	合计
参加过体育社团	12 人 (40%)	18 人 (60%)	30 人
其他	12 人 (40%)	18 人 (60%)	30 人
合计	24 人 (40%)	36 人 (60%)	60 人

　　另一方面，假设包括两组的全体，成功率只有1%，若想满足 "原假设下每个单元格中的数字至少为5" 这一条件，每组必须要有500人以上，否则进行z检验用正态分布近似就不合适了。即使每组都有300人，成功人士一共也只有6人，这种情况不适合使用z检验（图表2-19）。

　　如果担心这种状况，可以使用被称为**费希尔确切概率检验**（Fisher's exact test）的方法。之所以称作 "确切概率"，是因为这种方法并不使用对正态分布的近似，而是**确切地利用概率来计算p值**。我想不用说大家也能知道该方法的发明者是费希尔。

　　举个例子，假设我们得到了图表2-20所示的数据，参加过体育社团的6人中有4人做到主任以上职位，未参加体育社团的4人中只有1人。这种情况下，参加过体育社团者的成功率是66.7%（=⅔），没参加过的成功率是25%（=¼），参加过的成功率高出了41.7%。我们能说出现这种差距是偶然的吗？

图表2-19 原假设下的交叉表（不可进行z检验）

	部门主管以上	无职位	合计
参加过体育社团	3人 (1%)	297人 (99%)	300人
其他	3人 (1%)	297人 (99%)	300人
合计	6人 (1%)	594人 (99%)	600人

图表2-20 需要用费希尔确切概率检验的情况

	部门主管以上	无职位	合计
参加过体育社团	4人 (66.7%)	2人 (33.3%)	6人
其他	1人 (25%)	3人 (75%)	4人
合计	5人 (50%)	5人 (50%)	10人

Fisher确切概率检验，就是将上述问题视为概率问题来处理：从6个红球、4个白球这10个球中拿出5个，红色有4个以上的概率是多少（图表2-21）？

当然在我们的例子中，红球代表参加过体育社团的6人，白球代表没参加过的4人，而我们考察的是从包含两者的全体中随机选定5个"成功者"的情况。计算和加总所有组合的概率，就可以直接计算出现现有差距或比其更大的差距的概率，也就是p值。

实际的计算方法请参照书后的【数学附录10】。可以算出，成功的5人中有4人以上参加过体育社团，其p值是26.2%（252种情况中，参加过体育社团的占4人的情况有60种，概率是23.8%。5人全部参加过体育社团的情况有6种，概率是2.4%）。但是请注意，这是仅仅考虑参加过体育社团的人成功率更高的单侧检验的p值。

图表2-22展示了参加过体育社团的人中，有1到5人成功的可能性

图表2-21 Fisher确切概率检验的思维方式

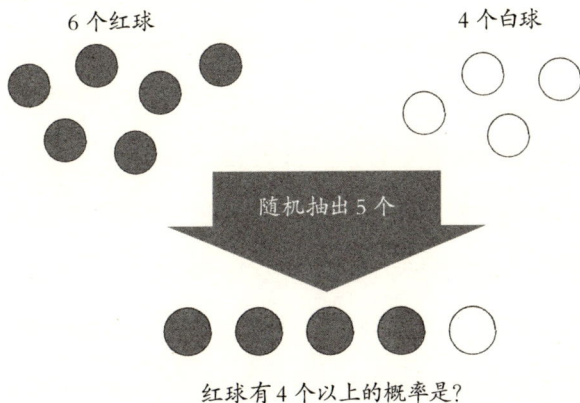

6 个红球　　　　　　　　　　　4 个白球

随机抽出 5 个

红球有 4 个以上的概率是?

图表2-22 单侧检验和双侧检验

原假设下发生的概率

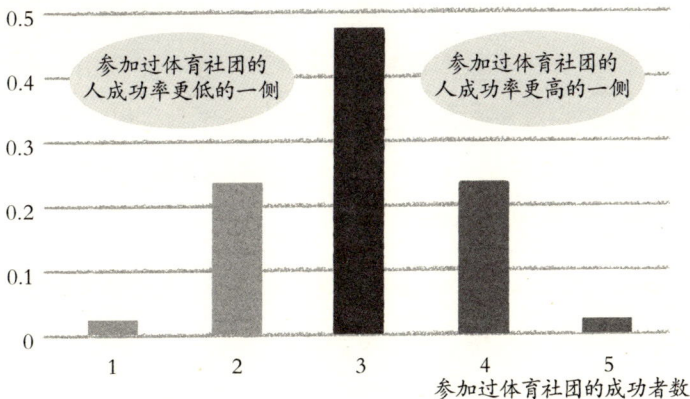

参加过体育社团的
人成功率更低的一侧

参加过体育社团的
人成功率更高的一侧

参加过体育社团的成功者数

分别是多少。其中在原假设下最容易发生的结果，自然是参加过的人中有3人（50%）成功、没参加的4人中2人（50%）成功这一位于正中间的情况。仅考虑参加过的人中成功者有4人以上的概率，就是只考虑了右侧概率的单侧检验。

如果要考虑双侧检验，无论哪一组的成功率更高，都必须要加总"在原假设下，出现现有数据及比其更难以发生的情况"的概率才行。成功的5人全部参加过体育社团的概率是2.4%（$=\frac{5}{252}$），成功的5人中有4人参加过体育社团的概率是23.8%（$=\frac{60}{252}$）。再加上左侧的成功的5人中只有2人参加过体育社团（$\frac{60}{252}=23.8\%$）和成功的5人中只有1人参加过体育社团（$\frac{5}{252}=2.4\%$），得到的52.4%（参加过体育社团的有5人的概率2.4% ＋有4人的概率23.8% ＋有2人的概率23.8% ＋有1人的2.4%）就是双侧检验的 p 值。

也就是说，从仅有的10人的数据来看，参加过和未参加体育社团的人，其成功率的差距是偶然的，也就是出现现有数据或者比其更加难以发生的情况的概率为52.4%。如果这种差距每2次就有可能发生1次，我们当然可以怀疑"这可能真的只是个偶然"。

关于 t 检验，你必须知道的

像这样，使用 t 检验和Fisher确切概率检验，即使数据数量少，也能正确地判断平均值或比例之间的差距是偶然的还是显著的。

一旦开始阅读专业书来正式学习统计学，就一定会看到 t 检验和Fisher确切概率检验，但想要从数学上理解 t 检验的自由度及其与卡方分布的关系是非常困难的。然而，对于用电脑来分析数百乃至数千条数据的现代社会人来说，只要记住以下这些必备知识可能就足够了：

- 在仅有几十个数据的时候，使用 t 检验可以得出正确的结果；如果数据数量有数百乃至数千以上，t 检验和 z 检验的结果是一致的。
- t 检验和 z 检验一样，考察 "平均值之差" 是 "平均值之差的标准误差" 的多少倍，求出该情况有多不可能出现的概率，也就是 p 值。

即使只有几十个数据，Fisher 确切概率检验也能利用 "组合数" 正确地求出表示比例之差是否显著的 p 值。

12　检验的多重性及其处方

想要比较3组以上数据的时候怎么办?

若能活用z检验，并能掌握适用于少量数据的t检验和Fisher确切概率检验，那么无论是属于定量变量的平均值之差，还是属于定性变量的比例之差，都可以考察其是否落在偶然发生的范围之内。

在本章的结尾，我想再补充一点，那就是如果想要检验3组以上的平均值或比例之差，应该怎么做。

至今为止我们考虑的，都是"是否参加过体育社团"的2组之间，平均值和比例的差别，但并不是世界上所有的问题都能像这样用2组间的差别来解释。有人可能会想分得更细一点，比较"参加过体育社团""参加体育活动""大学时代起就没有运动经验"这3组之间平均奖金数额或成功率。

统计学上当然有比较3组以上数据的方法。对于3组以上的平均值之差，可以用费希尔发明的被称为方差分析（analysis of variance）的方法，这在一般的统计学教科书上都有介绍。"使用表示不同组间平均值分散程度的方差和表示组内值分散程度的方差的比,就可以像z检验或t检验那样,计算出表示组间平均值之差在何种程度上是不可能的,也就是p值",方差分析的名字就来源于这一含义。

对于3组以上的比例之差,还可以使用基于卡方分布的**卡方检验**。该方法由K.皮尔逊发明,它不仅能处理前面讨论过的2×2交叉表,也能针对3个组别以上、分别能取到3种状态以上的交叉表,考察其中的偏差是否是偶然发生的。就如图表2-23,从中可知3组中分别有百分之多少的人对自己的工作"非常满意/满意/不满/非常不满"。我们可以根据该汇总结果,考察组间的差别是否为偶然。另外,我们前面所讨论的2组之间"达到某种状态/未达到某种状态"的比例之差,z检验和卡方检验的p值是完全一致的,其证明收录于本书最后的【数学附录11】。

图表2-23 3组对工作的满意度

	非常满意	满意	不满	非常不满	合计
参加过体育社团	19人(19%)	58人(58%)	20人(20%)	3人(3%)	100人
参加体育活动	22人(11%)	116人(58%)	50人(25%)	12人(6%)	200人
无运动经验	12人(8%)	90人(60%)	36人(24%)	12人(8%)	150人

商务中很少使用方差分析和卡方检验的原因

那么，方差分析和卡方检验对商务决策真的有用吗？其实作用不大。

原因在于，方差分析能够检验的原假设，就只有"所有组的平均值都没有差别"或"所有组的平均值本来就一样"。也就是说，方差分析所得的 p 值很小，仅仅意味着"不是所有的都相同"。面对这样的结果，只怕大多数的商务人士都会想问："具体来说是哪组和哪组之间有差别呢？"

卡方检验也是如此，p 值很小，仅意味着"各组的各级满意度所占的比例并不相同"。再进一步，并不是只有分组可能有 3 个以上，状态的分类也会有"非常满意／满意／不满／非常不满"这样多种。所以卡方检验的结果不仅不能反映具体是哪一组和哪一组有差别，还会产生这样的疑问：到底是有部分组"非常满意"的人比较多，还是所有组"非常满意"的比例都一样，而只有部分组"非常不满"的人比较多。

图表2-24 3组的平均奖金金额比较

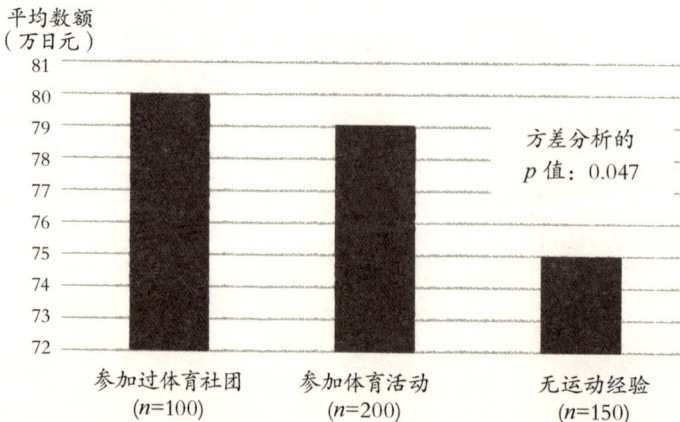

平均数额
（万日元）

方差分析的
p 值：0.047

| 参加过体育社团 (n=100) | 参加体育活动 (n=200) | 无运动经验 (n=150) |

假设参加过体育社团的人奖金平均值（也就是业绩评价）最好，其次是参加体育活动的人，最后是没有运动经验的人（图表2-24）。方差分析的p值显示：难以认为所有组的平均奖金完全相同。然而，今后的雇佣方针——是仅仅雇佣体育社团出身的人，还是只要做运动、参加体育活动的人也可以——却无法只靠p值来决定。像这样只因为参加体育活动的人的奖金数额比起没有运动经验的人更接近参加过体育社团的人，就直接通过平均值来判断，这与不做假设检验而仅靠平均值来判断是一样的。

重复进行t检验和卡方检验

那么，不使用方差分析，而是利用t检验等方法，重复多次2组之间的检验呢？比如在比较3组的情况下，进行①参加过体育社团-参加体育活动、②参加体育活动-无运动经验、③无运动经验-参加过体育社团这3组的组间比较，就能知道在所有组别两两之间是否存在显著的差别（图

图表2-25 3组间平均奖金金额的比较

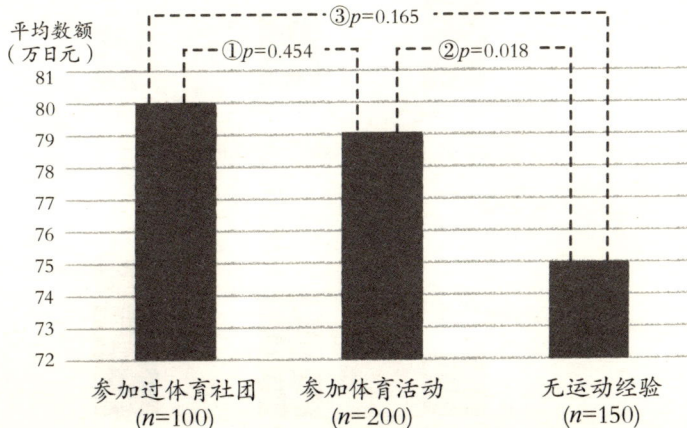

平均数额
（万日元）

③$p=0.165$
①$p=0.454$　②$p=0.018$

81
80
79
78
77
76
75
74
73
72

参加过体育社团
($n=100$)

参加体育活动
($n=200$)

无运动经验
($n=150$)

表2-25)。如果在差别应该很大的参加过体育社团-无运动经验之间没有
发现显著性差别,但参加体育活动-无运动经验之间却发现了显著性差别,
这是受到比较所涉及的人数多寡的影响。正因为会发生这种情况,所以

图表2-26 卡方检验的分析

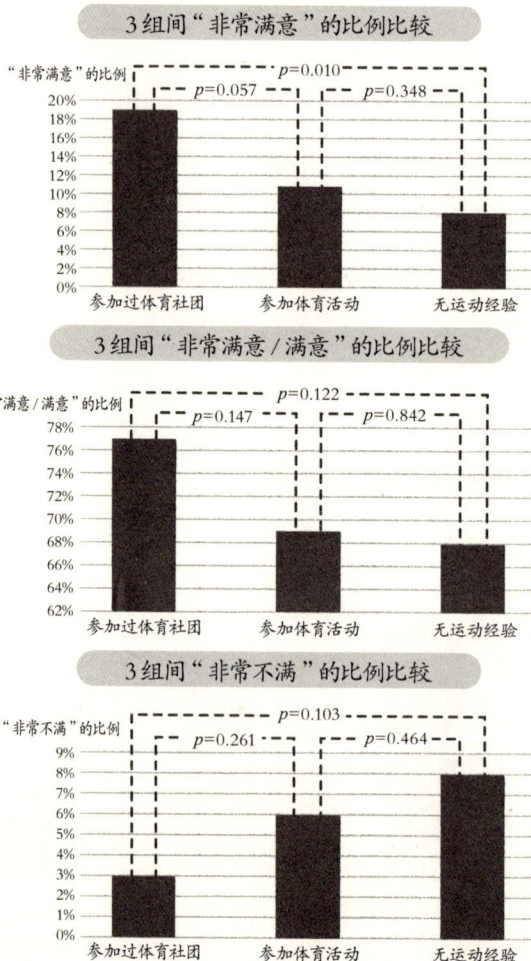

3组间"非常满意"的比例比较

3组间"非常满意/满意"的比例比较

3组间"非常不满"的比例比较

很难仅用平均值之间的差距来做判断。

　　比起 "并不是所有的都相同" 的方差分析, "哪两组之间存在显著差别" 的分析结果更有用。同样地, 我们也可以使用卡方检验来分析上述对职务满意度的调查, 分别针对 "非常满意" "非常满意或者满意" "非常不满" 的比例, 来比较各组之间的差异。这样, 便能回答 "具体来说哪些组之间有怎样的差别" 了 (图表2-26)。

　　只是比较3组数据也还好, 若要比较不同的年龄层又会怎么样呢? 如果想要说明10 ~ 19岁、20 ~ 29岁、30 ~ 39岁、40 ~ 49岁、50 ~ 59岁、60 ~ 69岁这6个年龄层之间所有的 "某组与某组之间的差是否是显著的", 就必须像魔法阵一样复杂地画出15个 p 值 (图表2-27)。这里的15是从6个年龄层中选出2个的 "组合数", 如果要比较10组就必须计算45个 p 值。如果卡方检验中求比例的分类有3种, 就要计算3倍共135个 p 值。

图表2-27 比较6个年龄层的 p 值

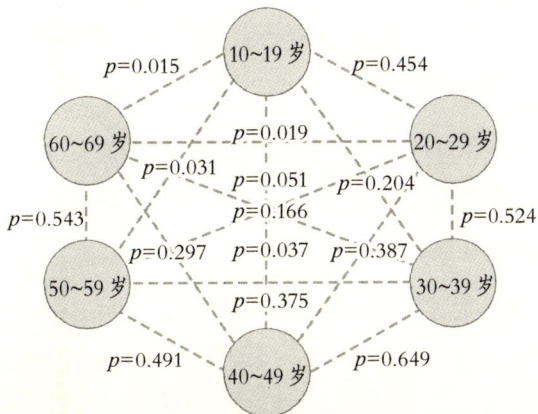

这一过程既麻烦又难以理解，其中还隐藏着判断错误的风险。前面已经说过，规定 p 值不到5%意味着差别是显著的，是为了将"成为冒失鬼的风险"控制在5%以内。也就是说，如果因从数据中得出的 p 值不到5%，而认为差距是有意义的并关注它，我们就有95%的概率不会成为冒失鬼。

然而，假设我们现在考虑的是2个像掷硬币一样相互独立的 p 值，仍旧规定 p 值不到5%就认为差别显著，"一次都不犯冒失鬼错误"的概率是95%的平方，也就是90.25%。如果求3个 p 值这一概率就是95%的三次方，大约是85.74%。如果利用 p 值判断了100次，一次都不犯冒失鬼错误的概率只有0.59%。也就是说使用 p 值来判断，并不是越多就越好，p 值的数量越多，相应的冒失鬼的风险也就越大。

处方① 邦费罗尼校正

面对这样的情况应该怎样做？处方大致分为3种。

第一种做法，是在进行多个假设检验的情况下，使用相应的统计学方法将最终的"冒失鬼风险"保持在5%。单纯地重复多个检验会导致冒失鬼风险上升，用术语来说就是**"检验的多重性"**（multiple testing），在数个组间进行数个比较的行为本身被称为**"多重比较"**（multiple comparisons）。统计学上有各种为多重比较设计的方法，应用这些方法，最终可以将"冒失鬼风险"控制在5%以内。

处理多重比较最简单的方法，就是将"5%的显著性水平除以检验次数后所得的值作为判断 p 值是否显著"的标准。例如要对某数据进行5次检验，判断基准就是每次的 p 值是否小于1%，进行10次就用每次的 p 值是否小于0.5%来判断。这种思考方法因为其发明者邦费罗尼（Bonferroni）而得名。本书最后的附录证明了使用邦费罗尼校正最终会将冒失鬼风险保持在5%以内【数学附录12】。假设利用是否不到1%的标准来判断，在1次的检验中“不犯冒失鬼错误的概率”是99%，像掷硬币一样重复5次，一次都不犯冒失鬼错误的概率是99%的5次方，也就是95.1%。这就是说，使用5次检验时成为冒失鬼风险是4.9%，仍旧控制在5%以内。

然而，虽然说邦费罗尼校正可以控制冒失鬼风险，这也并不意味着你可以毫无限制地拼命检验。假设要进行100次检验，只有 p 值在0.05%以下才能认为差异显著存在。这也就是说，太过在意冒失鬼风险，结果反而增加了“糊涂虫风险”。

利用比邦费罗尼校正更复杂些的方法，可以把冒失鬼风险控制在5%，同时又限制了糊涂虫风险。但暂且不论分析专家们怎么看，在一般企业的会议上发言说“根据 Benjamini-Hochberg 方法（本雅明尼和霍赫贝格发明的类似邦费罗尼校正的方法，用来校正多重比较的 p 值），我们可以认为这个 p 值是显著的”，似乎很难进行有效的沟通。恐怕就连“用5%除以检验次数来判断”的邦费罗尼校正，不知道这个名称的人也会摸不着头脑，解释起来又要花费很长时间。因此在实践中，重要的并不是统计方法的改进。下面介绍两种方法：

处方②　先确定一个参照类别再进行比较

要对所有组进行两两比较，p 值的个数会随着组别数的上升而急速增加。为了避免这一问题，这里所介绍的第2个处方，是先确定一个作为基准的组别(称**参照类别**,reference category)，从该组出发进行比较。这样，每增加1个组，检验次数也只增加1次，可以有效地减少 p 值的个数。我们说过，要循环检验10个组别就要进行45次检验，但若要考察1个参照类别和其他9组的差距，只需检验9次就可以了。即使使用了邦费罗尼校正，由于检验次数减少，"糊涂虫风险"也不易增加，因此同时使用这两种方法是很好的。

虽然从数学上讲，参照类别可以任意选择，但为了能让报告结果更容易理解，应该选择"一般的组别"，也就是在全体数据中所占比例最高、任何人都容易认知的群体。比如比较某化妆品购买金额的时候，把不怎么会买化妆品的"50～59岁男性"作为基准，即使比较之后得到"60～69岁男性的购买金额显著低于50～59岁男性"，或是"与50～59岁男性相比，30～39岁女性的购买金额显著地高"这样的结果，我们也不知道该如何是好。但是，假如将属于目标受众的20～29岁女性作为基准，从而得出"10～19岁女性的购买金额显著高于20～29岁女性"这一结论，便很容易想到这种商品在更年轻的群体中更受欢迎。此外，如果参照类别中的人数或件数较多，平均值之差的标准误差就会较小，也就更容易找到显著的p值。

处方③ 区别使用探索性的p值和验证性的p值

第三个最重要的思维方式，就是"将探索性的p值和验证性的p值区分开来"。

若想从多样的分类方法和多种项目之中发掘商业新构想，如果从一开始就在意"冒失鬼风险"，可能最终什么也无法发现。使用p值有两个完全不同的目的：一是利用p值作为判断标准，探索获利的新思路；二是验证找到的新想法是否真的能带来收益。我们要按照目的区分p值的使用方法。

在探索的过程中，检验的多重性会产生"过于冒失"的危险，不过在此之前，还存在着 "样本并非随机" 的问题。即使参加过体育社团的人奖金数额显著地高于其他组别，也不能确定 "运动可以提升为人处世的能力并强化个人技能，这点反映在了奖金上" 的解释是否正确。如果参加过体育社团的人被分配去做销售这类奖金很高的职位，而其他的员工则被分配去总务、会计这种绩效并不反映在奖金上的职位，仅是这点，也可能造成显著的差异。

若想活用统计解析的结果，我们最终就要回答 "让孩子学习体育，他将来就能成功吗？" "多雇佣参加过体育社团的人，就能够提高公司业绩吗？" 这类 "如果采取了某种行动，就能从中获得好处吗？" 的问题。然而，通常只使用从现实中积累下来的数据来进行分析，其结果即使能够暗示今后该采取的方针，仍会受限于样本的非随机性而无法给出确定的解答。

因此在寻找线索时，就要果断地进行 "探索"，寻找 p 值小于 5% 的、难以立即以偶然为由舍弃的关联性。此时使用 p 值，就不会把偶然出现的平均值或比例的差距当真，从而在最低限度上避免冒失鬼风险。

然后，若在得到的结果中发现有特别值得注意的，就要对它进行验证。能够进行随机对照实验最好，即使不行，也要尽量使用能够调整 "可能扭曲结果的因素" 的分析方法。在进行验证时，p 值的判断标准必须顾及检验的多重性，若不得不进行多次检验，则需要校正多重性，将冒失鬼风险控制在 "合计 5% 以内"。

虽然有必要了解 "检验的多重性" 风险，但也不是说在探索阶段就要使用邦费罗尼校正等方法。如要追求判断的慎重性，保险起见验证一下使用邦费罗尼校正是否能得到显著的 p 值，我想就是很好的平衡方式。

　　了解了上述内容，读者就能在实践中比较组间平均值或比例的差距了。从下一章开始我们要学习不分组的统计解析方法，还要学习在无法取得随机数据的情况下如何对造成结果偏差的原因进行调整。

第 3 章

堪称洞察之王道的各种分析工具
多元回归分析与 Logistic 回归

13 统计学的王道——"回归分析"

预测商务趋势的法宝

活用前面所学的内容，不论outcome为定量的数值还是定性地分类，我们都可以考察分组之间是否存在难以认为是偶然的差别。

最开始我就说过，本书的框架是"洞察outcome（结果）与解释变量（原因）之间的因果关系"。要知道分组（原因）是否影响了outcome（结果），就要考察男女、出身这样定性的解释变量。当解释变量是定性变量、outcome也是定性变量时，我们用z检验或卡方检验来比较outcome的比例。而当解释变量是定性变量、outcome是定量变量时，我们用z检验或t检验来比较outcome的平均值。那么，在解释变量是定量变量的情况下要怎样分析才好呢？（图表3-1）

当然，只要你愿意，也可以对定量的解释变量和定量的outcome进行交叉汇总。例如，某项市场调查分析了过去1年间顾客到店次数与消费金额的关系。结果发现，年度到店次数的最小值是0次，最大值是50次。

图表3-1 不同解释变量与outcome的分析方法整理

		解释变量	
		定性（分类型）	定量（数值型）
outcome	定性 （分类型）	对比例之差进行 z检验／卡方检验	本章的内容
	定量 （数值型）	对平均值之差进行 z检验／t检验	

年度消费金额最小值是0日元，最大值是10万日元。交叉汇总可以画出一个51×100001的表格。

但实际上，并不会有人真的进行这种交叉汇总。因为总计500万个以上的单元格中大多数都没有对应的客人，也就是说其中的值是0。理论上讲，交叉表无论有几行几列，都可以使用卡方检验。不过在本例中，即使再增加人数，"原假设下所有单元格的数值都在5～10以上"的条件也很难满足，更何况这种繁杂的表格根本不会有人愿意看（图表3-2）。

那么应该怎么做呢？在实践中经常使用的解决方法是这样的：比如将0～50次的解释变量按0～10次／11～20次／21～30次／31～40次／41～50次分成5组，同样，outcome也可以用2万日元的基准分成5组，一个新的交叉表（图表3-3、3-4）就做成了。这样的表格看起来并不费力，还能满足"原假设下所有单元格的数值都在5～10以上"的条件，也就能够利用卡方检验来考察"解释变量和outcome之间是否存在难以认为是偶然的关联性"。

图表3-2 约有500万个单元格的交叉表

		年度到店次数						
		0	1	2	…	48	49	50
年度消费金额	0日元	253人	0人	0人	…	0人	0人	0人
	1日元	0人	0人	0人	…	0人	0人	0人
	2日元	0人	0人	0人	…	0人	0人	0人
	3日元	0人	0人	0人	…	0人	0人	0人
	…	…	…	…	…	…	…	…
	99.997日元	0人	0人	0人	…	0人	0人	0人
	99.998日元	0人	0人	0人	…	0人	0人	0人
	99.999日元	0人	0人	0人	…	0人	0人	0人
	100.000日元	0人	0人	0人	…	1人	0人	0人

图表3-3 重新总结为的交叉表（实际数据）

		年度到店次数					合计
		0~10次	11~20次	21~30次	31~40次	41~50次	
年度消费金额	0~2万日元	796人	254人	44人	1人	0人	1095人
	2~4万日元	129人	319人	259人	59人	4人	770人
	4~6万日元	7人	70人	231人	252人	101人	661人
	6~8万日元	0人	2人	23人	138人	229人	392人
	8~10万日元	0人	0人	1人	13人	68人	82人
	合计	932人	645人	558人	463人	402人	3000人

图表3-4 重新总结为的交叉表
（原假设正确的情况下应该得到的数据）

		年度到店次数					合计
		0～10次	11～20次	21～30次	31～40次	41～50次	
年度消费金额	0～2万日元	340人	235人	204人	169人	147人	1095人
	2～4万日元	239人	166人	143人	119人	103人	770人
	4～6万日元	205人	142人	123人	102人	89人	661人
	6～8万日元	122人	84人	73人	60人	53人	392人
	8～10万日元	25人	18人	15人	13人	11人	82人
	合计	931人	645人	558人	463人	403人	3000人

实际上，对这个交叉表的结果进行卡方检验得到的p值不到0.001。也就是说，如果"到店次数与消费金额之间没有任何关系"的原假设是正确的，得到这种数据的概率异常低。

但是正如前一章所说，即使卡方检验的p值说明了"难以认为到店次数与消费金额之间没有任何关系"，也很难据此判断应该采取何种行动。

那么反过来想，关于定量解释变量和定量outcome的关系，究竟需要得到什么样的信息，我们才能采取有意义的行动呢？

若能得知"是增加还是减少这个定量解释变量会更好，又或者增减都没有关系"，就可以采取行动增减解释变量，或者不用再关注它。这应该就是定量解释变量与定量outcome之间最简单的关系。

如果每个客人的年度总销售额会随着到店次数的增加而上升，就该努力增加客人的到店次数。相反，随着到店次数增加，每个客人的年度总销售减少的情况也并非不可能发生。如果优质顾客大多是偶然到店进行大量采购，而经常到店的顾客大多是什么都不买或是只买促销商品的客人，那么，"增加到店次数的策略"说不定会造成反效果。

像这样，即使数据做成交叉表有多达 500 万个单元格，我们所能采取的行动，也只有 "增加或是减少解释变量"。若是如此，还不如一开始就以采取行动为目标，使用能够将"定量解释变量每增加一单位，outcome 平均会增加或减少多少"的趋势揭示出来的分析方法。这就是本章所要说明的**回归分析**（regression analysis）的思考方法。

用散点图和回归直线找出"趋势"

针对刚才的调查结果，以到店次数为横轴、以消费金额为纵轴，就可画出图表 3-5。像这样横轴和纵轴皆为定量指标，并用点来表示数据的图，叫作**散点图**（scatter）。观察这个散点图，似乎到店次数多的客人并不是什么都不买或只买减价商品，他们的消费金额理所当然更高。接下来我们只需要用数学来证明我们从图表中得出的"似乎到店次数更多消费金额也更高"的印象，再客观地指出具体"金额会高出多少"就好了。

那么，要怎样才能找出客观的"趋势"呢？这个方法我们其实早就知道了。在第 1 章中，我们说到高斯认为对于分散且存在误差的数据，可以将使得"偏差的平方和"最小化的点作为"真值"的推测值，这就是最小二乘法。结论是，多项数据的平均值就是"真值"优良推测值。

同样的道理，当"表示趋势的直线与实际数据的偏差的平方和"最小时，该直线便可视为对趋势最恰当的表示（图表 3-6）。

达尔文因进化论而闻名。他的表弟弗朗西斯·高尔顿（Francis Galton）认为应该把达尔文的进化论应用于人类的进化，故收集了父母

图表3-5 到店次数与消费金额的散点图

年度消费金额

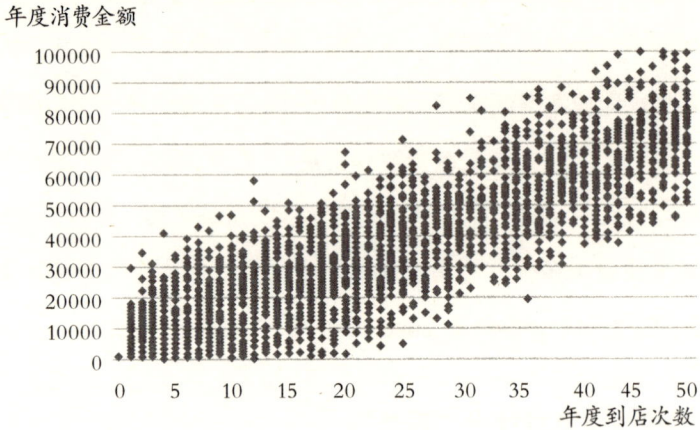

年度到店次数

图表3-6 使到店次数与消费金额的偏差平方和最小的直线

年度消费金额

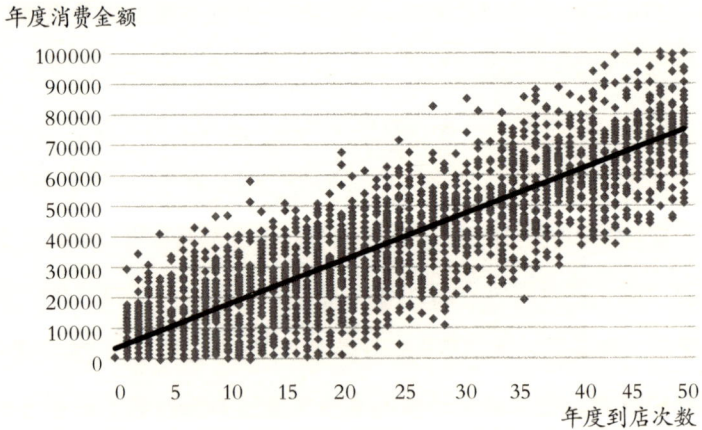

年度到店次数

与孩子的身高数据，尝试分析其中的关系。我们可能会认为，父母身高高，孩子的身高就也高。而且，高个子的人更喜欢和高个子的人结婚。相反，父母身高低孩子的身高就也低，而且矮个子的人更喜欢和矮个子的人结婚。如果这种倾向不断发展，人类会分化成高个子和矮个子两个极端组。高尔顿所要研究的，就是这种理应达成的"进化"实际上是否达成了。

　　然而实际上，至少在数百年内，这种身高的两极分化并没有发生。虽然确实父母个子高孩子也会个子高，但却不会像父母的平均身高那么高。相反，虽然父母个子矮孩子也会个子矮，但又不会像父母的平均身高那么矮。仅从身高这么简单的数值来看，支配人类的法则也存在着诸多误差和分散，于是就产生了身高"更接近平均值而不是理论预测"的情况。

　　图表 3-7 展示了这一趋势。相较于用虚线表示的"父母的平均身高"，表示实际"趋势"的实线，其角度更平缓。高尔顿称之为**回归平凡**，之

图表3-7 1000组父母与孩子的身高

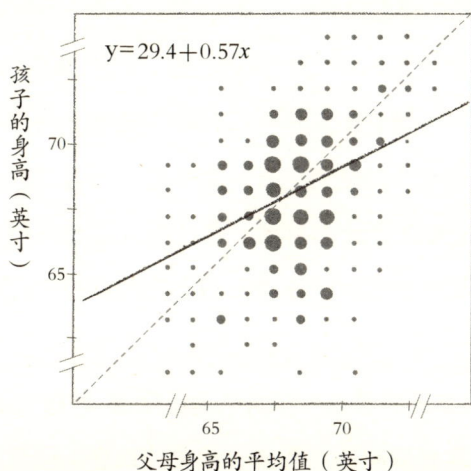

$$y = 29.4 + 0.57x$$

纵轴：孩子的身高（英寸）

横轴：父母身高的平均值（英寸）

后的统计学者则称之为**均值回归**（mean reversion）。针对这种"回归平均值"现象的分析方法，即所谓的"回归分析"便就此诞生了。

回归分析让我们看见不可见

实际上是高尔顿的弟子 K.皮尔逊，推导出了利用最小二乘法求得的、表示 2 个定量指标间趋势的直线（称**回归直线**，regression line）的公式（称**回归方程**，regression equation），他因此被称为回归分析的发明者。但其实最小二乘法本身是由比皮尔逊早 100 年的高斯所发现的。天文学领域早已将最小二乘法用于分析天体的圆形（或者椭圆形）轨道这种比回归直线更加复杂的东西了。既然如此，那为什么比其简单的回归分析，还能称得上是一种"发明"呢？

高斯的最小二乘法中没有却存在于高尔顿与皮尔逊的回归分析中的伟大想法，是"分析难以看见的关系"。只要观察并记录下何时夜空何处出现了星星，谁都可以理解星星在做圆周运动。高斯的最小二乘法，使这种任何人见过就能理解的运动，能够用公式精准地表述出来，如此便能预测星星会何时出现在何处。

然而，父母的身高与孩子身高的关系，可不像夜空那样显而易见。虽然从散点图上多少能看出父母身高与孩子身高之间的某种趋势，但散点图的横轴没有理由非得使用父母身高不可。父母的收入、年少时的运动时间、至今为止吃过的面包数量，像这种可能与孩子身高相关的信息有许多，可以将其中的任何一个画到散点图的横轴上，作为回归分析的解释变量。

也就是说，皮尔逊将最小二乘法的适用范围，从夜空这样具体的东西，扩展到采用了任意变量的散点图这一抽象的维度。这恰恰体现了统计学的万能性，即无论是什么样的信息，只要将其转化为数值，就能找到隐含的关联。

14　如何求回归直线?

学过中学数学就能理解的回归直线与回归方程

那么就让我们实际来看看求回归方程的方法吧。

考虑一个简单的例子。询问A、B、C这3位销售人员本月访问顾客的次数和签约数，结果A没有访问顾客，也没有签合同；B访问了2次，签了3份合同；而C访问了4次，签了3份合同（图表3-8）。将访问次数看作解释变量，签约数看作outcome，我们想要从中读出趋势，弄清楚访问每增加1次，平均可望多签几份合同。

以解释变量"访问次数"为横轴（x轴），以outcome"签约数"为纵轴（y轴）画出散点图，即图表3-9，我们可以在这里画上回归直线来读取其中的趋势。我们在初中就曾学过，由x轴和y轴构成的图，上面的直线可以用$y=ax+b$来表示。a表示x每增加1单位，y的值增加或减少多少，即"斜率"；b是表示x为0时y是多少，即"截距"。

在回归分析中最重要的，是表示解释变量（x）增加1单位时

图表3-8 3位销售人员的访问次数与签约数

	访问次数	签约数
A	0次	0件
B	2次	3件
C	4次	3件

图表3-9 销售人员的访问次数与获得签约数的散点图

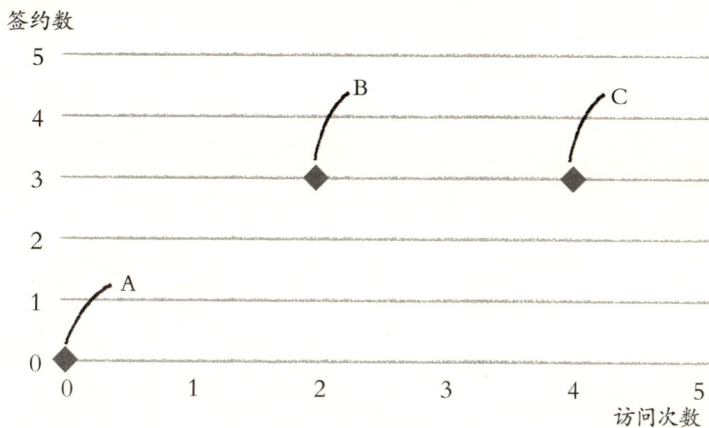

outcome（y）是增加还是减少的"斜率"，该值被称为**回归系数**（regression coefficient）。假设回归直线（回归方程）为$y=2x+1$，我们就说"回归分

析得出的回归系数是2，截距是1"。

利用最小二乘法求回归直线，就是要将所有点的"实际的outcome(y)"与"将x代入回归方程求出的outcome（y）的推测值"在纵轴方向的差距的平方和最小化。

例如，回归直线为$y=2x+1$，将访问次数（$x=2$）代入回归方程，可以得出B的签约数（y）推测值为$2×2+1=5$。这个从回归方程推测出来的签约数，比实际签约数（3件）多出2件。进行同样的计算，A的推测签约数比实际签约数（0件）多出1件，C的推测签约数比实际签约数（3件）多出6件。这种差距的平方和用术语叫作**残差平方和**（residual sum of squares，残差即上述的差距，平方和就是平方的合计），而使得**这个残差平方和最小的直线，就是最优的回归直线**。

所以，从本例随意采用的回归直线$y=2x+1$推测出的签约数，总是比实际的签约数要多，所以很难说它是最优的（图表3-10）。

图表3-10 随意采用的回归直线

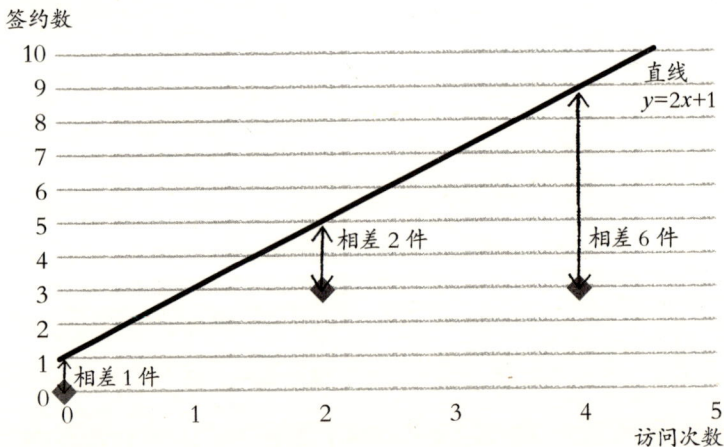

因此，既然回归系数和截距都还未知，不妨暂将之写作 a、b，考察"使得 outcome 的预测值与实际值之间的差距的平方和最小的 a、b 是什么"，就可得出回归分析的结果。具体的计算请参照本书最后的【数学附录13】。使用大学所学的"偏微分"或是初中所学的"配方法"，就可求出 a 和 b 分别是多少时能将残差平方和最小化了。

计算可知，回归系数（a）是 0.75，截距（b）是 0.5 的时候残差平方和最小。这个时候，对 A 和 C 签约数的预测值要比实际值多出 0.5 件，B 则是少 1 件。计算这些差距的平方和可知，残差平方和为 1.5。将求出的回归直线以及实际值距离回归直线的偏离程度画在刚才的散点图中，就得到了图表 3–11。

这样，我们就发现了访问次数每增加 1 次，平均能多签 0.75 份合同这一趋势。这就是 K. 皮尔逊所创造的回归分析的思维方式。

图表3–11 使用最小二乘法根据访问次数与签约数计算出回归直线①

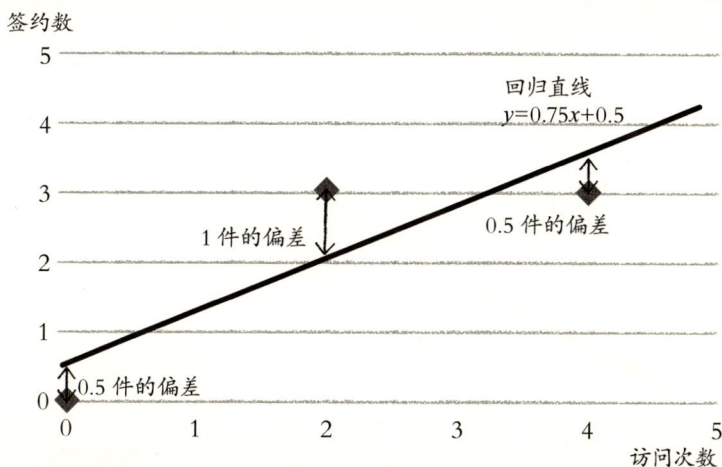

回归分析需考虑"斜率"的标准误差

悉知标准误差和置信区间的重要性的读者们，恐怕并不会对这个答案感到满意。"数据仅有3个，这种趋势也可能是偶然产生的吧？"

在学习各组平均值与比例时，我们曾做过"仅有1人改变主意"的思考实验，现在让我们再做一次。在本例中，对A和C签约数的预测值，与其实际值相差0.5件，B则是1件。因此，假设回归直线$y=0.75x+0.5$表示的趋势真实存在，我们至少可以认为±0.5件左右的偏差是可能偶然发生的。

比如说，C的实际签约数（y）比回归直线预测的少了0.5件，若偶然得到"实际签约数（y）比回归直线的预测值多0.5件"的数据也没什么不可思议。原本C的实际签约数是3而预测值是3.5，假设实际签约数是4，结果会发生什么变化呢？

和之前一样利用最小二乘法来计算，得到$y=x+0.33$，即回归系数为1，截距为0.33（图表3-12）。从数据上看，仅仅是这1个人改变主意，回归

图表3-12 使用最小二乘法根据访问次数与签约数计算出回归直线②

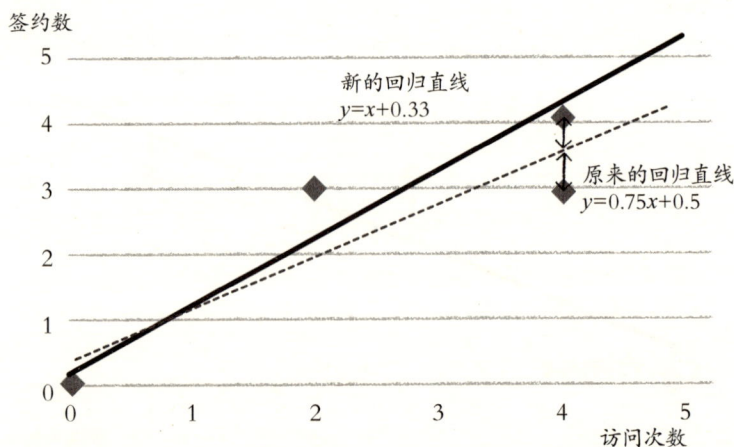

系数就会增加⅓。

　　z检验或t检验需要考虑"平均值之差"的标准误差（SE），**回归分析则要考虑回归系数的标准误差（SE）**。假设收集了无限数据就能知道的"真实的回归系数"确实存在，利用有限且分散的数据来对其进行推测，到底会有多大程度的偏差，这就是回归系数的标准误差所表示的含义。

　　此外，与平均值和比例相同，对于回归系数来说，"无论原始数据如何，加起来就近似正态分布"的中心极限定理依然适用。也就是说，只要是用数百乃至数千以上的数据进行回归分析，将同样的数据收集和分析100次所计算出的回归系数，约有95次会落在"真实回归系数 ±2SE"的范围内。反过来说，若原假设认为真实的回归系数存在于"实际得到的回归系数 ±2SE（也就是95%置信区间）"以外，那么在双侧5%的显著性水平下该原假设被认为"不可能"。另外，如果数据数量在数百件以下，使用t分布来推测回归系数要比使用正态分布更加准确，这一点与处理平均值之差完全相同。

　　不同点在于，z检验所使用的平均值的标准误差是利用"与平均值之差的平方"计算出来的。这个"差的平方和"叫作**偏差平方和**（sum of square of deviation），用它除以数据量就得到了方差。而计算回归系数的标准误差所使用的是"残差平方和"，即outcome的预测值与实际值之差的平方和。残差平方和除以数据量所得到的值叫作**均方**（mean square，指差的平方的平均值）。

计算回归分析的误差所需要的后续知识

　　此外，比较组间平均值时，并不需要考虑"解释变量的分散程度"。

图表3-13 使用最小二乘法根据访问次数与签约数计算出回归直线③

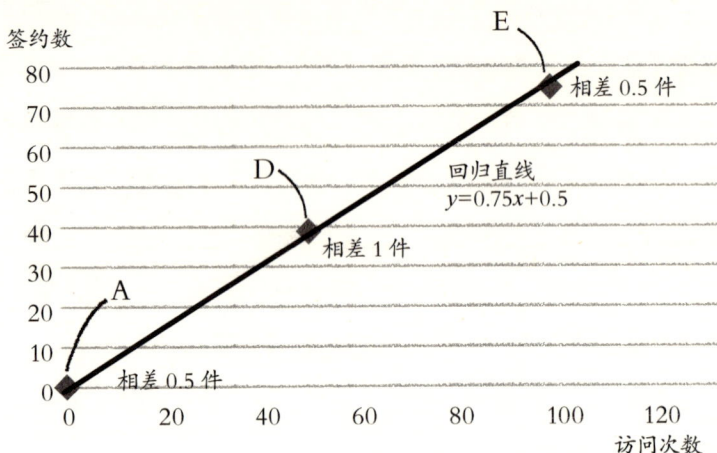

让我们试着分析下面这个例子，其中的回归方程、残差与刚才的例子完全相同（图表3-13）。

本例只保留了刚才的例子中既没有访问也没有签合同的A，另外又得到了2位销售精英的数据：至今为止进行了50次访问、签约39件的D，以及进行了100次访问、签约75件的E。在这里，A和E的预测值依然比实际值多出0.5件，D的预测值依然比实际值少1件，残差平方和依然是1.5。但是在看图表的时候，总觉得和刚才相比，现在的状态"基本没有偏差"。

这并不仅仅是个主观印象。再考虑一下刚才的"仅有1人改变主意"的实验。假设实际值比回归直线预测值少0.5件的E，现在的实际值变成了比回归直线预测值多出0.5件的76件。重新计算得到回归方程$y=0.76x+0.33$，刚才例子中变化了0.25的回归系数，如今只变化了0.01。

也就是说，在考虑回归系数标准误差大小时，outcome（y）的预测值和实际值平均存在多大的偏差，需要求出该偏差与解释变量（x）分散程度的比值来进行相对的判断。

出于这种理由，对于数百乃至数千以上的数据，回归系数的标准误差为【数学附录13】：

$$回归系数的标准误差 = \sqrt{\frac{残差平方和}{解释变量的偏差平方和 \times 数据量}}$$

虽然本例的数据数量只有3，实际上应该用 t 分布来求标准误差和置信区间，但是让我们先尝试用上述适用于大量数据的公式，来求A、B、C 这3组数据的回归系数的标准误差、置信区间和 p 值。结果如图表3-14所示。

图表3-14 回归系数、标准误差、置信区间和p值

	值
回归系数	0.75
回归系数的标准误差 （S.E. of regression）	0.25
95% 置信区间 （回归系数 ±2SE）	0.25 ～ 1.25
p 值	0.0026

　　残差平方和是1.5，解释变量的偏差平方和是8，因此得到标准误差是 $\sqrt{1.5 \div 8 \div 3} = 0.25$。利用它来算"回归系数±2SE"的95%置信区间，得到0.25～1.25。"回归系数完全无意义"的原假设其实就是指"真实的回归系数是0"，在这一原假设下，实际得到的回归系数0.75与真实值相差了3个标准误差。±3SD不像±2SD那样需要记住，不过，正态分布中在平均值±3SD范围以外的概率在两侧各仅有0.13%（图表3-15）。因此，双侧检验的p值是将二者相加得到的0.0026。也就是说，从这3人数据求得的回归系数具有难以说是偶然的趋势。

　　然而，如果按照附录使用t分布更加准确地计算标准误差，得出的置信区间相当大：-4.75～6.25。p值为0.333，也就是说，这种差距每3次中就能偶然出现1次。

　　利用现代的分析工具来计算回归系数的标准误差和置信区间时，不可能不使用t分布而用正态分布近似。虽然在实践中无需太过介意，我还

图表3-15 与平均值距离超过3SD范围的概率

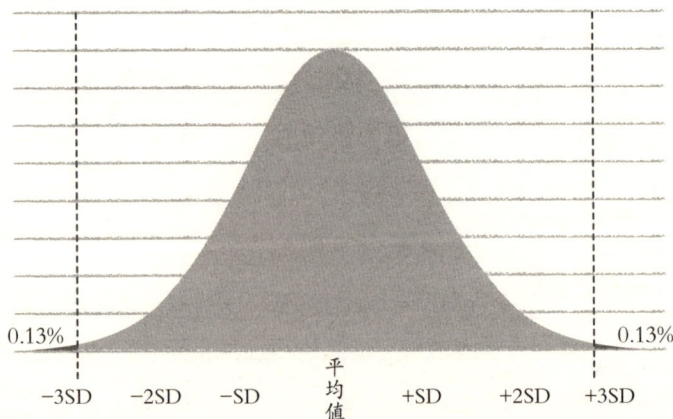

是希望大家都能注意到，本书为了帮助大家理解而使用的正态分布，与实践中应该使用的 t 分布，在数据有限（不到数百件）的情况下得到的计算结果不一定会一致。

另外，找出 K.皮尔逊发明的回归系数所服从的分布，以及标准误差的计算方法，是费希尔的诸多成就之一。

15 从错综复杂中抽丝剥茧的多元回归分析

使用回归分析可以判断定量解释变量增加时outcome会如何增减。寻找单个解释变量与outcome之间关联性的回归分析被特称为**一元回归分析**(simple regression analysis)。"一元"指的是"解释变量只有一个"。

不过，即使在一元回归分析或观察散点图的基础上并没有发现解释变量与outcome之间显著的关联性，其背后可能也隐藏了有意义的关系。相反，虽然在一元回归分析中找到了显著的关联性，那也可能只是假象。在怎样的情况下会产生这种问题、要如何处理这些问题，这就是接下来的主题。

遗漏、误读关联性是如何发生的?

假设有另外一家业务所也调查了销售人员的访问次数与签约数（图表3–16）。F访问顾客1次，签了2份合同。G访问了2次，签了5份合同。H访问了3次，签了5份合同。此外,I虽然访问了3次可1份合同也没有签。J访问了4次，签了3份合同。K访问了5次，签了3份合同。

图表3-16 销售人员的访问次数与签约数的散点图

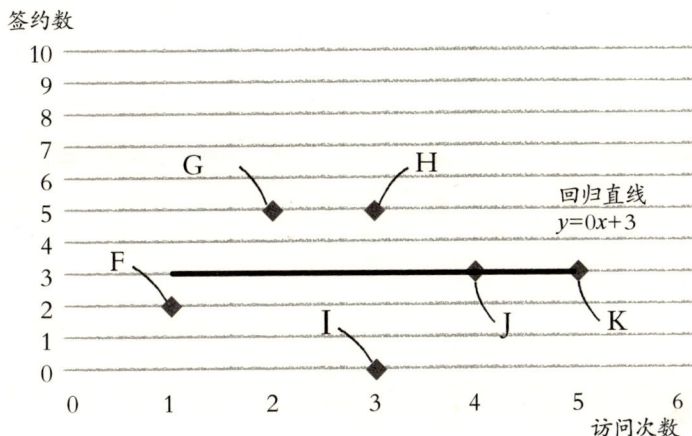

至少在观察散点图这一步，还看不出访问次数与签约数之间有多大的关联。

根据这些数据，与之前一样将访问次数作为解释变量（x）、签约数作为 outcome（y）来求回归方程。得到 $y=0x+3$，也就是说不论解释变量如何变化，y 都不受其影响，数据分布在"签约数为 3"这一水平直线的上下。都不用特意去求标准误差，如果"解释变量与 outcome 之间没有关系"的原假设是正确的，自然就会出现这样的结果，此时 p 值也就达到了理论上的最大值 1.00。这就是最极端的"乍一眼看上去似乎什么关系都没有"的情况。

但如果我们知道了 F、G、H 这 3 人是女性，I、J、K 这 3 人是男性，情况又会如何呢？如果只看男性，似乎能看出向右上方增加的趋势。只看女性也能看出相同的向右上方增加的趋势。然而比起男性，3 位女性的访问次数都更少，签约数都更多。可是把这两组数据放在一起分析，结果居然变成了"完全不存在任何关联性"（图表3-17）。

图表3-17 分性别标注的销售人员访问次数与签约数的散点图①

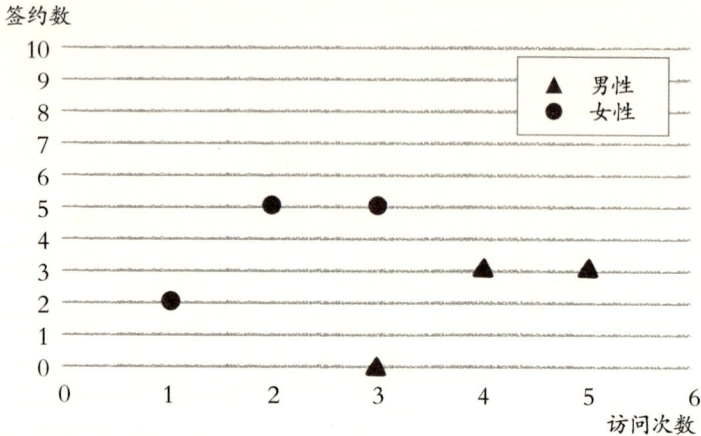

只分析1个解释变量与1个outcome的关系，被遗漏的其他因素会使结果产生偏差，这种情况经常发生。上图特意在散点图上标明了性别，但我们一般在画散点图、进行一元回归分析时，根本不会知道关于这些因素的信息。也就是说，即使我们想要把某个解释变量与outcome的关联性画成散点图，让它"可视化"，也会遗漏比想象中要多的"无法看出的东西"。

亚组分析的局限

亚组分析（subgroup analysis）就是处理这种问题方法之一。如果数据中除了访问次数与签约数，还有性别、年龄、籍贯等相关信息，我们可以按照性别、年龄、籍贯划分数据，在每一个划分出来的组别（称为亚组）中分析访问次数与签约数的关系。如果在所有的亚组中访问次数与签约数的关系都是一样的，那么至少可以认为，用于亚组分析的因素"并没有让结果产生偏差"。

　　虽然亚组分析的方法非常简单，谁都能理解，但却存在着局限。毕竟当数据中包含的项目很多时，你就必须查看大量的分析结果。

　　比如要按照性别分成 2 组，按照年龄分成 10 ~ 19 岁、20 ~ 29 岁……70 ~ 79 岁这 7 组，按照居住地区根据都道府县分成 47 组，仅是如此也要逐一看过 56（=2+7+47）个分析结果。况且一般来说调查结果或数据库内的顾客信息，需要分组考察的因素想要多少就有多少。更何况要做"来自东京的 20 ~ 29 岁女性"这种更细致的讨论，亚组的数量就不能用加法而是要用乘法来计算,当然它的数量也会急剧增加。考虑 2（性别）×7（年代）×47（居住都道府县），一共存在 658 个亚组。

　　这样不仅是"麻烦"而已，误差方面也存在问题。我们已经说过，分析所使用的数据越少，误差就会越大,即使样本多达 3000 人,分成 658 组,平均 1 个亚组中也只有 4 ~ 5 个人。这样一来，误差过大，不同的亚组之间得出的结果也会相差甚远。或者各组分析出的趋势全都无法判断是否出于偶然。

多元回归分析将现状简化

　　要如何才能既突破亚组的局限，又避免其他因素影响分析结果呢?

　　答案是：**利用多元回归同时分析多个解释变量与 outcome 的关联性。**多元回归分析的"多"是"多重"的"多"，意思是有多重解释变量的回归分析。

　　多元回归分析的思考方法如下：重新观察上述男女各 3 人的访问次数和签约数的散点图,可以发现男性组和女性组分别有着相同的趋势。于是,

图表3-18 分性别标注的销售人员访问次数与签约数的散点图②

签约数

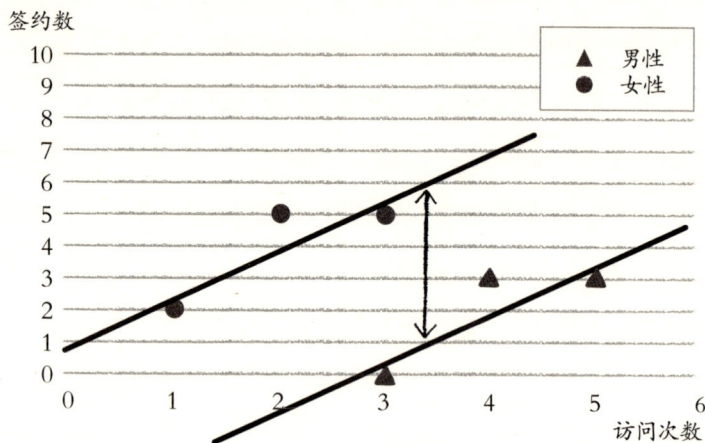

如果对男女两组分别画上"平行的回归直线",可以考察箭头所示的平行线之间的纵向差距(图表3-18)。这个纵向差距表示的其实是"访问次数相同时,男女获得的签约数有多大不同"这一推测结果。

如果根据这个差距来平行移动散点图上面的点和回归直线,2条平行线会刚好重合为1条。这种状态下的散点图和直线的斜率代表的是"如果全员都是女性,访问次数与签约数之间有什么关联",也就是考虑了性别影响的关联性(图表3-19)。

总结一下,亚组分析考察的是,性别、年龄和居住地等条件不同,同样的访问次数得出的签约数是否不同。从该想法出发,分组分析可以更准确地找到解释变量与outcome之间的关联性。另一方面,多元回归分析针对**"即使访问次数相同签约数也不同"**的问题,从数值上推测**"具体有多大的差别"**,并通过调整该数值寻找正确的关联性。

图表3-19 分性别标注的销售人员访问次数与签约数的散点图③

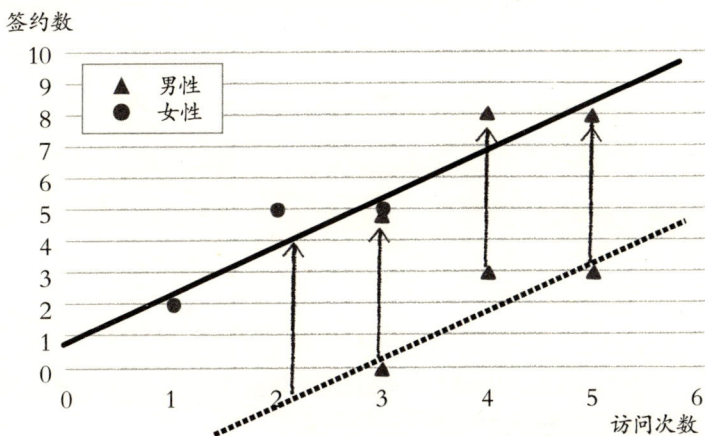

回归分析为何与 z 检验、t 检验殊途同归？

多元回归分析计算回归系数和截距的方法与一元回归分析完全相同，都是使用最小二乘法。

要计算回归系数，正确的顺序并不是"先算出性别之间的差异，再分析访问次数与签约数的关联性"，而是要分别计算"假设其他解释变量的条件相同，该解释变量（性别）变化一单位，outcome会增加/减少多少"。重点在于"性别这个解释变量的回归系数，究竟意味着什么？"

此前我们所讨论的回归分析都是针对定量的解释变量和outcome的。多元回归可以同时分析多个定量解释变量。但是对于"性别"这种定性的、无法用数字大小来表示的解释变量，进行回归分析到底意味着什么呢？

当然，在回归分析中解释变量必须是数字的形式，而大家也早已了解了同时拥有定量变量与定性变量特征的、告诉我们平均值与比例"本质相同"的数据类型。也就是说，只要转换成取0或取1的"二值变量"，定性的解释变量也可以同定量的解释变量一样进行回归分析。一元回归分析也好，多元回归分析也好，都是如此。我们将表现定性解释变量的、取值0或1的二值变量叫作**虚拟变量**（dummy variable）。

实际上 z 检验、t 检验，与将二值变量作为解释变量的一元回归分析，所做的完全是相同的工作。为了理解这一点，让我们来回顾一下前一章的数据。

> 参加过体育社团的300人得到的奖金平均是80万日元，标准差是12万日元。其他200人得到的奖金是78万日元，标准差是10万日元。平均奖金的这2万日元的差别到底是不是偶然的呢？

将这些数据绘制成图表3-20。左侧的"未参加体育社团组"，平均值是78万日元，200个员工中大多数都分布在平均值 ±2SD，也就是58万～98万日元的范围内。而右侧的参加过体育社团组，300个员工中大多数都分布在平均值80万 ±2SD，也就是56万～104万日元的范围内。当然，二者的平均值之差是2万日元。考察该差距与用标准差求出来的"平均值之差的标准误差"相比是否足够大（比如在 z 检验中就是2倍以上），这是 z 检验的思维方式。

用"参加过体育社团赋值1，未参加过赋值0"的虚拟变量来表现是否参加过体育社团这一解释变量，然后进行回归分析，得到的结果如图表3-21所示。

回归直线是根据最小二乘法画出的、将回归直线的预测值与实际值的偏差的平方和最小化的直线。虚拟变量为0（未参加组）时，"将与数

图表3-20 根据是否参加过体育社团比较奖金金额

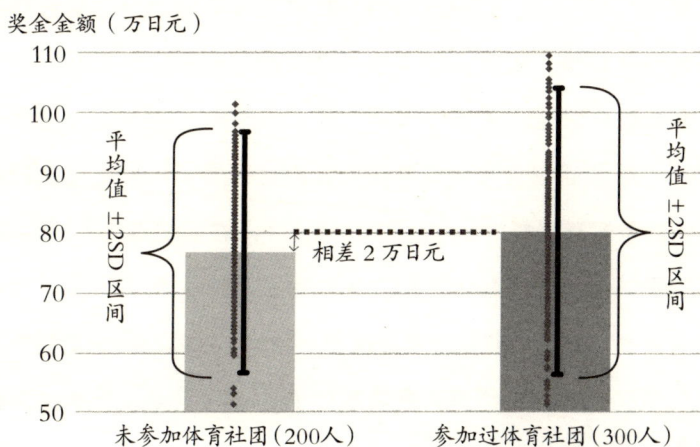

奖金金额（万日元）

平均值 ±2SD 区间

相差 2 万日元

平均值 ±2SD 区间

未参加体育社团（200人）　　参加过体育社团（300人）

图表3-21 用"是否参加过体育社团"的虚拟变量进行回归分析

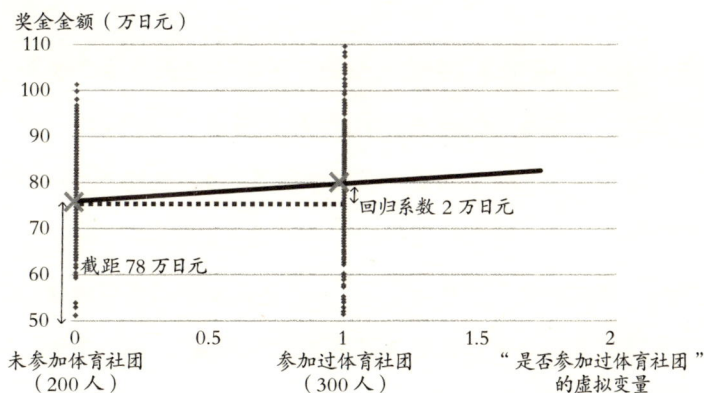

奖金金额（万日元）

回归系数 2 万日元

截距 78 万日元

未参加体育社团
（200人）

参加过体育社团
（300人）

"是否参加过体育社团"
的虚拟变量

据之差的平方和最小化的点"就是第1章学习过的数据的平均值。同样，虚拟变量是1（参加过体育社团组）时，"将与数据之差的平方和最小化的点"也是平均值。因此，用最小二乘法画出来的回归直线，通过表示两组奖金金额平均值的点。

这样，这条回归直线的截距和回归系数（斜率）到底表示什么呢？截距表示的是解释变量为0的时候outcome（y）在回归直线上的值是多少，这自然就是"未参加体育社团者的平均值"。另外，回归系数，也就是回归直线的斜率，表示"解释变量每增加一单位，outcome平均增加或者减少多少"。在这张图中，"解释变量增加了1"，也就是"从未参加体育社团组转变为参加过体育社团组"，因此outcome如何变动，就是指与未参加体育社团者相比，参加过体育社团者的奖金平均增加了多少。

也就是说，二值解释变量的回归系数，与z检验和t检验考察的"组间平均值之差"意义完全相同。

再进一步说，z检验和t检验使用的"平均值之差的标准误差"和二值解释变量的一元回归分析所使用的"回归系数的标准误差"完全相同。让我们把详细的证明交给书的最后【数学附录14】，从概念上，可以用如下方法来理解。

想要求"平均值之差的标准误差"，就必须知道"各组数据的方差"，也就是"各组数据与其平均值之差的平方的平均值"。另一方面，求"回归系数的标准误差"时必须知道"残差均方"，也就是"与回归直线的偏差的平方的平均值"。但只要回归直线通过各组的平均值，"残差均方"就相当于"与平均值之差的平方的平均值"。也就是说，这两种计算本质上是相同的。

二者计算方法的区别，在于是"求出每组偏差的平方的平均值除以数据数量再相加"，还是"求出全体偏差的平方的平均值再用数据数量和解释变量的方差去除"，但不可思议的是，二者的计算结果完全一致。

有 3 个以上分类时也不会一筹莫展？

针对是否参加过体育社团或者性别这种能分成两类的定性解释变量，虚拟变量设置为"男性取 1 女性取 0"还是"男性取 0 女性取 1"都无所谓。习惯上用取 1 的分类名来称呼虚拟变量，因此男性取 1 女性取 0 的虚拟变量称为"男性虚拟变量"，相反，女性取 1 男性取 0 的虚拟变量则被称为"女性虚拟变量"。

回归系数表示的是"x 增加 1 单位，outcome 会增加 / 减少多少"，所以"男性虚拟变量"的回归系数表示的就是"与女性相比，男性的 outcome 多 / 少了多少"。与之相反，"女性虚拟变量"的回归系数表示的就是"与男性相比，女性的 outcome 多 / 少了多少"。所以，用"男性虚拟变量"得到的回归系数和用"女性虚拟变量"得到的回归系数，虽然符号不同，但大小相同。

此外，标准误差和 p 值也是完全相同的。因此，如果是分成两类的定性解释变量，就不必在意把哪个分类作为 0 或 1。

那么分成 3 类以上的定性变量，要如何设置虚拟变量呢？首先，如上一章讲多重比较的时候所说，需要先选择一个"参照类别"。在刚才的"男性虚拟变量"的例子中，取 0 的"女性"就是参照类别。与这个参照类别相比，"男性"这一分类的 outcome 多 / 少了多少，就是回归系数告诉我们的信息。与之相同，在处理 3 类以上的定性变量时，也要先选择 1

个参照类别，然后引入多个虚拟变量，考察它们与参照类别相比如何。

比如有一组数据，将用户访问某网站时所使用的终端分为"PC／平板电脑／智能手机／其他国产手机"4类。如果将PC作为参照类别，就要准备以下3个虚拟变量（图表3-22）：

- "平板电脑取1，其他情况取0"的平板电脑虚拟变量
- "智能手机取1，其他情况取0"的智能手机虚拟变量
- "其他国产手机取1，其他情况取0"的其他国产手机变量

虽说参照类别可以任意选择，但就像多重比较一样，将人数最多的组别设为参照类别可以让结果更加易懂。如果将其他国产手机设为参照类别，就算知道了与在全体中所占百分比很小的其他国产手机用户相比，使用平板电脑的用户的平均销售额会高出多少，恐怕也没有

图表3-22 针对4种访问终端设置虚拟变量

原分类	平板电脑虚拟变量的值	智能手机虚拟变量的值	其他国产手机虚拟变量的值
PC	全部是0（参照类别）		
平板电脑	1	0	0
智能手机	0	1	0
其他国产手机	0	0	1

什么意义。

另外，只引入"类别数减去 1"个虚拟变量，再对其进行多元回归分析所得到的回归系数，与"将 1 个分类作为基准进行的多重 z 检验 ∕ t 检验"中使用的平均值之差完全是相同的值。虽然标准误差和 p 值并不一定一致，但如果将各个分类的 outcome 的方差视为相等的值，结果就大致相同。

虚拟变量的观念释疑

聪明的读者可能会产生疑问。比如刚才的"平板电脑虚拟变量"，是"平板电脑取 1，其他情况取 0"，那么"平板电脑虚拟变量"的回归系数，会不会并非代表"PC（参照类别）与平板电脑用户的差"，而是代表"平板电脑用户之外的用户与平板电脑用户的差"呢？

这是个非常好的问题，但是只要知道**多元回归分析得到的各回归系数，表示的是"其他解释变量不变，这个解释变量增加 1 单位，outcome 会增加 ∕ 减少多少"**，这个问题就解决了。也就是说，多元回归分析中"平板电脑用户"的回归系数表示的是，智能手机虚拟变量和其他国产手机虚拟变量相同，平板电脑虚拟变量增加 1 单位对 outcome 的效果。

只要同一定性变量分成的各组不存在重叠的部分，所有平板电脑虚拟变量为 1 的用户（平板电脑用户），其智能手机虚拟变量和其他国产手机虚拟变量都是 0。因为有"其他的解释变量相同"的限制，在平板电脑虚拟变量是 0 的用户之中能成为比较对象的，就只有"智能手机虚拟变量和其他国产手机虚拟变量都是 0"的用户了。平板电脑虚拟变量是 0，智能手机虚拟变量和其他国产手机变量也都是 0 的，其实就是作为参照类别的 PC 用户了。因此，只要对有 3 种以上分类的定性变量的虚拟变量做多元回归分析，就能知道参照类别与其他分类之间的差距，该结果与多重比较所得出的结果相同。

商业实战中被大量使用的多元回归分析

理解了虚拟变量的观念，让我们来看看最开始的6人（F～K）数据多元回归分析的结果吧。

在多元回归分析中，回归系数和截距的计算同样是根据最小二乘法，利用偏微分来求使得" outcome的回归方程推测值与实际值的偏差的平方和"最小化的值的组合。

实际上，通过笔算来处理几十个解释变量、成百上千个数据并不现实。想要知道计算方法的读者可以参照本书最后的【数学附录15】，在那里我用不懂微积分也可以理解的、初中就学过的联立方程组对多元回归分析做出了说明。

多元回归分析也是利用"outcome的预测值与实际值的偏差平方和"与"解释变量的方差"来求回归系数的标准误差，但是因涉及多个解释变量，无法简单地使用除法来计算。

代替除法登场的，是作为"矩阵意义上的除法"的逆矩阵。矩阵是将多个数字排列成矩形进行整体计算的线性代数概念。一般来讲，像 $a \times 2 = 1$ 这种算式，就可以用 $a = 1 \div 2 = 0.5$ 的除法来求出 a。但是矩阵间的计算基本上不存在"除法"，全部都要用乘法来解决。比如说要从 $A \times B = C$ 这个表示矩阵间关系的式子求 A 的值，就要在等号两边乘以"B 的逆矩阵"，进行"$A \times B \times B$ 的逆矩阵 $= C \times B$ 的逆矩阵"这样的运算。如果不懂线性代数，就只要将"B 的逆矩阵"理解成"和 B 相乘会从算式中消失的矩阵"就好了。这样，我们就可以通过"$A = C \times B$ 的逆矩阵"求出 A 的值。使用矩阵，可以和一元回归分析时一样求出标准误差。

置信区间与 p 值的计算方法也完全相同。如果数据多达数百乃至数千条，就可以根据正态分布求出 ±2SE 的范围和 p 值，如果数据较少就使用 t 分布。这点也与一元回归完全一样。

对刚才的 6 名男女访问次数与签约数进行多元回归分析，得到的结果如图表 3-23 所示。

男性虚拟变量的回归系数是 -5，也就是如果访问次数相同，与女性相比，男性的平均签约数要少 5 件。另外，访问次数的回归系数是 1.5，所以如果性别条件相同，增加 1 次访问平均可以增加签约数 1.5 件。我们可以从图表 3-24 的散点图来理解这一结果。

从根据 t 分布算出的各回归系数的置信区间与 p 值来看，可以发现男性比女性签约数更少这一趋势，即使数据数量这么少，也很难说（$p=0.031$）仅仅是出于偶然。

再来看访问次数与签约数的关联性，p 值并不小于 5%（$p=0.058$）。

图表3-23 性别、访问次数与签约数的多元回归分析结果

	回归系数	p值
截距	1.00	0.450
访问次数	1.50	0.058
男性虚拟变量	- 5.00	0.031

图表3-24 多元回归分析结果图

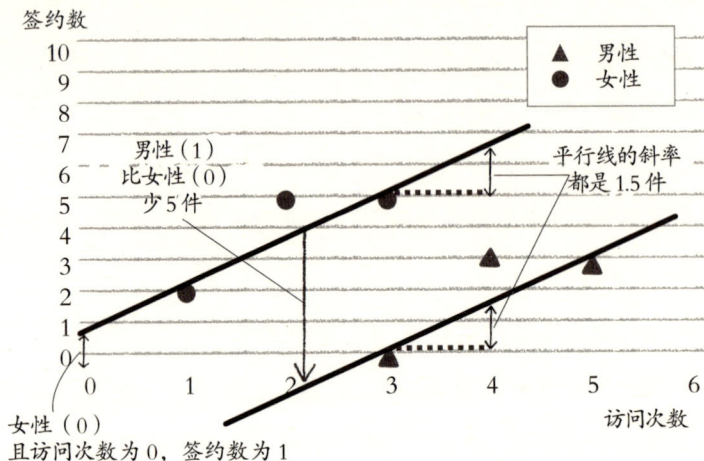

如果数据不是只有6人而是更多，这个结果就可能"难以被视作是偶然"。

以上就是多元回归分析的思路。使用该方法，解释变量无论是定量变量还是定性变量，无论有多少个，都可以同时分析，而且可以排除不同的解释变量使结果产生偏差的风险。

比起 z 检验、t 检验、一元回归分析这样的基本方法，若**实务中可能的解释变量很多，不妨先用所有的解释变量进行多元回归分析，再寻找 p 值较小且回归系数较大的解释变量，这才是最常见的做法**。

只要能充分运用多元回归分析从数据中找到定量的 outcome，就可能发现创造新利润的思路。

16 Logistic 回归与对数比 [①]

看起来玄之又玄的"Logistic"其实很简单

我们已知道定量 outcome 可使用多元回归分析来处理。使用多元回归可以同时分析若干个解释变量，不论这些解释变量是定性变量还是定量变量。接下来只要再学会针对定性 outcome 的处理方法，就可以分析任何 outcome 与任何解释变量之间的关系了。在针对定性 outcome 的分析方面，最具代表性的方法就是 Logistic 回归。

这里的 logistic 并不是"物流"，而是指"符号逻辑的"。在符号逻辑学这一领域中，有研究真（true）或假（false）这两种状态逻辑的、被称为"二值逻辑"的内容。读者只要记住 **Logistic 回归是分析与二值逻辑有关的 outcome 的分析方法**就好了。

---

① odds 一词本意为"比值"，在本书提及的不同领域有不同的译法，比如在赛马中译作"赔率"。odds ratio 在数学和统计学中有时叫作"让步比""比值比""优势比"，在医学研究中是指"相对危险度"，其实这些 odds ratio 的本质都是指两个比值的比。——译者注

定量outcome的回归可分为一元或多元回归分析，与之不同，Logistic回归并没有类似的分类。无论解释变量是一个还是多个，都被称为Logistic回归（不过，在旧教材中也有将多个解释变量的Logistic回归称为多元Logistic回归的情况）。

来看一个表示定量解释变量和二值outcome关系的散点图。图表3-25为某企业销售人员的相关数据，横轴是一定期间内的顾客访问次数，纵轴是这段时间内是否签约（是为1，否为0）的二值outcome。与之前的例子不同，该种业务似乎很难签到合同，实际签约数还没有达到要考虑"签约数是多少"的程度，而仅限于"签约最多也就是1件，大多数人连1件都没有得到"的状态。在这种状态下，"是否签约"用定性的二值outcome来衡量更好。

图表显示，访问次数在10次以下的员工基本都没有签约成功，访问次数超过10次则两种情况都有，而访问了20次以上的员工基本全都签到

图表3-25 访问次数与是否签约（二值）的散点图

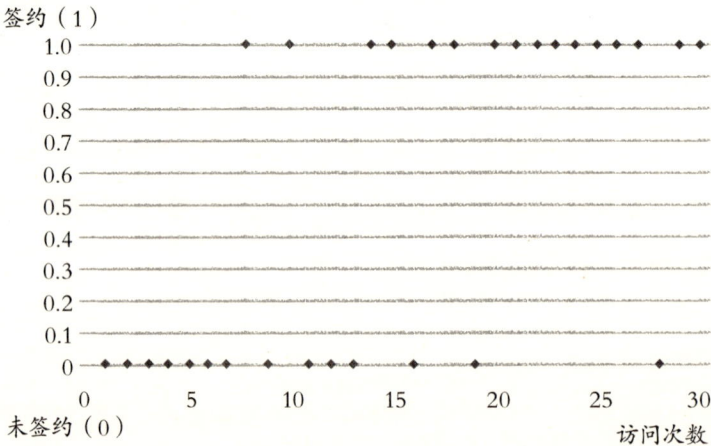

图表3-26 访问次数与是否签约（二值）的回归直线

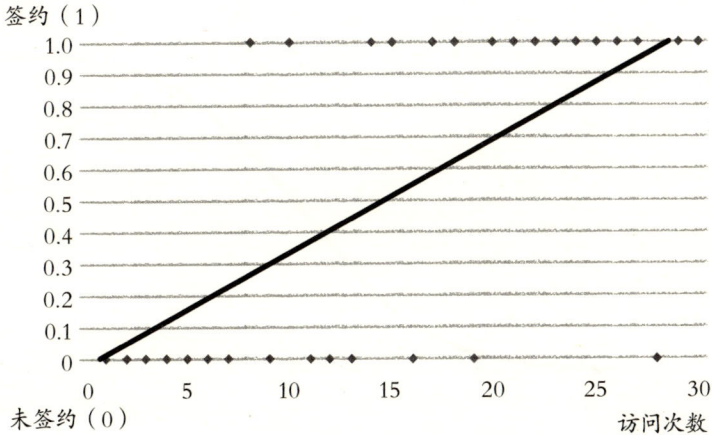

了合同。针对这种定量解释变量与二值 outcome 的关系，要如何进行分析呢？

在这里，如果像之前一样进行一元回归分析，会得到图表 3-26 的结果。不过对这样的数据用斜线去拟合，会让人觉得有些勉强。如果能做到，我们还是希望能像图表 3-27 那样，更好地说明"在一定的点之前基本是 0，从那里开始 outcome 变为 1 的概率增加，再超过另一个点之后 outcome 大多都是 1"这一状态。

如何在数学上表现这样的曲线，答案之一就是 Logistic 回归中使用的 logit，或者称**对数比**（log odds）变换。

赌博和医学研究的风险，究其本质竟是殊途同归？提起"赔率"（odds），你可能会想到赛马的彩金。我曾向不很精通统计学的医学院老师解释 Logistic 回归，却被他们呵斥："你是要拿患者的生命做赌注吗！"

图表3-27 访问次数与是否签约（二值）的"想要拟合成的样子"

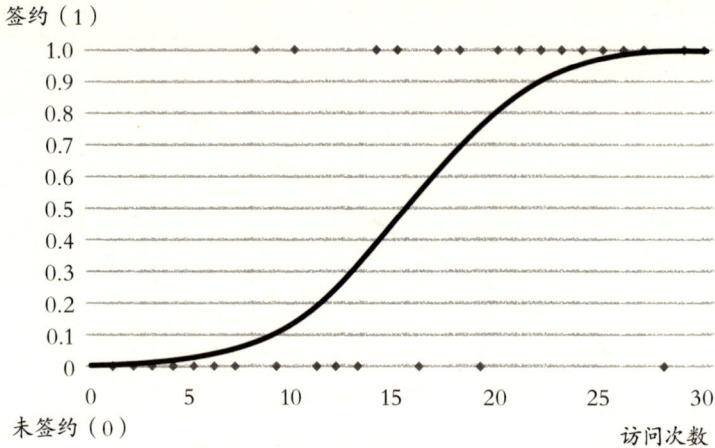

实际上，"odds"并不是只能用在赌博上，也可用于医疗、商业等诸多领域。

先说结论，赌博中的赔率与医学研究中的相对危险度，计算方法相通，但使用这一计算的理由却是不同的。

为了既炒热参加者之间的气氛，又避免支付过多的奖金，赛马博彩公司必须设计机制，让胜率较低的马回报较高。

现在只有3匹赛马，假设所有参加者都预测A获胜的概率为50%，B获胜的概率为30%，C获胜的概率为20%。如果把规则设成"花100日元下注，不管买的是A、B、C哪匹马，猜中胜者就能得到300日元"，全部的人都会赌A获胜。因为从奖金的期望（金额）来看，A为150日元（300日元的奖金×50%的概率），B为90日元（300日元×30%），而C只有60日元（300日元×20%）。下100日元的注，只有买A才不亏钱。

这样，如果A获胜，博彩公司的损失就是下注数×200日元，而A获胜的概率是50%。当然，A还有50%的可能不获胜，此时博彩公司可以赚到下注数 100 日元。所以，博彩公司有一半的可能损失 200 日元，一半的可能盈利 100 日元，其收入的期望为负数。若太多人下注买 A，博彩公司还有破产风险。

为了避免这种情况，可以将彩金的支付标准设为预测胜率的倒数倍。比如 A 有 50% 的概率获胜，应支付的彩金就是下注金额的 1÷0.5=2 倍。同样，B 有 30% 的概率获胜，支付的彩金就是下注金额的 1÷0.3=3.33 倍；C 有 20% 的概率获胜，应支付的彩金就是下注金额的 1÷0.2=5 倍。这样无论赌哪个赢，回报的期望都是相同的，彩民的下注就会分散，专家也可以将输家损失的钱转移给胜者。

然而，如果像这样将"胜率的倒数倍"作为支付彩金的标准，彩民即使不去预测胜败，只要按照与博彩公司认为的胜率成比例地赌上所有的马，就可以做到"不输不赢"。比如手里有 1000 日元的人，对 A 马赌 500 日元，B 马赌 300 日元，C 马赌 200 日元，无论哪一匹马获胜，这 1000 日元都一定会被返回来。这种做法并不有趣。但如果不使用"胜率的倒数"，而是使用"胜利 odds 的倒数"，这种事情就不会发生了。

odds 是利用某种情况发生的概率求"概率÷（1－概率）"所得到的值。胜利的 odds 就是"胜利的概率÷（1－胜利的概率）"。比如对有 50% 的概率会赢的 A 来说，odds 就是 0.5÷（1－0.5）=1，有 30% 的概率会赢的 B 的 odds 是 0.3÷（1－0.3）=0.43，20% 的概率会赢的 C 的 odds 就是 0.2÷（1－0.2）=0.25。

赛马场公布的"赔率"就是根据 odds 的倒数计算出来的。比如向猜中了 A 会赢的人支付 1÷1=1.0 倍，也就是与下注金额相同的彩金。向猜中了 B 会赢的人支付 1÷0.43=2.33 倍、向猜中了 C 会赢的人支付 1÷0.25=4.0 倍的彩金（图表 3-28）。

图表3-28 3匹马的胜率与odds

	胜率	相当于胜率倒数的支付倍数	odds=概率÷（1-概率）	相当于odds倒数的支付倍数
A 马	50%	2.00 倍	1.00	1.00 倍
B 马	30%	3.33 倍	0.43	2.33 倍
C 马	20%	5.00 倍	0.25	4.00 倍

　　预想的胜率越低，分母"1-胜率"就越接近1，odds的倒数就越接近胜率的倒数。另一方面，胜率越高，odds的倒数与胜率的倒数相比就越小。另外，在预计胜率会超过50%的情况下，用odds的倒数算出的支付倍数会比1.0更小，但这种情况下会将其固定为1.0。总结来说，这样设计让猜中了大冷门的人得到更加公平的分配、让猜中了显而易见胜者的人不会赢太多，能够取得上述平衡、让赌博顺利进行的彩金支付倍数，不是胜率的倒数，而是odds的倒数。

病例对照研究调查中使用的比值比

　　以"概率÷（1-概率）"求得的odds在赌博之外的研究中有什么意义呢？若要针对**符合条件的人占比很低的定性outcome，研究其可能的影响因素，odds就显得十分重要了。**

　　比如，某电子商务网站对1万人进行了调查。将是否为单月购物100

图表3-29 **是否喜欢该网站与是否为重度用户的交叉汇总表**（随机抽选1万人）①

	重度用户	非重度用户	合计
喜欢该网站	1人	1999人	2000人
不喜欢该网站	1人	7999人	8000人
合计	2人	9998人	10000人

万日元以上的重度用户作为outcome，将是否喜欢此网站作为解释变量进行交叉汇总（以及卡方检验），结果如图表3-29所示。

即便调查的对象多达1万人，若重度用户只占全体的0.02%，就只有2个人符合条件（或者说偶然出现0人的概率也很大）。如表中所示，喜欢这个网站的2000人中有1人（0.05%）为重度用户，不喜欢的8000人中重度用户也仅有1人（0.01%）。不用求p值，就可以知道这常常是因1人改变主意而产生的差距。"在原假设下所有单元格都有5～10人符合条件"这一z检验和卡方检验的条件不能得到满足。

遇到这种情况，可以继续收集100万人的数据，但人数这么多，调查起来非常困难。此时可考虑使用**病例对照研究**（case-control study）来收集数据，用比值比（odds ratio，组间odds的比）来做出判断。

病例（case）组是指发病者的组别，**对照**（control）组则意味着与之比较对照，指的是符合同样的条件但并未生病的人。

也就是说，**病例对照研究的核心，是寻找在条件相同时生病的人与未生病的人之间存在何种不同**。本书采用的例子虽与疾病无关，但购买100万日元以上的重度用户就相当于病例组，其他人就相当于对照组。

在病例对照研究中，首先要尽可能收集人数较少的"病例"。如果某种疾病发病者的数据用通常的随机抽样很难收集，就要寻求医疗机构的帮助，让病例组至少能有几十人。此外还要争取同一天来到该医疗机构、条件相同的其他病患的协助。经常要使病例组和对照组的人数相同，但如果病例组人就是很少，那对照组的人数就得达到病例组的几倍，从而减小误差和p值。

如何挖掘能给网站带来真金白银的重度用户？

按照病例对照研究的方法，现将同等数量的重度用户和其他顾客交叉汇总为图表3-30。

图表3-30 是否喜欢该网站与是否为重度用户的病例对照研究
（重度用户与非重度用户的数量相同）

	重度用户	非重度用户	合计
喜欢该网站	50人（70人中的71%）	20人（70人中的29%）	70人（200人中的35%）
不喜欢该网站	50人（130人中的38%）	80人（130人中的62%）	130人（200人中的65%）
合计	100人（200人中的50%）	100人（200人中的50%）	200人

喜欢该网站的人"重度用户 odds"=50/70÷（1-50/70）=2.5
不喜欢该网站的人"重度用户 odds"=50/130÷（1-50/130）=0.625
从比值比来看，喜欢这个电子商务网站的人比不喜欢的人"重度用户的概率高出"4.00(=2.5÷0.625) 倍但此时不能像之前一样，用这一结果来考察"喜欢这个电子商务网站的人和不喜欢的人之间重度用户率之差是否存在"。因为仅仅改变病例组和对照组，也就是重度用户和其他用户的人数比，就会在很大程度上改变这些比例。重度用户和非重度用户的比例调整为 1 ∶ 2 时，如图交叉汇总表（图表 3-31）所示，全部调查者中重度用户的比例、喜欢该网站的人的比例、喜欢与不喜欢该网站的人中重度用户的比例等各种"比例"都发生了变化。

若不使用减法而使用通过除法得出的"比"（比值比），就能得出不受病例数与对照数的比例影响的固定的值，以及有意义的指标。具体证明见书后的【数学附录16】。只要按照图表 3-32 所示的比值比公式来计算，无论是以随机抽样的方式得到的交叉汇总，还是以病例对照研究的方式得到的交叉合计，得到的结果都是一致的。

图表 3-31 **是否喜欢该网站与是否为重度用户的病例对照研究调查**
（按 1 ∶ 2 比例调整重度用户与非重度用户）

	重度用户	非重度用户	合计
喜欢这个电子商务网站	50 人（90 人中的 56%）	40 人（90 人中的 44%）	90 人（300 人中的 30%）
不喜欢这个电子商务网站	50 人（210 人中的 24%）	160 人（210 人中的 76%）	210 人（300 人中的 70%）
合计	100 人（300 人中的 33%）	200 人（300 人中的 67%）	300 人

喜欢这个电子商务网站的人"重度用户odds"=50/90÷（1-50/90）=1.25
不喜欢这个电子商务网站的人"重度用户odds"=50/210÷（1-50/210）=0.3125
因此喜欢这个电子商务网站，从比值比来看 "重度用户的概率高出"4.00
（=1.25÷0.3125）倍

图表3-32 根据是否喜欢该网站计算的重度用户比值比

重度用户比值比

$$= \frac{\text{喜欢该网站的人中"重度用户率} \div (1-\text{重度用户率})"}{\text{不喜欢该网站的人中"重度用户率} \div (1-\text{重度用户率})"}$$

图表3-33 是否喜欢该网站与是否为重度用户的交叉汇总表
（随机抽选1万人调查）②

	重度用户	非重度用户	合计
喜欢该网站	1人	1999人	2000人
不喜欢该网站	1人	7999人	8000人
合计	2人	9998人	10000人

喜欢该网站的人"重度用户odds"=1/2000÷(1-1/2000)=1/1999
不喜欢该网站的人"重度用户odds"=1/8000÷(1-1/8000)=1/7999
从比值比来看，喜欢这个电子商务网站的人比不喜欢的人"重度用户的概率高出"4.00
（=1/1999÷1/7999）倍
另外，喜欢该网站的人中重度用户率是1/2000，不喜欢的人中重度用户率是1/8000，两
者的比值与比值比大致相同。

　　为了确认这一点，图表3-33给出了最开始"随机选择1万人调查"
的比值比的计算。只要彻底调查了"重度用户中喜欢电子商务网站者的
比例"和"非重度用户中喜欢电子商务网站者的比例"，无论病例组（重
度用户）和对照组（非重度用户）的收集比例是1：1还是1：2，还是
基于随机抽样的2：9998，比值比的值都是一样的。

另外，就像在赌博的例子中提到过的，如果重度用户率低到必须要使用病例对照研究，"1－重度用户率"接近"1"，odds就和重度用户率基本没有差别。因此，在这种时候，比值比就是表示"重度用户率在组间约有多少倍差异"的极佳指标。

此外，由于比例之差失去了意义，在解释变量组间进行z检验并不合适。不过使用卡方检验仍旧可以顺利地算出p值，以考察这个比值比是否是因偶然的分散而产生的差距。

流行病学发展历程中居功至伟的对数odds与Logistic回归

美国自1948年起在波士顿近郊的弗雷明汉对当时发病原因不明的心脏病、中风等循环系统疾病进行了流行病学研究，这就有必要找出大量可能的解释变量，分析它们与"生病／不生病"或"死亡／不死亡"这种二值outcome的关联性。参与了该项目的统计学家杰尔姆·科恩菲尔德（Jerome Cornfield）并没有使用交叉汇总和多元回归，而是发明了名为Logistic回归的新方法，其中odds发挥了重要作用。

科恩菲尔德发现，只要使用"比值比的对数"（即对数odds），就可以把只能取到0或1的二值outcome变换为像多元回归的outcome那样、取到负无穷到正无穷的值。

对数，英语写作logarithm，这是发明对数的苏格兰数学家约翰·奈皮尔（John Napier）根据希腊语单词logos（道）和arithmos（数）所起的名字。比如"$x=\log_2 8$"就意味着"若2的x次方是8，那x是多少？"2的3次方是8，因此x是3。这个小数字"2"的部分被称为"底"。底可以是大于0且不等于1（底是1，无论多少次方都一定是1，x就完全无法确定）的任意数。为了便于求导和积分,我们经常用约为2.718的常数——

奈皮尔数作为对数的底。就像约为3.14的圆周率常用 π 来表示一样，奈皮尔数一般用字母"e"来表示。

　　某些商务场景中，Logistic回归比多元回归分析更常用。

　　用对数odds来转换值为0或1的outcome，结果会如何呢？

　　假设要从值为0或1的outcome中求出比例，最小值当然是"全组都是0，故比例也是0"。这时候odds是$0 \div (1-0) = 0 \div 1 = 0$。若以奈皮尔数为底（底只要是比1大，无论是奈皮尔数、是10，还是别的常数，结果都是一样的），那么0的对数，也就是2.718的"多少次方"为0呢？答案是"负无穷"。

　　接下来让我们考虑"全组都是1，故比例也是1"的情况。这个时候odds是$1 \div (1-1) = 1 \div 0$，无法计算。但如果"基本全组都是1，比例就比1稍小"，按照"数的极限"的思维方式，odds无穷大。"无穷大的对数"，也就是把奈皮尔数相乘多少次会变为无穷大，其答案也是无穷多次。

　　最后考虑一下处在正中间的"比例是0.5"的情况。odds是$0.5 \div (1-0.5) = 0.5 \div 0.5 = 1$，而1的对数为0。

　　也就是说，我们成功将值为0或1的outcome转换为了与多元回归分析的定量outcome一样的，最小可以取到负无穷、最大可以取到正无穷、正中间是0的变量（图表3-34）。

　　这样，变换为对数odds形式的outcome就能像多元回归分析一样，用回归系数来说明outcome与定量解释变量或虚拟解释变量之间的关系。只是这里的回归系数并不能按照"解释变量增加1个单位时outcome会增加多少"来理解，为了便于理解必须再做转换。转换的方法非常简单，只要把对应的解释变量的回归系数的"对数"部分去掉就好了。也就是说，

图表3-34 与比例的值对应的odds和对数odds

原本的比例 （记作 p ）	0	0.5	1（稍小于 1）
odds $p \div (1-p)$	0	1	∞
对数 odds $\text{Log}[p \div (1-p)]$	$-\infty$	0	∞

只要算出奈皮尔数（大约2.718）的回归系数次方，就能知道"解释变量每增加1个单位时outcome为1的比例大概会变为多少倍"了。

比如对表示重度用户（1）或非重度用户（0）的outcome进行Logistic回归，得到男性虚拟变量的回归系数是2.00，比值比就是2.718的平方7.39。所以，男性outcome为1（重度用户）的概率大约是女性的7.39倍。如果不想用男性虚拟变量，而想用女性虚拟变量来表示，计算上述结果的倒数就可以知道"女性成为重度用户的概率是男性的0.14倍"。或者仍想使用男性虚拟变量，但重度用户赋值0，一般用户赋值1，同样也会得出"与女性相比，男性成为一般用户的概率大约是女性的0.14倍"的结果。

那么，如何求得Logistic回归的回归系数呢？假设误差近似服从正态分布，可以使用**加权最小二乘法**（reweighted least squares method）来计算。如果该假设不成立，还可以根据**最大似然法**（method of maximum likelihood）来推测看上去最像的回归系数。如果要使用最大似然法来推测Logistic回归的系数，之后还得再用**迭代加权最小二乘**

法（iterative reweighted least squares method）或者**牛顿－拉弗森方法**（Newton–Raphson method）等方法重复计算才能得出结果。

　　在商业实务中，outcome常常不能用一般的数字来表示，而是像"是否曾经到店""是否退出会员"这样用0或1来表示。因此在某些场合，Logistic回归比多元回归分析更常用。

17 商务应用中回归模型总结

"广义线性模型"的分类使用指南

至此，我们已介绍了分析解释变量与outcome关联性的经典方法。这些统计方法全都属于**广义线性模型**（generalized linear model）的一部分。这里可以将"线性"理解为回归分析的直线。

我们已经说过，t检验、z检验、一元回归分析之间的区别仅在于解释变量是二值还是定量，每一种方法考虑的都是把偏差的平方和最小化，因此它们的意义完全相同。这就是**线性模型**（linear mode）。

此外，还有广义上的回归分析，将解释变量与outcome之间的关联性模式化地表现出来。这些方法或是用这些方法表现出的模式化的关联性有时被称为**回归模型**（regressive model）。

多元回归与Logistic回归也只是将outcome稍作变换，道理其实是一样的，所以它们也属于线性模型。简而言之，将各种方法笼统地概括起来，就构成了广义线性模型的框架。1972年，内尔德（Nelder）和韦

图表3-35 在"广义线性模型"的框架下整理之前介绍过的统计方法

		解释变量				
		定性 （2种分类）		定性 （3种分类以上）	定量	多种 （包括定量、定性）
		数量多	数量少			
outcome	定量 （数值型）	平均值之差的 z检验	平均值之差的 t检验	平均值之差的 方差分析	一元回归 分析	多元回归分析
	定性 （分类型）	比例之差的 z检验	比例之差的 Fisher确切 概率检验	比例之差的 卡方检验	Logistic回归	

德伯恩（Wedderburn）这两位统计学家整理出了这一框架。

前面介绍过的方法可以整理为图表3-35（Fisher确切概率检验一般不包括在广义线性模型中，但将其包含进去更有助于理解）。在商务实战中，如果你不确定该用什么统计方法，就可以参照上面这张表。

如果觉得记住整张表太麻烦，可以先将定性解释变量和定性outcome全部变换成二值变量，再对定量outcome使用多元回归分析，对二值outcome使用Logistic回归。就像一元回归和t检验的结果是一致的，画出2×2交叉表进行z检验和卡方检验，与当只有1个虚拟变量时进行Logistic回归，所得出的结果也是完全相同的。

然而，即使知道了定量outcome使用多元回归分析，定性outcome使用Logistic回归，现实中还是会碰到模糊、难以判断的情况。比如若outcome有3种以上分类，是应该将其看作定性变量使用Logistic回归，还是作为定量变量进行多元回归呢？后文会对此做出补充说明。

解释变量也一样存在着难以处理的情况：是**直接用定量状态去分析定量解释变量，还是将其作为定性变量来分析更好**？在解释变量和outcome的关系并不能简单地用向右上方或者右下方倾斜的直线来表示时，就会遇到这种问题。后文也会对此做出补充说明。

outcome有3种以上分类时怎么办？

首先让我们来看outcome有3类以上时该怎么办。比如顾客对店铺服务的满意度分为了"0.非常不满/1.有些不满/2.有些满意/3.非常满意"这几档。

将其作为outcome进行分析，可以使用多元回归。从各解释变量对应的回归系数可以了解许多信息，比如"与女性相比，男性的满意度分数平均高出0.8""从家到店铺所需的时间每增加1分钟，满意度下降0.1分"，等等（图表3-36）。

图表3-36 性别、从家到店铺所需的时间与顾客满意度的多元回归分析结果

	回归系数	p值
截距	2.10	0.003
男性虚拟变量	0.80	0.017
从家到店铺所需的时间（以分钟为单位）	−0.10	0.046

图表3-37 顾客的情绪与评分的关系

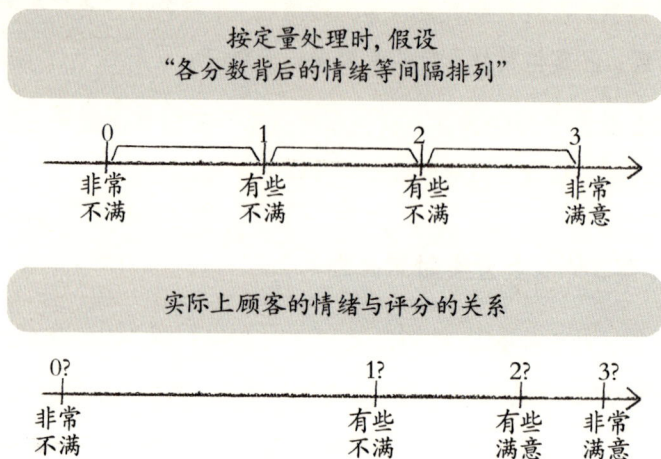

按定量处理时, 假设
"各分数背后的情绪等间隔排列"

```
   0        1        2        3
  非常      有些      有些      非常
  不满      不满      不满      满意
```

实际上顾客的情绪与评分的关系

```
  0?              1?       2?   3?
  非常            有些     有些  非常
  不满            不满     满意  满意
```

但是用"outcome平均上升/下降多少分"来说明结果，其实存在一个默认的假设，即认为"非常不满（0分）"和"有些不满（1分）"之间的差，与"有些满意（2分）"和"非常满意（3分）"之间的差，都是相同的1分。

实际上，愤怒的"非常不满（0分）"和出于某些理由"有些不满（1分）"之间的差别可能很大，而"有些满意（2分）"和"非常满意（3分）"之间可能只有一些微小的差别。相反，也可以认为如果没有非常棒的服务很少有人会回答"非常满意（3分）"，也就是二者之间存在很大的差距。如果要把这些差距全部都当作1分来处理，就要在分析之前确定自己或需要分析结果的人是否能够接受（图表3-37）。

不过，如果outcome是金额，0日元和1000日元的差，与9000日元和10000日元的差都一样是1000日元，这时使用多元回归分析完全没问题。

那如果想用 Logistic 回归来处理，该怎么做呢？答案是**根据你想从满意度调查中知道的东西设置二值变量**。

比如想要根据满意度调查减少"非常不满"的顾客，防止客户流失，又或是想要增加"有些满意"和"非常满意"的顾客，提升品牌形象和在社交网络中的口碑。目的不同，处理方式也要有所变化。

对于前者，应该设定一个表示"完全不满意（1）"或者其他（0）的二值 outcome，分析客户"完全不满意"与什么有关。而针对后者，应该分析表示"有些满意或非常满意（1）"和"完全不满意或不满意（0）"的二值 outcome。如果两者都很重要就对两者都进行分析，考察回归系数（比值比）中哪里是共同的，哪里是不同的。

另外，如果在提高满意度的同时，还想进一步防止顾客流失或提升品牌形象，我建议大家将这个更进一步的目标的达成度作为 outcome，来分析减少"非常不满"的人数是否重要、是否应该同时减少"非常不满"和"有些不满"的人数、是否必须增加"非常满意"的人数等问题。

当然也有不用设置二值变量，直接分析"0 ~ 3 分"满意度的方法——**有序 Logistic 回归**（ordered Logistic regression）。但这种方法的隐含假设是，"非常不满"和"有些不满"之间的差异，与"有些满意"和"非常满意"之间的差异，都与同一解释变量有着同样的关联性。而实际上，不论如何减少导致不满的因素也不一定会让顾客"非常满意"，因此我并不推荐大家在一开始就使用这种方法。

是否有序与分类数量是重点

在这个例子中，outcome 为 4 档按"非常不满→有些不满→有些满意→非常满意"的顺序排列的有序分类。对于这样有序的变量，分类数量不同，处理方法也会不同。

一般而言，如果outcome只分成三四类，通常的做法是改变分界点、将其转换二值变量。如果分类数量超过了7，因为"已经分得这么细了，还要再考察各个分类之间的差别，太麻烦了"，所以会将其当作定量outcome来处理，做多元回归分析。如果分类有五六个，则处于灰色区域，一般需要按照不同的分析目的具体问题具体分析。

还有类似"1.很帅气/2.很可爱/3.很亲切/4.很有高级感"这种，虽然也是4分为四类，可是根本不存在顺序。遇到这种情况，分类再多也不能进行多元回归分析。分类过多时，要把表示类似含义的分类重新整理，无论如何都要先转化为"某个分类（1）及其他（0）"这样的二值变量，再进行Logistic回归。

实际上，也有能够直接对分类多于3种且不存在顺序的定性变量进行分析的方法——**多项Logistic回归**（multinomial Logistic regression）的方法，但将outcome变换为二值变量再做Logistic回归，得到的结果可能更易于解释。

物理学、计量经济学更看重预测结果和拟合程度，那么如果难以判断应该**直接用定量状态去分析定量解释变量，还是将其作为定性变量来分析时，该怎么办呢？** 比如在解释变量与outcome的关系并不能简单地用向右上方或者右下方倾斜的直线来表示的时候。

图表3-38所示的散点图就属于这种情况。outcome为在玩具店的消费金额，解释变量为年龄。从图中可以看出如下关系：10～20岁的人消费金额很高，30岁左右消费金额降到最低，之后随着年龄的增加消费金额也上升。这一结果大概可以解释为20岁以前是给自己买，30岁以后是给孩子买。

如果对这组数据直接进行回归分析，会得到图中所示的"消费金额（y）

图表3-38 年龄与玩具店消费金额的关系（用回归直线拟合的情况）

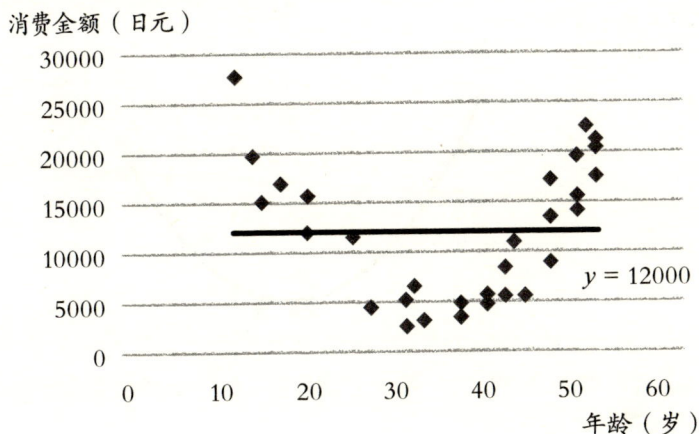

消费金额（日元）

$y = 12000$

年龄（岁）

与年龄（x）无关，恒为12000日元"的水平的回归直线。观察散点图，与其说消费金额与年龄无关，不如说它们不具有回归直线可以说明的"直线的关系"。

　　面对这种情况，物理学等自然科学的统计学或计量经济学经常会指导大家考虑"**二次项**"**的回归系数**。用直线拟合效果很差，但将原解释变量的平方作为新的解释变量（这个叫作**二次项**），再将原解释变量和二次项作为解释变量进行多元回归分析，回归得出的就不是直线，而是形似二次函数抛物线的"回归曲线"。这样，就不会出现"解释变量与outcome没有关系"的结果了。

　　但这样做存在一个问题，那就是不便于理解。图表3-39中给出了对原年龄与年龄平方这2个解释变量使用最小二乘法得出的结果，但即使知道了年龄每增加1单位outcome（消费金额）会减少3124日元，年龄的

图表3-39 年龄与玩具店消费金额的关系
（用包括二次项的回归曲线拟合）

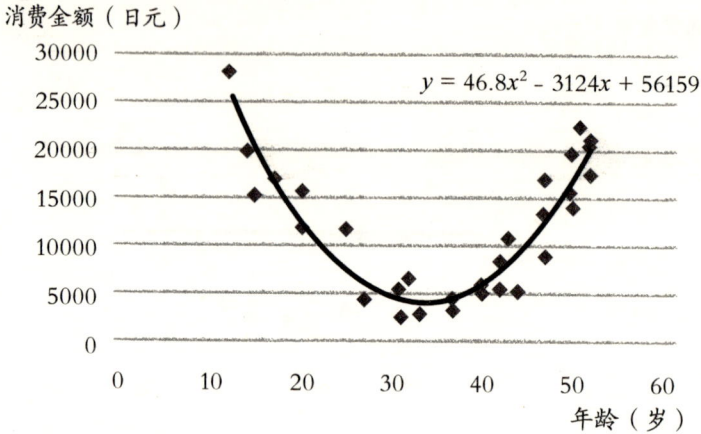

消费金额（日元）

$$y = 46.8x^2 - 3124x + 56159$$

年龄（岁）

平方每增加1单位outcome（消费金额）会增加46.8日元，大多数人也无法感觉出这意味着什么。结果大家一定会反问"那么简而言之，到底是年龄越高消费金额越多，还是年龄越低消费金额越多呢？"

稍微擅长数学的人可能能从这个回归方程联想到图中所示的抛物线。但尽管如此，对于"这个抛物线在多少岁左右达到最低""10～19岁还是40～49岁的人是潜在市场"这种大家理所当然会提出的问题，包含二次项的回归方程是不能立即给出答案的。

与物理学和计量经济学看重预测结果和拟合程度相反，医学研究和商务活动中更看重对原因的洞察。按照前者的思维方式，只要能够将解释变量的预想值输入到算式中，得出消费金额的预测值就可以了。不论是不是二次项，也无论计算是否容易理解，只要能够写出可以正确预测的算式就是有意义的。

商务领域更看重对原因的洞察然而，在医学研究和商务活动中，"为什么得到这样的分析结果""怎样才能增加或减少这一outcome"这类对原因的探索才是重要的。因此，分析结果必须能够回答这样的问题。

所以，在年龄与消费金额的关系不单纯是向右上方 / 右下方倾斜的直线的情况下，重要的是"多少岁左右消费金额最低""10 ～ 19 岁还是40 ～ 49 岁的人是潜在市场"这类问题。我们可以将年龄划分为"10 ～ 19岁 /20 ～ 29 岁 /30 ～ 39 岁 /40 ～ 49 岁 /50 ～ 59 岁"5 个阶段，和处理定性解释变量时一样，确定一个参照类别，引入虚拟变量。

这样就得到了图表 3-40 所示的结果。将作为主要目标群体的10 ～ 19 岁顾客设定为比较基准，得到 10 ～ 19 岁顾客的平均消费金额为19950 日元这一截距。20 ～ 29 岁的购买金额比 10 ～ 19 岁低 9100 日元，30 ～ 39 岁低 15710 日元，40 ～ 49 岁低 11061 日元。从 p 值来看，这些水平的差距都"无法认为是偶然"。但 50 ～ 59 岁虽只低了 1200 日元，但因

图表3-40 将年龄层变换为虚拟变量的多元回归分析结果

	回归系数	95% 置信区间		p值
截距	19950	15986	～　23914	<0.001
20 岁虚拟变量	−9100	−14705	～　−3495	0.003
30 岁虚拟变量	−15710	−20827	～　−10593	<0.001
40 岁虚拟变量	−11061	−15825	～　−6298	<0.001
50 岁虚拟变量	−1184	−6153	～　3784	0.628

为p值高达0.628，所以二者"差距不显著"。

由此可知，30 ~ 39岁顾客并不是潜在购买对象，50 ~ 59岁以上的顾客是没有注意到的潜在市场，可以开发这部分市场，因为他们愿意给孩子买东西。

和刚才考虑过的"0分与1分之间的差距和2分与3分之间的差距同样是1分吗？"相同，对于定量解释变量，仔细考虑"同样是增加1岁，19岁到20岁和39岁到40岁对outcome的影响相同吗"也非常重要。

另外，按照10 ~ 19岁的间隔给年龄分类只是一个例子，而不是必须遵守的规定。如果将10 ~ 22岁划分为"学生年龄层"，那么将23 ~ 30岁划分为"单身社会人年龄层"更合适，如此进行分类就好了。

这里希望读者注意，虽然每组中的数据数量不一定非要相同，分类时还是要避免出现数据数量过少的组别（不到全体的5%或者一共也没有几十件）。如果有的组别数据数量极其少，标准误差就会增加，想要找到与参照类别之间的显著性差异就十分困难。

如果这样分类还是找不到显著性差异，那就可以考虑将一些相似的分类合并，以便结果更易于理解。

只要遵循此原则，充分使用业务惯例和行业经验确定最合适的分类就好了。分析结果是否易于理解，恰恰就与分类方法息息相关。

18　商业实战中回归模型的使用方法——输入篇

前面我们已讨论过多元回归分析和Logistic回归。这些方法是什么，回归系数、p值和置信区间到底表示什么、用什么方法才能算出来，相信读者一定有了大概的印象。

然而，即使懂得了多元回归分析和Logistic回归的方法与指标的含义，实际运用上还存在几个难点。输入层面的代表性问题是"**要使用多少个、使用哪个解释变量来分析**"，而在输出层面则是"**要如何解读得出的结果，做出何种行动**"。

避免过度拟合或过度学习

首先来看输入层面的问题，也就是"该用哪个解释变量，又该选取多少个解释变量来分析"。

一般来说，解释变量越多，表示与预测值偏差程度的残差就会越小，而**过度拟合**（over-fitting），或者在机器学习领域中称为**过度学习**的问题，告诉我们这并不总是好事。

　　过度拟合就是"拟合得过度了"。对于outcome值，距离回归模型的偏差也就是残差，常常与本应毫不相关的其他解释变量的分布方式"恰巧相似"。使用超过必要数量的解释变量，就会增加这种"硬是让本来毫无关系的解释变量来说明outcome变动"的过度拟合的风险。

　　这样就会出现"对现有数据的拟合程度很好"，但"用回归方程拟合新数据反而不好了"的现象。因为本来毫无关系的解释变量被包含进了回归方程，下一次再收集同样的数据进行分析，就无法期待和这次一样"恰巧相似"了。

　　处理这类问题思路是，仅仅让有意义的解释变量进入回归方程。该方法被称为**变量选择法**（variable selection）。

　　变量选择法又分为几种，最基本的有**向前选择法**（forward selection）和**向后剔除法**（backward selection）。

　　使用向前选择法，首先要对全部的候补解释变量进行一元回归分析。选择回归系数的p值最小的解释变量作为第一个解释变量。接下来将第一个解释变量和其他的解释变量分别组合，进行有两个解释变量的多元回归分析。再同样以回归系数的p值最小为条件，选出第二个解释变量。只要追加的解释变量对应的p值在一定基准（常为0.05）内，就可将其加入回归方程，最终得出"妥当的回归方程"。

　　向后剔除法则正相反，先要计算包括所有解释变量的回归方程，按顺序剔除p值最大的解释变量，在所有解释变量的p值都在一定基准（常为0.05）以内的时候结束这一过程。

　　乍一看，向前选择法和向后剔除法似乎会得出同样的结果，但实际上并不一定如此。如前所述，多元回归分析的回归系数表示的是"在其他解释变量不变的情况下，这个解释变量每增加1单位时outcome会增

加 / 减少多少", 所以包含在"其他解释变量"中的变量不同, 回归系数
及其标准误差、p 值也会不同。

　　举例来说, 年龄与收入或婚育状况等相关。只将年龄作为多元回归
分析解释变量, 表示"年龄每增加 1 单位"的回归系数, 其中隐含了与年
龄相关的精神状态、收入、婚育等所有差异, 其中当然也包括了"因年
龄增加收入也增加, 消费金额会增加多少", 或者"随着年龄增加婚育的
概率会上升, 消费金额会增加多少"之类的影响。然而, 多元回归分析
的回归系数表示的是"其他解释变量不变的情况下, 这个解释变量每增
加 1 单位……"因此, 若将年龄、收入和婚育全部放入多元回归分析, 年
龄的回归系数代表的就是"收入、家庭构成相同的情况下年龄每增加 1
单位……"

　　也就是说, 在这两个分析结果中的回归系数, 虽然对应的都是"年龄"
这一解释变量, 表示的却是完全不同的意思。因此, 增加或减少解释变量,
回归系数的意义会产生变化。在某一步中不到 0.05 的 p 值, 加入或删去
某个解释变量后可能会突然增大或变小。

　　所以, 向前选择法最终可能会包含 p 值大于 0.05 的变量。向后剔除
法则相反, 明明在最初时间点和途中会有很多回归系数的 p 值不到 0.05,
但最后 p 值不到 0.05 的回归系数可能 1 个都没有留下, 全都被剔除掉了。

　　在这里, 更加周到的做法是**逐步回归**（stepwise regression）, 它最
为常用。逐步回归法首先和向前选择法一样, 从逐一增加 p 值最小的解释
变量开始, 但不同之处在于增加了一个如果解释变量的 p 值超出一定基准
（常为 0.1）就将其剔除的过程。当变量既不能增加也不能剔除时, 就结
束选择过程。这一方法可以说兼具了向前选择法和向后剔除法的优点。

另外还有一种有效的方法叫作**最优子集法**（best subset），它尝试所有解释变量的组合，然后从残差平方和，也就是距离回归分析的预测值偏差的大小等角度评价回归模型"拟合的好坏"，寻找令其拟合程度最好的模型。

另外，刚才也说过，解释变量的数量越多，"拟合程度"越容易由于过度拟合而变大，因此我们经常使用AIC（Akaike Information Criterion，**赤池信息量准则**）来检测"与解释变量的数量相较而言拟合程度如何"。这是统计数理研究所前所长赤池弘次1971年首创、1973年发表的指标（当然，向前选择法和向后剔除法也可以不按照 p 值而是从"能否改善AIC"的角度选择解释变量）。

交叉验证（cross-validation）更进一步，它能从根本上避免过度拟合，从而选出恰当的解释变量。它将求解回归方程时所用的数据，与检验其拟合程度时所用的数据区分开来。最简单的做法是随机将数据分成两半，一半用来求回归方程，再将另一半测试用的数据代入回归方程，利用AIC等来评价拟合的好坏。如果将推测回归方程的数据与评价拟合程度好坏的数据分开，求得的拟合程度最好的回归方程就不存在过度拟合问题，对新数据的拟合也会是最优的。

不过仅从计算量的观点来看，最优子集法并不值得推荐。假设候补解释变量有50个，每种变量都有包含和不包含2种模式，那么需要测试的组合数就有2种模式的50次方，也就是大约1126万亿个。

"确认多重共线性了吗？"

即使使用上述变量选择法能够避免过度拟合，但要选出恰当的解释变量，并不是只靠 p 值和AIC就能做到的。如前所述，加入了收入这一解释变量，年龄的回归系数的意义也就发生了改变。即使收入的回归系数本身 p 值很大，但有时将其留在回归方程中却可能更好。

在这里最为重要的是"想知道的究竟是什么"。前面我们说，将年龄单独作为解释变量，其回归系数意味着"将收入和婚育情况包括在内的年龄的影响"。而如果加入了收入和婚育作为解释变量，年龄的回归系数则意味着"收入与家庭构成相同的情况下年龄增长带来的影响"。哪一个与我们的印象最相符？如果后者的想法更合适，即使 p 值很大，将收入作为解释变量留在模型中也是更好的。

这种解释变量之间存在关联、是否加入模型会让回归系数产生变化的情况被称为**多重共线性**（multicollinearity），做多元回归分析（或者有多个解释变量的 Logistic 回归）时要多加注意。有些对统计学一知半解的人也总会用"确认多重共线性了吗？"过分地给别人的分析结果挑毛病。

多重共线性会带来若干问题，但如果像收入与年龄那样"关联性确实存在但并不很强"，回归系数因是否加入某个解释变量而改变并不是多大的问题。不过，如果模型中包含了"关联异常强"的解释变量，对回归系数的推测就会不稳定，因此也就没有无意义。

如果你能根据上述方法，弄清**最终要留下哪个解释变量、剔除哪个解释变量**，就可以称得上是独当一面的分析者了。

19　商业实战中回归模型的使用方法——输出篇

如何找出"最重要的解释变量"?

最后要讨论的是"如何解读得出的结果,做出何种行动"这一输出层面的问题。

图表3-41所示的是将消费金额作为outcome的多元回归分析的结果。似乎女性比男性的消费金额更高,年龄越大、投放直邮广告的次数越多的人消费金额更高。另一方面,婚育状况表现出的关联性只可以视为偶然。让我们来确认一下,从这些结果中能得出以及不能得出什么结论。

首先,这些解释变量中哪个最重要呢?此时要注意两点。一是看p值是否在一定水平(比如0.05)以内,也就是说,应仅关注难以被视为偶然的关联。

截距所对应的p值是不到0.001的极小的值,这就意味着截距推测值6000并不是由于偶然的数据分散而得到的。

其次,p值不到5%的解释变量中重要性最高的,是给outcome带来

图表3-41 将消费金额作为 outcome 的多元回归分析结果

解释变量	回归系数	95% 置信区间			p值
截距	6000	4000	~	8000	<0.001
男性虚拟变量	−3000	−3500	~	−2500	<0.001
年龄	500	50	~	950	0.029
已婚虚拟变量	1000	−3000	~	5000	0.624
有孩子的虚拟变量	2000	−2000	~	6000	0.327
直邮广告投放量	400	200	~	600	<0.001

最大变动的那一个。在本例中，除了截距，p值不到0.05的所有回归系数中，数值（绝对值）最大的是男性虚拟变量，那么，它是否就是最重要的解释变量呢？

答案是否定的。使 outcome 发生多大变动，并不仅由回归系数决定。回归系数表示的是"解释变量每增加1单位"，但要知道影响能有多大，则必须和"解释变量可以变动多少"结合在一起考察。

男性虚拟变量只有0和1这两个值。因此，即使积极招揽女性顾客，在顾客数不变的情况下将男性的比例变为0%，所带来的影响也只有男性的人数 × 3000日元罢了。

那年龄呢？确实年龄的回归系数比性别的回归系数更小，但如果"积极招揽高年龄层的顾客，让顾客的平均年龄上升5岁"，那么即使顾客数没有增加，对 outcome 的影响也能达到顾客人数 × 5 × 500日元。

假设顾客一共有10万人，男女比例为1∶1，采取前一项措施，影响最多能达到1.5亿日元（=5万人×3000日元）（图表3-42）。而后一项措施的影响有2.5亿日元（=10万人×5岁×500日元）（图表3-43）。是增加1.5亿日元营业额还是增加2.5亿日元，该选择哪种措施不言自明。

图表3-42 顾客数量不变，增加女性顾客比例的最大效果

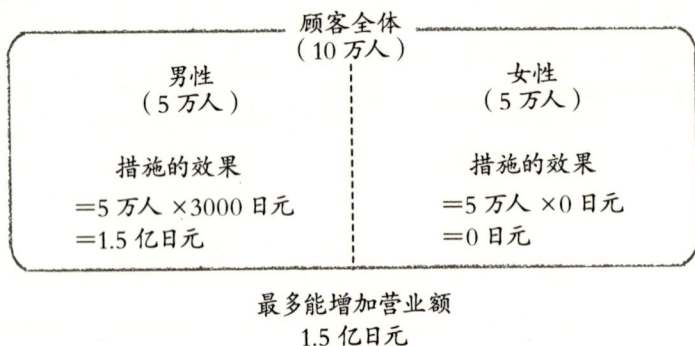

顾客全体
（10万人）

| 男性
（5万人）

措施的效果
=5万人×3000日元
=1.5亿日元 | 女性
（5万人）

措施的效果
=5万人×0日元
=0日元 |

最多能增加营业额
1.5亿日元

图表3-43 顾客数量不变，将平均年龄提高5岁的最大效果

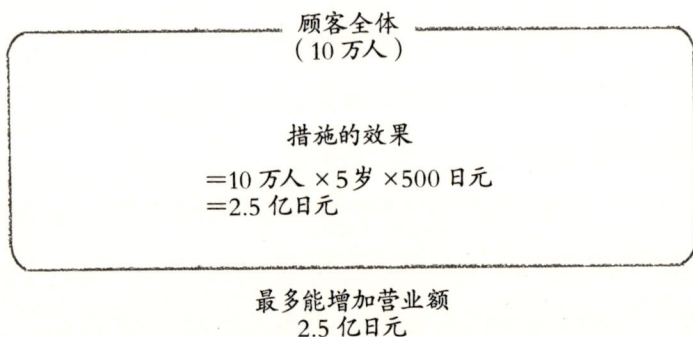

顾客全体
（10万人）

措施的效果
=10万人×5岁×500日元
=2.5亿日元

最多能增加营业额
2.5亿日元

这个非常简单的例子，让我们知道了仅靠回归系数的值不能判断解释变量的重要性。此外，我们更要考虑"**解释变量有多大的改变空间，实际上有多少方法可以改变解释变量**"。

用交叉项分析挖掘切中肯綮的利润增长点

重新审视回归结果，会发现回归系数最小的直邮广告投放量其实是很有前途的。因为改变年龄和性别等解释变量很麻烦，且不一定能按照所想进行控制，但要增加或减少直邮广告的投放量立刻就可以做到。

假设投放 1 张 100 日元的直邮广告可以增加 400 日元的营业额，可赚取的差额就是 300 日元。因此最简单的想法是，对平时并没有投放广告的顾客也投放试试。假设之前由于预算的制约仅随机选择了 10% 的顾客进行投放，向其余的顾客每投放 1 次广告，可以期待营业额增加 9 万人 × 300 日元，也就是 2700 万日元（图表 3-44）。虽然与刚才改变顾客性别和平均年龄的措施相比"最大效果"有些小，但其可行性不可忽视。

图表3-44 顾客数量不变，增加直邮广告投放量的最大效果

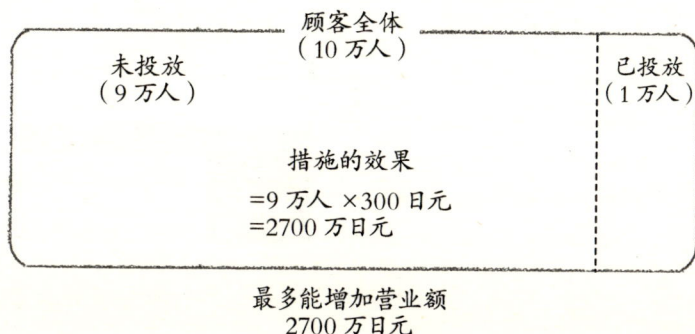

顾客全体
（10 万人）

未投放
（9 万人）

已投放
（1 万人）

措施的效果

=9 万人 ×300 日元
=2700 万日元

最多能增加营业额
2700 万日元

这样一来，可能有人会想，既然女性的消费金额更高，那给女性投放直邮广告不就行了吗？

这并不一定正确。因为多元回归分析的结果表示的是"其他解释变量相同的情况下，这个解释变量增加1单位……"也就是说，回归系数虽然表明了"年龄和性别相同，投放直邮广告要更好""年龄和直邮广告投放量相同，女性的消费金额更高"，但却完全不能说明"给女性投放直邮广告更好"，实际上，情况可能完全相反。

为什么会这样呢？请看图表3-45。这是个横轴为直邮广告投放量，纵轴为消费金额的散点图。

从图中明显能看出女性在某种程度上消费金额更高，但基本与直邮广告没有关系。而男性的消费金额虽基本低于女性，但却有直邮广告投放量增加的同时消费金额也增加的倾向。因此，收到直邮广告的男性中也有人消费金额不低于女性。

图表3-45 给女性投放直邮广告为什么不见得对

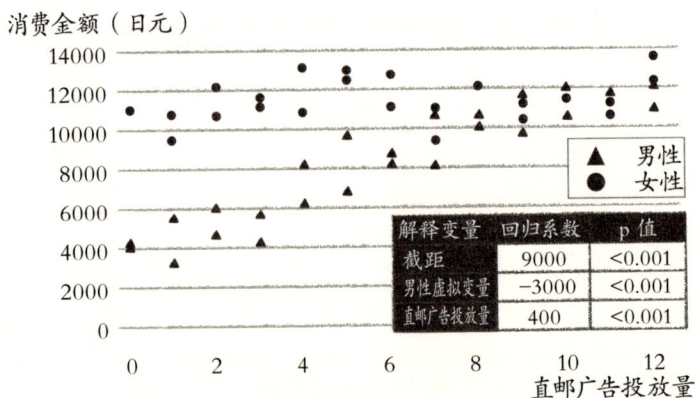

消费金额（日元）

解释变量	回归系数	p 值
截距	9000	<0.001
男性虚拟变量	−3000	<0.001
直邮广告投放量	400	<0.001

▲ 男性
● 女性

直邮广告投放量

这是因为"男女之间直邮广告投放量与消费金额的关联是一定的，可以用平行的直线来表示"的假设并不成立。即使这一假设并不成立，也可以求出"性别相同"时直邮广告投放量与消费金额的关联性，以及"直邮广告投放量"相同时性别与消费金额的关联性。但如果一定要弄清是否该给女性投放直邮广告，就必须从完全不同的角度来分析男性与女性之间直邮广告与消费金额的关联性究竟有何不同。

此时就需要将**交叉项**作为解释变量进行分析。所谓"交叉项"（interaction），表示的是"两个（或更多）解释变量同时增加的情况下，outcome 是否存在增减的可能性"。具体做法就是将不同的解释变量相乘的值计算出来，再作为解释变量加入模型。本例可以用男性虚拟变量 × 直邮广告投放量作为交叉项进行计算。男性虚拟变量为"男性为 1，其他情况为 0"，所以这个交叉项对于男性来说就是直邮广告投放量本身，而对于女性来说则取到 0（图表 3-46）。

图表3-46 交叉项的思考方法

	男性虚拟变量	直邮广告投放量	男性虚拟变量直邮广告投放量的交叉项
A	1	× 4	= 4
B	1	× 9	= 9
C	0	× 2	= 0
D	0	× 10	= 0
E	1	× 11	= 11
F	0	× 6	= 0
……	……	……	……

加入交叉项的多元回归分析结果如图表3-47所示。直邮广告投放量相同，男性的消费金额比女性少7200日元。再考虑截距，可以推测出"未收到直邮广告的女性销售额为11000日元""未收到直邮广告的男性消费金额为3800（=11000-7200）日元"。这与刚才的散点图相一致。

此外，男性与直邮广告投放量的交叉效果，也就是"只给男性投放的直邮广告数"的效果是700日元，基本是未考虑交叉项时的直邮广告投放量对应的回归系数（400日元）的二倍。另一方面，新结果中直邮广告投放量对应的回归系数很小（60日元），p值也比0.05大（$p=0.290$），也就是说，只给女性投放直邮广告所产生的效果，可以被视为偶然。简而言之，对男性投放1次直邮广告可以增加700日元（即便考虑误差也有540日元左右）的销售额。而对女性投放1次直邮广告，销售额仅能增加60日元，若考虑误差，甚至难以判断销售额到底是会上升、不变还是下降。

像这样，如果同时存在直邮广告这样容易控制的解释变量与性别、

图表3-47 加入交叉项的多元回归分析结果

解释变量	回归系数	95% 置信区间			p 值
截距	11000	10200	~	11800	<0.001
男性虚拟变量	-7200	-8300	~	-6100	<0.001
直邮广告投放量	60	-50	~	170	0.290
男性直邮广告投放量	700	540	~	860	<0.001

年龄等不容易控制的解释变量，**通过探讨交叉项（容易控制的解释变量 × 不容易控制的解释变量），就能判明"应该对谁采取措施**。

用回归分析拟合，用随机对照实验检验

既然知道了应对男性投放直邮广告，那现在就开始努力实施吗？这未免有些冒失了。毕竟现在还存在"引入其他解释变量或交叉项进行分析后，直邮广告的回归系数变为0"的风险。

比如说，在前面的分析中，"成为顾客的年限"并没有被选为解释变量，但它可能确实产生着影响。也就是说资历老的顾客，收到直邮广告的可能性较大，但同样，资格越老的顾客，消费金额加起来也越多。即使是这样，直邮广告与消费金额之间的关联性仍很难说仅仅是偶然。然而在多元回归分析中加入"成为顾客的年限"作为解释变量，直邮广告投放量与消费金额之间的关联性就会消失。这时你就会错误地认为，即使今后继续投放直邮广告，消费金额也不会增加。

像这样混淆相关关系与因果关系，当然是不对的。但仅是因为怕混淆，就畏首畏尾地主张"应慎重考虑是否存在其他应该调整的解释变量或交叉项"，那你就永远无法活用分析的结果。

继续思考是否还有其他应调整的解释变量或交叉项固然重要，然而，若只是停留在思考阶段，就和乌鸦悖论一样，永远都无法证明"已经没有需要调整的变量了"。因此，应在实际可得的数据范围内尽可能地尝试调整，一旦发现了可能有效的措施，就尽快对其进行验证。

所谓"验证"，就是指**随机对照实验**（randomized controlled trial）。比如针对直邮广告，就随机选择几百名顾客投放试试。如果是广告，就随机选择一部分地区刊登；是培训，就随机选择一部分员工进行；

是新的 IT 系统，就随机选择一部分业务部门，给他们先行使用的权限。只要比较他们与没被选择的部分，考察两者的outcome有多大差距就好了。

之后，只要再用 t 检验或 z 检验来分析两组的平均值或比例之差就好了。如果措施有效，两组间outcome的差别就难以被视为偶然。这种差别比讨论多久、使用多么高端的方法得到的回归系数都更能正确地说明措施的效果。做到了这一点，便可算是确认了"因果关系"，而不是"相关关系"。

但这种方法也有缺点，即1次实验只能验证1个解释变量对outcome的影响。如果想要尝试的想法多达100个，就不得不全部试一遍才知道哪种有效。此外，从实验开始到产生效果，经常需要很长的时间。**反正都要尝试，不如从最有希望的开始尝试，如果通过随机对照实验验证了其效果，尽量快速全面地实施才能带来更大的收益。**

仅使用现有数据进行回归分析来寻找解释变量和outcome间绝对正确的关联性是很难的，但只要使用随机对照实验对想要尝试的想法进行验证，就能更加轻松地得出结论。

第 4 章

挖掘数据背后隐藏的宝库
因子分析与聚类分析

20　心理学家开发的因子分析

有必要将"美白"与"肌肤明亮度"分开处理吗？

　　学会了多元回归分析和Logistic回归，无论面对什么样的outcome与解释变量，都可以分析其间的关联性。但是前一章最后提到的**多重共线性，到底要如何考察、如何处理**，却是最难的地方。

　　一方变大的时候另一方也变大，统计学称"**存在正相关**"，或单纯叫作"**相关(correlation)**"。与之相反，"一方变大的时候另一方变小"称为"**存在负相关**"。想让所有解释变量都完全不相关是不现实的，但是无论正负，将存在极强相关关系的解释变量同时放入回归模型并不合适。

　　比如图表4-1所示的Logistic回归。

　　让20几岁的女性按照印象评价某美白化妆品，满分10分。印象（解释变量）每增加1分，顾客愿意购买商品的概率以比值比来表示。

　　如图表4-1所示，模型中包括了年龄、职业、婚育等解释变量，而表中所示的是进行了"这些变量数值相同"的调整之后的比值比，右侧

图表4-1 对某美白化妆品的印象与比值比

解释变量	比值比	p 值
有美白效果	1.18	0.008
能提升肌肤明亮度	0.95	0.048
能改善肌肤暗沉	1.02	0.131

※已根据年龄、职业、婚育等个人因素进行调整

是用以判断这些比值比是否源于偶然分散的 p 值。

图表显示，只要让人觉得"有美白效果"，就能提高购买意向，但如果让人觉得"能提升肌肤明亮度"，反而会降低购买意向。另外，是否认为能改善肌肤暗沉与购买意向之间只存在偶然的关联性。

然而这很奇怪。有美白效果的化妆品，应该也会让肤色变亮吧。

既然多元回归分析的回归系数表示的是"其他解释变量相同时……"那么对该化妆品美白效果有同感的顾客，不觉得"能提升肌肤明亮度"的人，反而会有更高的购买意向。那么，认为"有美白效果但是不能提升肌肤明亮度"的人，以及相反，认为"虽然没有美白效果但是可以提升肌肤明亮度"的人到底是怎么想的呢？在营销的过程中，是否有必要注意这种充满矛盾的想法呢？

答案恐怕是否定的。这几个问题，全部都是针对是否感到皮肤变白变美的提问，只不过是在语言表达上有所不同。像这样同时使用存在极强相关关系的3个项目作为解释变量，常常无法捕捉事实的本质。

用逐步回归化繁为简

面对这种情况，简单的对策大致可分为两种：

①在强相关的多个项目中只选择一部分具有代表性的作为解释变量；

②将强相关的项目合并成一个解释变量加入模型。

①是说，对于互相相关的解释变量，选取回归系数（也包含 Logistic 回归情况下的比值比）的 p 值最小的作为解释变量。

本例中，我们可以将年龄、职业、婚育等属性，连同描述印象的 3 个项目中的 1 个组合起来，分别进行 3 次 Logistic 回归。描述印象的 3 个解释变量中 p 值最小的那个，就是说明购买意向差别的最佳语言表达。

另外，若互相相关的解释变量很多，一一确认每一个项目就会很辛苦。此时可以先使用逐步回归法来选择变量。

经过了这一过程，互相相关的解释变量很大程度上就会减少。如果结果仍然"有点奇怪"，可以考虑先剔除这部分"奇怪"的解释变量，再重新进行分析，确认结果发生了什么变化。

至于②，最简单的做法是将互相相关的解释变量相加。

将"有美白效果""能提升肌肤明亮度""能改善肌肤暗沉"这 3 个满分分别是 10 分的项目合并为满分 30 分的"美白效果印象"解释变量。这样就可以避免结果因变量之间的相关性而无法理解。

这样将多个变量整合为少量变量的过程，叫作**"精简变量"**（reduction）。好的精简，就是在尽可能不让原来的变量失去意义的同时，用尽可能少的变量来进行分析。

然而，我们无法断定这样单纯的相加是否能称为好的精简。一是，这3个项目是否真的相关。感觉它们大小一致，实际上也不一定就是这样。

二是，即使3个项目真的互相相关，相关的强度也不一定相同。比如我们发现，"有美白效果"和"能提升肌肤明亮度"的相关性很强，大多数回答者给出的分数都一致。但"能改善肌肤暗沉"与前两者则只是"多少有些相关"。这种情况下，将"有美白效果"和"能提升肌肤明亮度"平等相加并没有什么问题，但"能改善肌肤暗沉"这项，因与前两者相比重要性稍低，加总时最好加以调整。

单刀直入的因子分析

因子分析（factor analysis）可以解决这类问题。该方法由英国心理学家查尔斯·斯皮尔曼（Charles Spearman）最先提出，后来又经过美国心理学家路易斯·L.瑟斯顿（Louis.L.Thurstone）改良。他们的共同目标是要弄清人类智力这一**看不见摸不着的概念要如何测量**。为解决该问题，因子分析法应运而生。

在1904年所著的论文中，斯皮尔曼发现，古典、语文（英语）、法语、数学、音乐、对声音和光等的反应测试这6种测验的分数互相相关（图表4-2）。其中，古典与法语的相关性非常强烈，而音乐与反应测试的相关性并没有那么强。然而，使用这6种测试的分数进行恰到好处的计算（称"提取因子"），就能推出一个指标，该指标不仅与这6个项目全部强相关，还与未用于计算的其他指标（比如常识测试和教师评价）也有着极强的相关性（图表4-3）。

斯皮尔曼将这个"与众多测试强相关的指标"称为"一般智力 g"（g

图表4-2 6种测试的相关性

	古典	法语	语文	数学	反应测试	音乐
古典	-	0.83	0.78	0.70	0.66	0.63
法语	0.83	-	0.67	0.67	0.65	0.57
语文（英语）	0.78	0.67	-	0.64	0.54	0.51
数学	0.70	0.67	0.64	-	0.45	0.51
反应测试	0.66	0.65	0.54	0.45	-	0.40
音乐	0.63	0.57	0.51	0.51	0.40	-

※表中的数值用 -1（完全负相关）~ 1（完全正相关）的范围表示相关性的强弱

图表4-3 斯皮尔曼的一般智力g

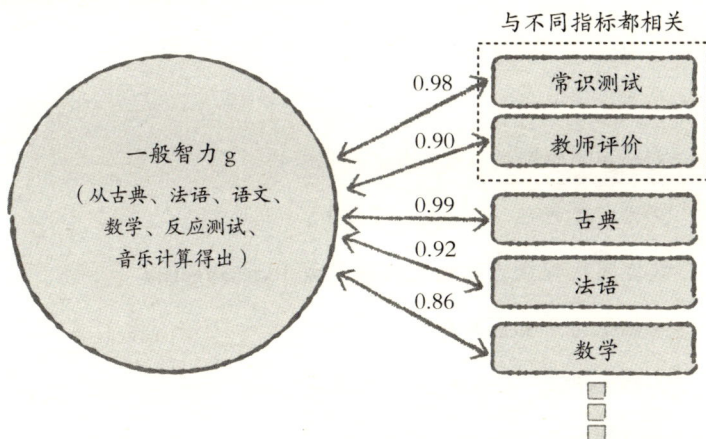

※图中的数值用 -1（完全负相关）~ 1（完全正相关）的范围表示相关的强弱

就是"一般"，也就是general的g)，提出了在客观上对"智力"这一看不见摸不着的概念进行测定的可能性。

对于智力这种无法看到、无法摸到因而无法测量，但又确实会造成影响的概念，我们可以运用各种方法针对其显露出的部分进行测量。即使智力本身是无法测量的，但拥有高智商，对古典文学的理解，对外语的理解，甚至音乐演奏来说都是有利的。当然，像音乐，可能会受到手、耳灵活敏感这种智力以外因素的影响。但是，若能将与智力有关的所有测试结果当成解释因素进行计算，就可以测出人类的智力。

这个像一般智力一样，**在背后影响现实中可以测定的值、自身却看不见摸不着的东西**，被称为**因子**（factor）。因子分析就是要在数学上找到因子。

在1934年和1936年的论文中，瑟斯顿将斯皮尔曼的想法从数理与心理学两个理论层面进行了细化，提出了现代因子分析的基础和智力的群因素论。他对大学生进行了更加多样化的测试，并根据得到的数据锁定了7个因子。这7个因子是：

①数字处理能力（number facility）

②语言流畅性（word fluency）

③空间把握能力等视觉处理能力（visualizing）

④记忆力（memory）

⑤知觉速度（perceptual speed）

⑥归纳推论（induction）

⑦逻辑语言（verbal reasoning）

这7个因子是在保证其互不相关的基础上求出的。另外，像求立体体积这样的问题，同时与空间把握能力等视觉处理能力和数字处理能力相关，但与语言流畅性等基本没有关系。因此，可以从更加多的方面来认识智力这一概念。

经瑟斯顿建立了系统化的因子分析法，其后，心理统计学家们不断改良，持续对各种"看不见摸不着的因子"进行测定。关于领导能力、生活方式、幸福感这些东西要如何测定，心理学家们已经得到了部分答案。

在商务活动中，如何在调查结果、原始数据的基础上应用这类方法，其意义也是不言自明的。面对"对某商品／品牌有何种认识"或"在某家店铺买什么"这样的项目，如果像能像考察测试结果与智力因子关系那样，考察"现实中表现出来的数据"与"其背后的某种因子"，不仅仅能解决多重共线性的问题，还能让我们看到以前未曾注意到的问题。

下一节，我将会介绍因子分析的原理与应用。

21 笔试得分高，商务礼仪也会相应优秀？

为了便于理解，让我们先来考虑以下这个简单的例子。

你的公司想要新雇用1名业务员，但却没有时间面试所有的应聘者。为了筛选应聘者，安排了"簿记技巧"与"商务礼仪"的笔试。如图表4-4所示，横轴为簿记技巧的成绩，纵轴为商务礼仪的成绩，散点图的每个点表示的是每位应聘者的分数。

图中的散点很明显有向右上方倾斜的倾向，由此可知簿记考试得分高的人商务礼仪也是优秀的。也许在应聘者中存在着"业务能力因子"。

从散点图来看，感觉可以只面试两门考试都得了70分以上的人。但如果笔试科目有3门以上呢？ 2门考试可以用平面散点图来将成绩可视化，而3门考试需要在3维空间，4门考试需要在4维空间画图。不进行更多处理，想要视觉化4维以上的空间是不可能的。

在这里，让我们以2维空间这种简单情况为基础，学习变量有3个以上的时候也能够使用的思考方法吧。

图表4-4 业务员招聘笔试结果的散点图

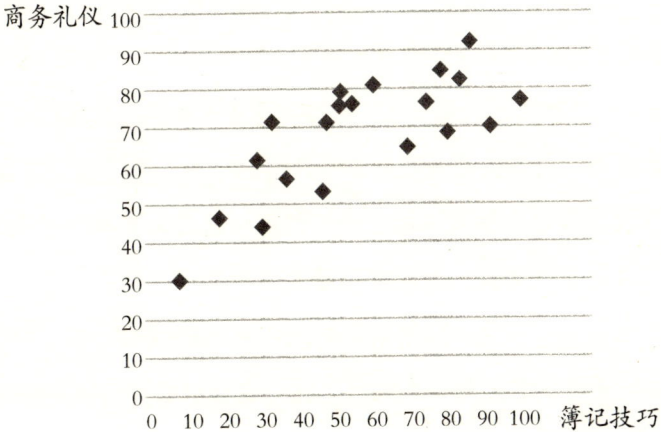

如何直观衡量应聘者的业务能力

图中的散点向右上方倾斜，也就是说，在某种程度上簿记能力与商务礼仪的成绩是一致的，因此只要将散点图正中间的直线画出来，将其作为标准就好了。可能有人会觉得，这个"表现正中间的直线"与一元回归分析时考察的回归直线是一样的，其实两者有些差别。一元回归分析中纵轴是outcome，横轴是解释变量，二者有明确的区别，求解回归直线的思路是"将纵轴（outcome）与直线间的纵向偏差（的平方和）最小化"。然而此处的2个变量（簿记与商务礼仪）并没有解释变量与outcome的区别，所以需要最小化的，是纵轴与横轴两方的偏差。

因此，虽然在因子分析中也可以利用最小二乘法求因子，但与Logistic回归用最大似然法的理由相同，最小二乘法无法一口气用导数和联立方程组求解，必须要用牛顿－拉弗森方法进行反复计算来求解。另外，也可以不用最小二乘法而使用最大似然法。此外，还存在

"主因子法""主成分法""因子法""映像因子提取法"等多种多样的计算方法。

　　让我们把直线的求法交给专业书籍,仅考虑将这条直线"作为标准"有什么含义。比如用"身高"这一标准来测量人类是什么意思?

　　测量身高的时候会立一把垂直于地面的尺子,然后看人在直立状态下头顶与尺子的哪个刻度线相一致。刻度线就是无数与尺子垂直的线。用这种方法测出的身高,无论离测量时使用的尺子有多远都不会变化。假设一个人身高170cm,即使站在离尺子100m远的地方,只要从这个人在直立状态下的头顶画一条直线,就一定会和摆在相同高度的尺子的170cm刻度线重合(图表4-5)。

　　也就是,将根据散点图画出的直线作为标准来判断应聘者的业务能力,就相当于判断每个应聘者与这条直线上的哪一个刻度相重合。

图表4-5 "用标准测量"的含义

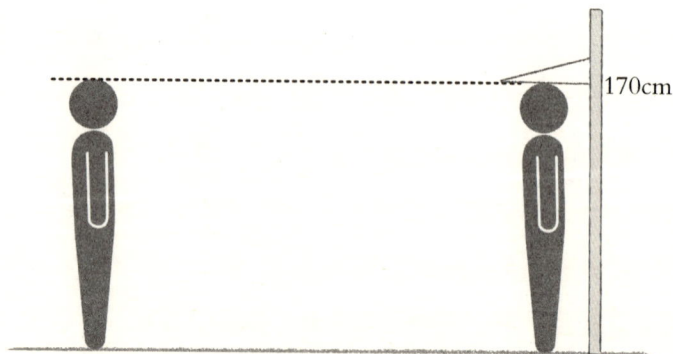

170cm

比如图表 4-6 所画的是通过因子分析得到的经过散点图各点中心的直线，以及与这条直线垂直的几条虚线。这 5 条虚线正中间的那条，通过了代表全部应聘者簿记能力与商务礼仪得分平均值的点。无论是否接近直线，只要是在正中间虚线附近的应聘者，就是"业务能力中等"。在向上一条虚线附近的人是"业务能力高"，再向上一条虚线的人是"业务能力异常高"。

被判断为具有"相同业务能力"的人，可能位于这条直线的右下方（更擅长簿记），也有可能位于左上方（更擅长商务礼仪）。因子分析所得的刻度被称为**因子得分**（factor score）。本例只有 2 个变量，因此可以用平面的图来表现。**但无论变量有 3 个还是 4 个，只要能通过因子分析给出因子得分，就不用一一检验众多变量，仅凭因子得分的大小就可以做出判断。**在实际运用的过程中，因子得分既可以作为多元回归分析或 Logistic 回归的解释变量，也可以作为 outcome 来处理。

图表4-6 将"业务能力因子"轴作为标准

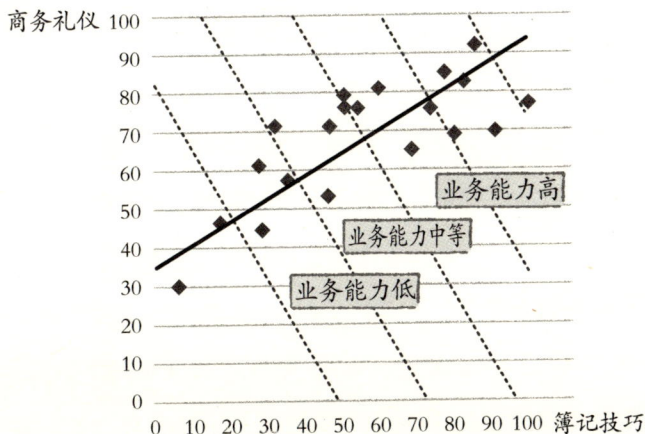

有些人可能认为这种想法太过粗糙。不论是擅长簿记还是擅长商务礼仪，每个人都有自己的个性，仅仅用"业务能力高或者低"来衡量就是无视人的个性。

照这么说，斯皮尔曼的一般智力 g 的指标也很粗糙。因为无论你擅长语文、擅长数学还是擅长音乐，都统一用智力高或低来衡量。瑟斯顿之所以提出智力有数字处理能力和语言流畅性等不同的 7 种因子，可能也是因为觉得"单一的智力指标"太过粗糙了。

瑟斯顿的 7 因子就能充分把握人类的个性吗？似乎并不能。**CHC 理论**（Cattell-Horn-Carroll 这 3 个人名字的首字母）就用了 10 大分类总数超过 70 个的因子来把握人类的智力。

然而，即使知道了 CHC 理论这七十几个因子的相关分数，要一一查看后再决定面试哪些人，也太过麻烦了。既然我们是想做出某种决策，信息量当然是越精简越好。无论是物理学还是心理学，为了精简信息，统计测量时都不主张"大家各有不同，因此大家都很好"这种多样性。

如何权衡因子数量？因子分析中，分析者可以自由设定因子数量。有时，因子数量不同，分析结果也会有很大差别。

如图表 4-7 所示，如要以一个因子来代表语文、数学、科学、社会、英语这 5 个科目的考试成绩，就相当于用一般智力 g 来表现所有科目。如果想用 2 个因子来说明，就可以分为文科智力（与语文、社会学、英语相关）和理科智力（与数学、科学相关）。如果想用 3 个因子来说明，可以分成语言智力（与语文、英语相关）、数理智力（与数学相关）、记忆智力（与科学、社会相关）。叫文科智力好还是叫语言智力好，是分析者考

图表4-7 因子数量不同，因子结构也就不同

因子数量	因子的内容	相关的科目
1	一般智力	全部
2	文科智力	语文、英语、社会学
	理科智力	数学、科学
3	语言智力	语文、英语
	数理智力	数学
	记忆智力	科学、社会学

虑"用哪一个词来表现更恰当"来决定的，与数学并没有关系。为因子命名，是决定能否活用分析结果的重要步骤。

因此，即使瑟斯顿发现了可以用空间处理能力、数字处理能力等 7 个因子来把握人类的智力，也并不意味着他证明了人类的智力绝对可以分解为这 7 个因子。他只是证明了从某种程度上，用 7 个因子来把握在数学上是妥当的。这样做，即使都是和数学相关的能力，也可以分为处理图形的空间处理能力和计算能力。

那么，应该使用多少个因子呢？数学上有几种标准可以判断，但最终还是要看**与自己（和报告结果的接收人）的直觉是否相符**。比如刚才针对 5 门考试的因子分析，以 1 个因子、2 个因子和 3 个因子来分析，结果各不相同。如果你了解了学生的学习成效，哪一个结果与你的印象最为接近呢？或者可以考虑是要将"科学"这个科目视为"将数学思考适用于现实问题的科目"，还是"虽然有计算，但基本上和社会一样是需要

记忆的科目"。

在因子分析的过程中，可以先**尝试不同的几种因子数量，选择与自己的直觉最为相符的，为保险起见再确认数理上的妥当性。**

虽说因子数量越少结果就越简洁易懂，但还需要权衡损失部分必要信息的风险。比如在招聘时仅使用表现一般智力的得分，就无法找到"空间认知能力异常高"的员工。如果招聘的只是一般的业务员，问题就不大，但如果要寻找室内搭配师或机械设计技术人员，用这种方法就无法达到目的。

近年来组织行为和人才管理的研究，正在逐渐从"优秀员工与其他员工的差距在哪里"这种单一因子的研究，转变为让员工真实价值得以发挥的人岗匹配。仅考虑斯皮尔曼的一般智力指标无法做到这一点。

直觉也有道理可讲？分析者必须设定的条件并不只有因子数量。考虑2种以上的因子时，为了让结果也易于理解，在计算中可以采用**"旋转"**（rotation）的方法。虽然在"不旋转"也可以进行分析，但这在最近的研究中很少见。

为什么旋转可以让分析结果易于理解呢？因为它能自动选取因子，令原来的变量与尽可能少的因子相关，如果可能就只与1个因子相关。具体的计算方法需要用线性代数来进行说明，请读者自行查阅相关的专业书籍，在此只向大家说明如何从直觉上理解"旋转是什么"。

图表4-8展示了，用2个因子说明5门学科时，每门学科与因子相关强度的散点图。其中横轴表示与第1因子、纵轴表示与第2因子的相关性强弱。如果直接这样看，第1因子"与所有科目相关"，第2因子与"语文、英语、社会学、数学相关（与数学负相关）"，与这两个因素同时相关的

图表4-8 旋转之前的原始变量与因子的相关性

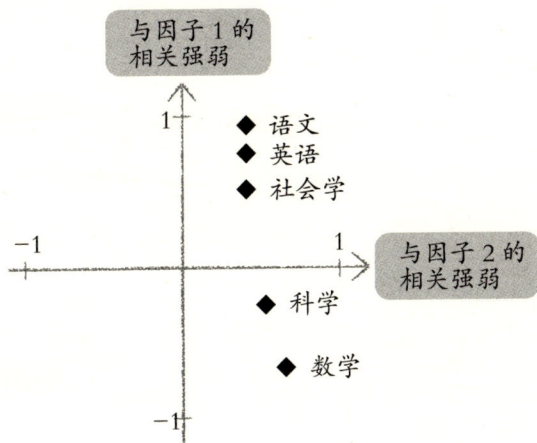

变量很多，所以就很难看出其中的意义。

　　补充一下，图中最小值 −1 代表解释变量的大小与因子得分表现出完全的负相关性，最大值 1 代表二者完全一致。位于中间的 0 代表的是二者之间没有任何相关性。

　　在这里，为了"旋转"因子的轴，必须先找到一个与原来的轴不同、一样通过中心但"只与一部分变量相关的新轴"。图表4-9的上图，找到了虚线所示的正交的新因子轴，下图将新因子轴作为新的横轴和纵轴，对原图做出了调整，即将上图向左转动。这就是旋转的含义。旋转之后的第 1 因子"只与数学和科学强相关"，第 2 因子"只与语文、英语、社会学强相关"。这种状态下，和之前所述相同，可以非常容易地解释某一科目是文科还是理科。

　　分析者必须要对旋转的方法进行设定。旋转的方法大致分为**正交旋**

图表4-9 正交旋转后的因子状态

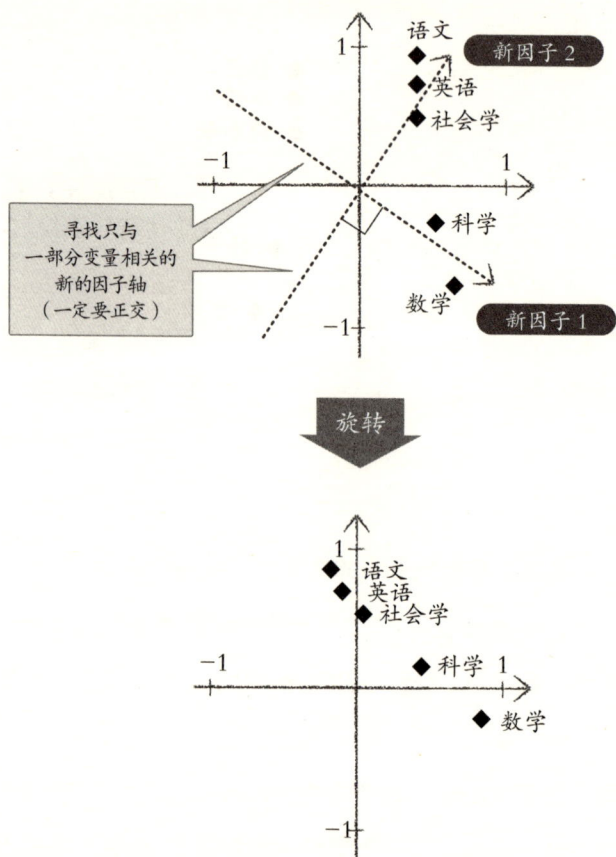

转 （orthogonal rotation）和**斜交旋转**（oblique rotation）2种。

正交旋转是指保证因子轴垂直相交，也就是以"两个因子互不相关"为前提来旋转。

另一方面，斜交旋转认为"两个因子可以相关"，分别转动不同的轴。

斜交旋转不要求两轴的夹角为直角，如图表4-10虚线所示。它更能明确地让两个因子分别只与"语文、社会学、英语"或"数学、科学"相关。此外，正交旋转后，横轴和纵轴表示的是"与因子相关性的强弱"，而斜交旋转则不是这样。

图表4-10 斜交旋转后的因子状态

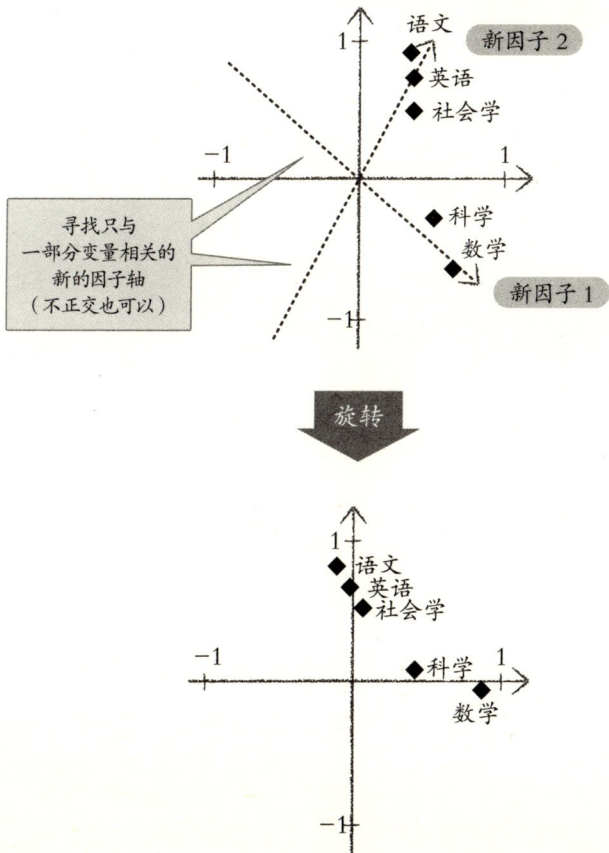

因子分析可以分为正交派和斜交派两类。正交派认为，采用正交旋转可避免之后用于多元回归分析时产生多重共线性。而斜交派则认为，不能仅考虑便利，假设两因子互不相关非常不现实。先不论学术论文会如何处理这些问题，在**实践中，选用的方法能够符合自己或报告接收方的直觉就好**。

因子分析来自于对看不见摸不着的智力的测定，人类因此得以"感知"其他人的智力。但不仅限于智力，顾客的品牌印象、生活方式，员工的技能或领导力也一样可以用因子分析来处理。

22　聚类分析基本思想

难以进行因子分析的情况

使用因子分析，可以从各种变量背后提取共同的因子，从而精简变量，建立新的判断标准。而新标准只能用来衡量数量的大小。将因子分析中产生的新变量，也就是因子得分作为解释变量进行回归分析，是为了知道"这个因子得分变高，outcome是变高还是变低"。

这种想法存在诸多问题，如图表4–11所示。

假设图中是某IT企业对新入职的应届毕业生的销售培训成绩进行因子分析的结果。培训包括多个科目，其成绩被归为2个因子，横轴是IT技能因子得分（比如编程、数据库知识），纵轴是商务技能因子得分（比如相关法规、管理、会计知识等），散点图的每个点代表参加培训的个人。使用因子分析，以这2个轴为重点，我们可以简单地衡量新员工的多种能力。

另外，点的颜色深浅代表了之后的销售业绩是否进入了前10名。浅

图表4-11 难以找到因子得分与 outcome 关系

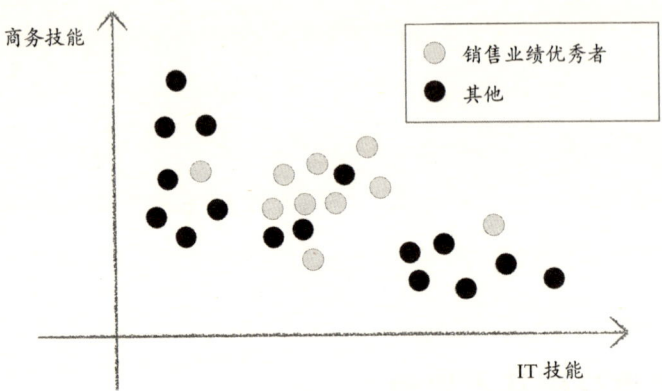

色圆点代表进入了前 10 名，深色圆点代表没有进入。分析的目的，是为了改善今后的招聘方针和培训内容。

很难从图中看出 IT 技能高的人销售业绩更好还是更差。IT 技能高的一组分布在右下方，他们基本都是深色，因此是销售业绩不好的一方。另一方面，IT 技能低的一组分布在左上方，代表他们的圆点也基本都是深色的。对于商务技能也能得出一样的结果。这样来看，销售业绩最好的，似乎是两种技能都一般高的位于中央的一组。

在这种情况下，即使将因子得分作为解释变量进行回归分析，也只能得出"因子得分和 outcome 之间不存在无法认为是偶然的关联"。

针对这种情况，我们在第 3 章介绍了"将定量解释变量恰当分组，作为定性变量来分析"的做法。在本次的例子中，散点图告诉我们，比起单独利用 IT 技能或者单独利用商务技能来分组，似乎将二者结合起来分成"合适的组别"要更好。

也就是说，从散点图来看，将员工分为"商务技能在普通水平以上但明显 IT 技能存在问题的组别""商务技能和 IT 技能均衡发展的组别"和"IT 技能很高但商务技能存在问题的组别"似乎更好。比起两种因子得分的高低，是否是位于中间的"均衡型"与入职后的销售业绩相关程度更强。

很多时候，我们不仅要关注多个解释变量分别变高或变低时 outcome 会变大还是变小这种定量关系，还应该关注性质完全不同的组别的 outcome 有何差别这种定性关系。因子只有 2 个时可以通过散点图在视觉上进行分组，但因子数量更多时就行不通了。但如果仅是为了分组方便，就不论碰到什么数据都用 2 种因子分析，也不合理。

有一种方法**可以将不能视觉化的多数变量自动分组**，这就是**聚类分析**（cluster analysis）。

聚类分析是面向"分类"的科学研究成果

因子分析将多个变量重新整理，精简为定量的因子得分。而**聚类分析则是将变量精简为"性质完全不同的组"的定性的因子分析**。这个性质完全不同的组被称为"簇（cluster）"，将多个变量分为簇的方法就是聚类分析。

聚类分析的发明者是谁，并没有定论。据我所知，最早用某些方法对数据进行分组的，是 1951 年波兰人弗洛赖克（Florek）。1957 年麦奎蒂（McQuitty）发表的方法可能是最早使用现代分析工具的方法。无论如何，与其说是谁单独创造了聚类分析方法，不如说 20 世纪 50 年代前后的众多研究者共同构建了聚类分析的框架。

从古代开始，人类在看到某些特征的时候，就会根据相似性进行分类。比如公元前 4 世纪亚里士多德的《动物志》，这本书将动物分为胎生四足类（现在的说法是哺乳类）、鸟类、卵生四足类（现在的说法是爬行类和两栖类）、鱼类、软体类（乌贼和章鱼等）、甲壳类（虾和螃蟹等）、有壳类（海胆和海鞘等）、有节类（昆虫等）这8类。

在亚里士多德以后，博物学——观察动物、植物、矿物的特征，对其进行分类的研究——也成为自然科学的主流。在19世纪达尔文提出进化论、孟德尔提出遗传法则之前，人类几乎未能找出"为什么具有这种特征"这一因果关系。此前的生物学，就主要是观察特征并加以分类罢了。

然而，虽然对于人类来说，分类是观察之后无意中就能完成的工作，但如何用数学对其进行客观验证却很难。我们可以说，这种工作人类可以轻易地完成，但却是电脑所不擅长的。1950年前后开始，应用数学家、生物学家和计算机科学家开始研究这种问题并取得了一定的成果，这就是被统称为聚类分析的一系列方法。

聚类分析的具体计算方法

聚类分析方法群从"是否按层次划分"的角度来看大致可以分成两类。

按层次划分，是像树状图那样画出分支进行分类。例如，亚里士多德将8种类型的动物分为两大类，一类是"有血动物"，包括胎生四足类、鸟类、卵生四足类、鱼类4种，另一类是"无血动物"，包括软体类、甲壳类、有壳类、有节类4种（图表4-12）。18世纪的生物学家**卡尔·冯·林奈**（Carl von Linné）提出对生物进行纲、目、属、种的划分，因此被称为分类学之父。基于林奈想法的现代生物分类法，其实也是用树状图进行的层次分类。

层次聚类（hierarchical clustering）分析可以大致分为两类：

图表4-12 亚里士多德的动物分类

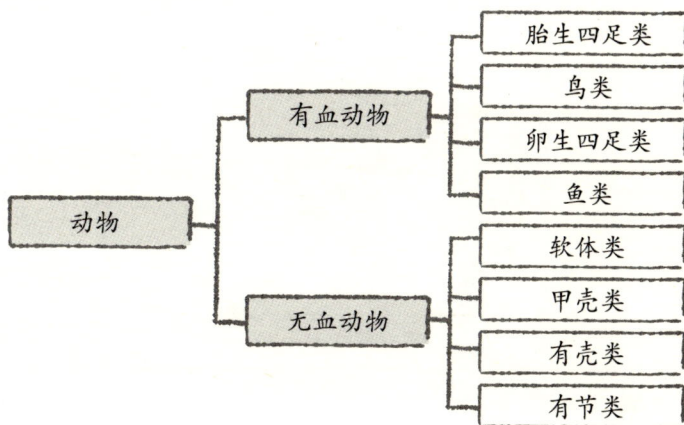

一种是从树状图分支一侧开始将相似的内容合并起来，称为**凝聚型**（agglomerative clustering）；另一种是从主干一侧开始找出差异最明显的区分方法，不断重复分割，被称为**分裂型**（divisive clustering）。

给动物分类，可以考察不同生物外骨骼、脊柱、鳃、蹄等特征的相似与不同，但如果要以"IT技能"和"商务技能"2个轴来考察员工相似性，应该怎么做呢？

让我们重新观察图表4-11。在什么情况下我们会认为员工的能力相似，又是在什么情况下会认为不相似呢？大多数人应该会认为在图上距离近的点"相似"，距离远的点"不相似"。那么在用 x 轴和 y 轴表示的平面上，2点之间的距离要怎么求呢？

像图表4-13那样运用"勾股定理"就可以求出。另外，不论变量是有3个还是4个，只要把各个变量的差的平方全部相加再取根号，就可以求出距离，也就是代表相似性的指标。

图表4-13 平面上"点之间的距离"①

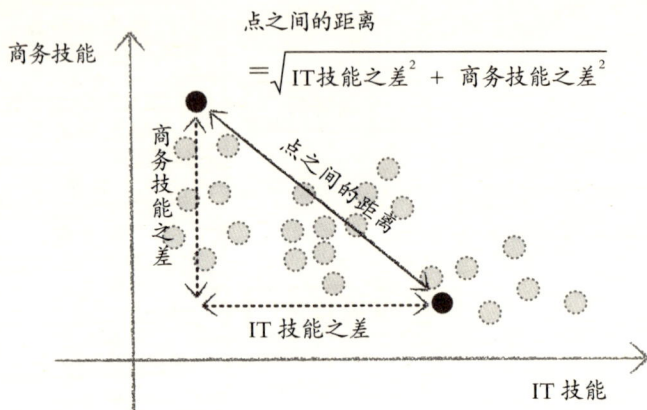

实际计算距离之前，常常会先进行**"标准化"**（standardization）。图表4-14的横轴是到店次数，纵轴是消费金额，来看看散点图中3个人之间的距离，也就是相似性。A到店3次，消费1万日元。B到店6次，消费7万日元。C到店9次，消费4万日元。那么，可以认为A和B、C中的哪一个"相似"呢？

从图上来判断，A似乎与哪个都不"相似"，A与B、A与C的距离看上去似乎是一样的。让我们分别考察一下他们各自在到店次数和消费金额上的差别。到店次数方面，A与B的距离（3次）刚好是A与C的距离（6次）的一半。消费金额的情况正相反，A与C的距离（3万日元）刚好是A与B的距离（6万日元）的一半（图表4-15）。B与C相比一胜一负，连胜出多少都完全一样，因此似乎很难说A与哪个更近。

然而用勾股定理可以算出，A与B之间的距离是3的平方加上6万的平方取根号，也就是大约6万。想要知道结果的读者当然可以用计算

图表4-14 A与B相似还是与C相似

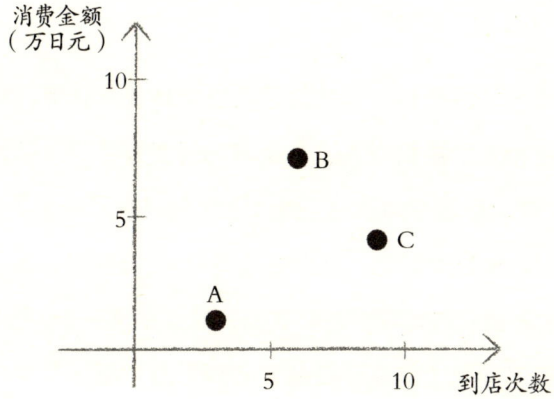

图表4-15 平面上"点之间的距离"②

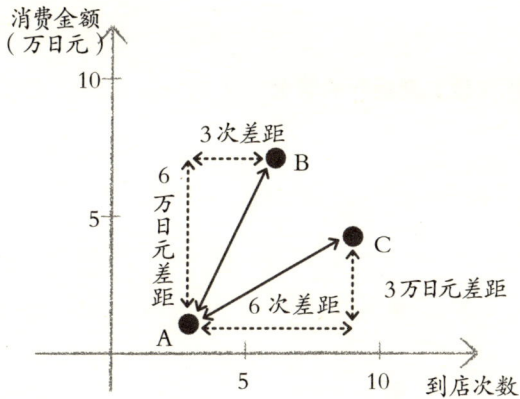

器算一下，不过3的平方比6万的平方小很多，在计算中基本可以忽略。同理，A与C之间的距离大约是3万。这样算下来，与B相比，A和C的距离更近。

明明特地用了两个轴，还使用了勾股定理进行计算，结果却相当于只用了消费金额来把握相似性。这是因为消费金额的单位比到店次数的单位大了1万倍。前图中的两轴已经过了比例调整，但如果纵轴和横轴都同样以"万"为单位来标记，就会变成图表4-16那样，点基本排列在一条竖线上。刚才我们用勾股定理计算的，其实是这张图上的距离。

那么，要怎样做才能让"纵轴的差距"与"横轴的差距"不依赖于原来的数值大小，被同等对待呢？

首先要找出这两个轴各自"平均差距是多少"，然后再考察每两个人之间的差距相对于这个值有多大。比如说，消费金额这个轴"平均差距

图表4-16 轴的单位长度相同的情况

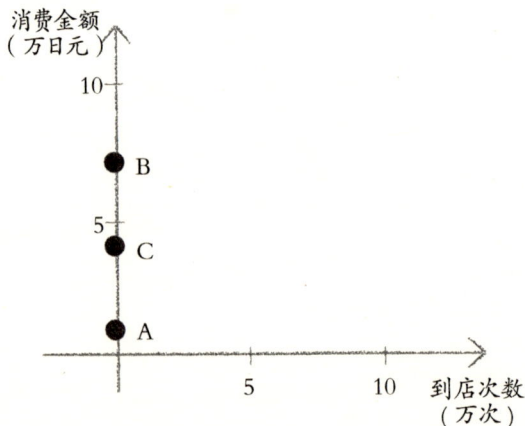

约为 1 万日元",3 万日元的差就可以表示为"它的 3 倍"。另外,针对到店次数能得到"平均差距为 1 次",3 次的到店差距也可以表示为"它的 3 倍"。这样就将二者调整为具有同样意义的差。

"平均有多大差距",可以使用标准差(SD)这一指标来衡量。在聚类分析中,如果用"偏离多少个标准差"来把握各变量轴上的差,就可以对轴的单位进行调整。

用到店次数与消费金额的标准差来调整 3 人之间的距离,就得到了图表 4-17。对于横轴的到店次数,A 与 B 之间相差 1 个标准差,A 与 C 之间相差 2 个标准差。而对于纵轴的消费金额,A 与 B 之间相差 2 个标准差,A 与 C 之间相差 1 个标准差。这样用勾股定理来求斜边距离,二者都是 $\sqrt{1^2+2^2}=\sqrt{5}$,也就是说都是标准差的 $\sqrt{5}$ 倍。这种标准化的过程不仅适用于聚类分析,也可用于因子分析。

图表4-17 平面上"点之间的距离" ③

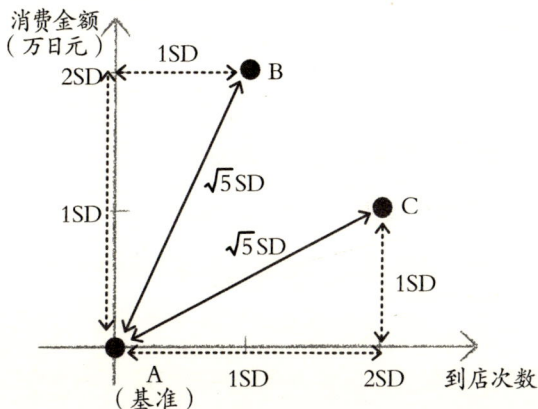

从层次聚类到非层次聚类

然而，无论是分裂型还是凝聚型，层次聚类分析现在已经很少应用了。因为随着需要分类的数据数量的增加，计算量也会随之骤增。

比如要用100个数据进行凝聚型聚类分析。如果想要总结出这100个数据之间"相似性"高的组合，就必须循环计算 $100 \times 99 \div 2 = 4950$ 个距离，再从小到大排列。如果需要分类的对象增加至10000个，我们就不得不计算 $10000 \times 9999 \div 2$ 也就是大约5000万个距离并对其进行排序。如果想要"循环计算所有对象的距离（相似性）"，需要分类的对象增加至100倍，计算量并不会只增加100倍，而是要增加100的平方，也就是10000倍。同理，数据增加至10000倍时，计算量就增加至约100万倍；数据变为10000倍的时候计算量就增加至约1亿倍。数据数量越大，计算难度就越大。

对于分裂型，搞不好计算量可能会更大。如果想要考虑"将10人分为2个簇"，首先，对于每个簇中的人数分配，就有1人和9人、2人和8人、3人和7人、4人和6人、各有5人这5种情况。然后就必须要分别考虑"10人中选择1人的组合数（剩下的9人会自动决定）""10人中选择2人的组合数（剩下的8人会自动决定）"……将求出的组合数加总，计算那么多次的"簇间距离"。因此对于分裂型，需要分类的对象增加，必须考虑的组合数也会急遽增多，计算量当然也会增大。

所以，现在**非层次聚类**（non-hierarchical clustering）**分析才是主流**。如果将细微的改善也包括进去，非层次聚类分析所涵盖的方法多种多样，甚至还有"通过不断重复非层次聚类分析来进行层次聚类"这种让人说不清是层次聚类还是非层次聚类的方法。

下一节，我会介绍应用最为广泛、影响力巨大的代表性聚类分析方法——k-means 法。

23 素未谋面的100人如何实现高效沟通?

考虑"中心"就能大幅减少计算量

下面就让我们来学习非层次聚类分析的代表——k-means法（k-means clustering）吧。

k-means意即"k个平均值"。该方法由加州大学洛杉矶分校的麦奎因（MacQueen）于1967年发明。在那之前也有人提出类似的算法，但最初使用"k-means法"这个名称的是麦奎因。与之前主流的层次聚类分析相比，该方法的计算量要小很多，计算效率也更高，因此被广泛使用。但为什么使用"k个平均值"就可以减少计算量呢?

比如对于互相都没有见过面的100个人，分别告诉他们所有人的电话，然后要求"要让每个人都知道所有人的名字"。这个时候，效率最低的做法，就是让这100人分别给自己以外的99人打电话进行自我介绍，也就是要打4950（$=100 \times 99 \div 2$）次电话。这种做法太过愚蠢了。

更有效率的做法是，让1名代表给所有人打电话，听取自己之外所有人的名字，然后再将包括自己在内的所有 100 个名字做成名单与大家共享。这样只需派一个代表先打一轮电话，然后为了传达信息再打一轮电话，也就是一共打 198 次电话，就可以完成任务了。必要通话次数减少为之前的 1/25。当人数变为 1 万人的时候"两两联系"与"1 人负责联系"之间的差别会更大，前者大约需要打 5000 万次电话，后者大约只需要 2 万次，减少为此前的 1/2500。

如果能像这样，选出一个中心人物，将"两两之间的事情"变为"中心 1 人和所有人之间的事情"，组合数就会急剧减少。用聚类分析来重新表述，就是不计算对象两两之间的距离，而是考虑一个恰当的"中心"，计算所有对象与中心的距离。采用这种做法，计算量应该会减少许多。

比如像图表 4-18 这样，在所有的点已经分为 2 簇的情况下又追加了新的 1 点。考察这个点应该归为哪一簇，没有必要计算它与所有的点之间的距离。只要考虑它与各簇中心的距离，并将它分到距离更近的那一簇就好了。

图表4-18 新的点与簇之间的距离

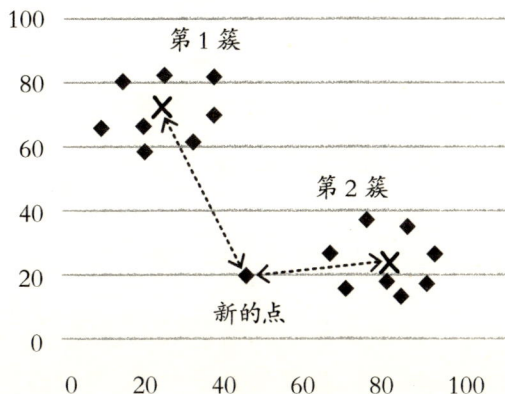

分为 k 个簇，不断重复分类与计算

那么，数据的中心是什么呢？最简单的定义就是平均值了。k-means 法也就是"使用 k 个平均值的聚类分析方法"，即通过考察与 k 个用平均值代表的数据中心点的距离来决定分类对象属于哪一簇。"k 个"是指最终想要的分类簇数，与因子分析的因子数一样，也需要分析者来设定。如果想将数据分为 3 个簇就考虑与 3 个平均值的距离，想要分为 4 个簇就考虑与 4 个平均值的距离。

用刚才的图来说，左侧一簇的中心点，是将左侧一簇所有点"横坐标的平均值"作为横坐标、"纵坐标的平均值"作为纵坐标得到的点。右侧一簇也是一样，将各轴的平均值作为坐标就得到了中心点（图表4-19）。顺便回忆一下，我们说过，在可以忽略质量的棒上放上相同质量的重物，其重心就是平均值。这是1维空间的平均值与重心的关系，而图表4-19 所示的平面上的中心（横轴和纵轴分别取到相应的平均值）就是将之扩

图表4-19 簇的中心点是重心（所有的轴都取到平均值的点）

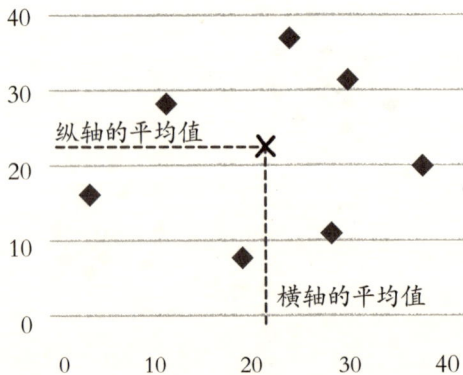

展到二维空间所得到的结果。也就是说，在可以忽略质量的板子上对应的各点分别放上相同质量的重物，得到的重心就是 k-means 法所使用的中心点。

这时，聪明的读者可能会发现问题。诚然，分成簇以后也就知道了中心点，利用各点与中心点之间的距离，就可以决定这些点属于哪一簇。但是，在没有分成簇的状态下，中心点是未知的，距离中心点的距离也就是未知的。这样继续下去，不是永远都没办法分成簇吗？

也就是说，簇分好了，就能知道与中心点的距离，于是就可以分成簇，这和先有鸡还是先有蛋一样在同一个圈子里兜兜转转。有了鸡就可以生蛋，有了鸡蛋就可以孵出鸡，但如果现在两者都没有，经过多久都不会有鸡蛋和鸡。那么是不是可以说，我们一开始根本不知道簇的划分方法和中心点，所以聚类分析永远不会开始，也不会结束了呢？

但实际上，k-means 法可以在簇与中心点都未知的状态下开始。首先，要随机将所有点分为 k 个簇。

将所有点随机分类，似乎还是不能进行有意义的聚类。然而，姑且把各个簇分开，就可以通过计算各个簇的平均值来决定 k 个中心点，继而就可以计算所有的点到这 k 个中心点的距离（图表4-20）。

接下来，考虑所有的点与 k 个中心点中的哪一个距离最短，用这一标准重新分类（图表4-21）。此时，读者可能还是认为只考虑"与随机决定的点的哪个重心最接近"并不是有意义的聚类。然而，从概率上，我们难以认为这些重心会完全一致，而在不一致的背后存在着"偏向"。比如图表4-21中黑色×所表示的重心1在白色×所表示的重心2的左下，这是因为随机分类的第1簇"偶然存在更多左下的点"，而第2簇"偶然存在更多右上的点"。如此一来，在根据更接近哪个重心来进行再分类时，

图表4-20 首先随机分簇计算重心

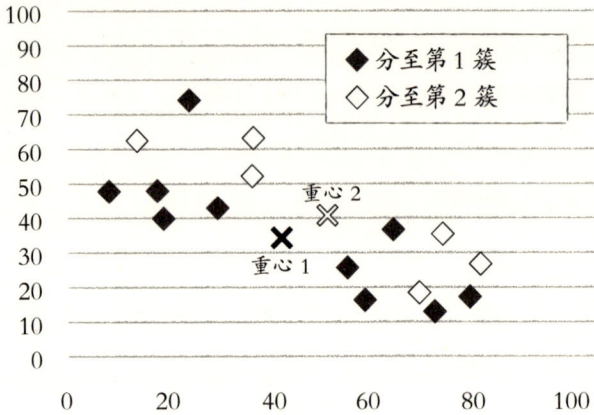

图表4-21 根据与哪个重心更近对点进行再分类

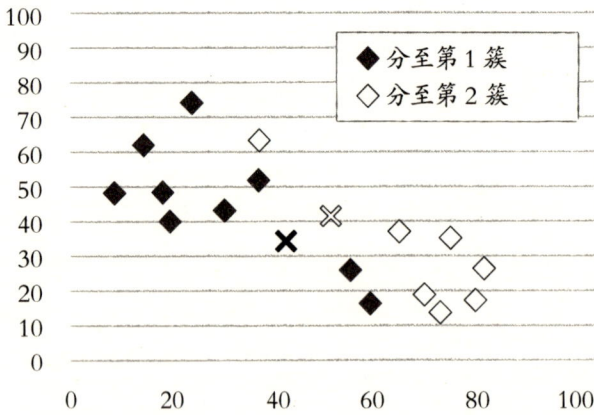

图表4-22 重新计算重心

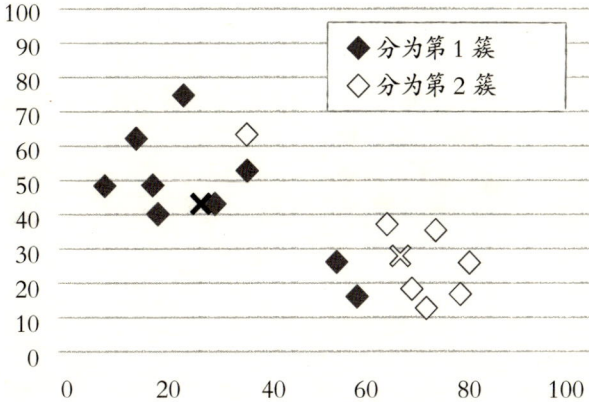

这些对象就可能被分为"左下侧的点"和"右上侧的点"。虽然目前还不知道这种分类方法是否妥当，但至少会比最开始的随机分簇更加可靠。

但这还没有结束，接下来要在目前的簇的分类的基础上重新计算平均值、求出中心点。比起最开始"随机分簇的中心点"，这自然更加可靠（图表4-22）。此后继续重复"根据与中心点的距离进行分类→根据分类计算中心点"这一过程。

本例中，两簇分别位于左上和右下，最初随机分类时的重心中接近左上的一个，经过重复的再分类和重心的再计算，会一点点接近左上。同时，最开始偏右下方的点会一点点接近右下方。这样重复下去，直至中心点与分类都不再变化，此时的分类就可以被视为"理想的聚类结果"（图表4-23）。

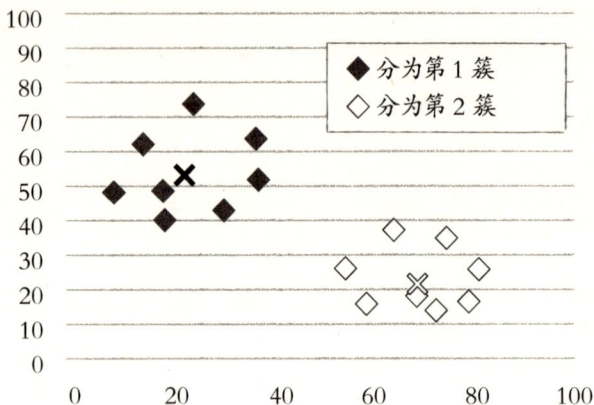

图表4-23 分类与重心都不变化就结束

分类完成后簇的命名很重要

k-means法就是这样，先从随机分类开始，再重复计算，使分类不断改善。实际试试就会发现，如果簇的数量"k"的设定合理，对于大多的实际数据都能得到"确实应该如此"的分簇。

想要知道"最终的分簇结果"，就要确认各个簇中点的数量和中心点，也就是用于分析的变量的平均值。

假设图表4-24所示的结果就是我们要进行确认的"聚类分析的结果"。

这是某电子商务网站针对随机抽取用户，用k-means法对网站页面使用倾向进行聚类的结果。

用4（k）个簇试着分析，就得到了上面的结果。比如第1簇中的1498个人在访问网站的时候，有31.4%访问了首页，有2.1%访问了网页

图表4-24 命名前的聚类分析结果

簇	人数	各种页面访问量占总访问量比例的平均值					
		首页	网页内搜索	商品目录	商品细节	特别活动	其他
1	1498	31.4%	2.1%	10.9%	39.1%	15.3%	1.2%
2	1360	19.6%	2.7%	9.0%	66.2%	1.3%	1.2%
3	3053	18.9%	14.6%	8.7%	54.3%	1.8%	1.7%
4	4089	26.3%	3.1%	19.2%	43.4%	6.9%	1.1%

内的搜索内容，有10.9%访问了商品目录，39.1%访问了商品细节，有15.3%访问了特殊活动（应季的优惠活动、吸引客人的专栏等等），有1.2%访问了其他页面（帮助页面或问答页面等）。

使用分析工具所做的"k-means法聚类分析"至此就结束了，但实际上想要活用分析结果，之后还需要慎重地**为各个簇命名**。也就是说，像"首页访问比例是31.4%、搜索比例是2.1%、商品目录比例是10.9%……其他比例是1.2%的簇"这样，仅仅用表中的数字来表示，我们也不能立刻知道这到底是什么样的簇，或者说这类用户是什么样的群体。

不知道这点，就不知道该对每类用户采取何种措施。虽然聚类在数学上是正确的，但在应用中却没有实际意义。

所以，我们要为簇命名。命名时，重要的不是代表簇中心的平均值本身，而是**这个平均值与其他簇的平均值相比是大还是小的相对比较**。

比如第1簇的特征，是访问首页的比例为第2簇和第3簇的1.5倍，而访问特别活动页面的比例是第4簇的2倍、第2簇和第3簇的10倍。也就是说这类用户是随便看看首页与活动页面的人，他们往往不会去看商品细节。与从首页开始检索商品这种一般的使用套路不同，这类人一般会直接进入特别活动页面查看优惠活动和专栏，因此可以将他们称为"爱好活动页面的用户"。

而第2簇，各种比例都是最低水准，但可以发现这类人的特征是只点开商品细节。如果是按照"商品目录页面→商品细节页面→再返回商品目录页面→从那里进入商品细节页面"这样的流程，商品目录页面的访问比例也会变高，但这种情况并没有发生。这说明这类用户很可能是先打开许多标签页，一个个地查看商品的详细内容来决定买什么。他们可被称为"大量浏览商品细节的用户"。

另外，第3簇的搜索页面利用程度明显很高，可以说是"喜欢搜索的用户"。

图表4-25 基于特征的簇的命名

簇的名字	人数	特征
爱好活动页面	1498	首页和特别活动页面访问比例高
大量浏览商品细节	1360	只有商品细节页面访问比例高
喜欢搜索	3053	搜索页面访问比例高
一般用户	4089	所有都很平均

最后来看第4簇，只有商品目录的访问量比起其他簇稍多，其他的页面则相差并不多。一般对于这种"特征似有似无"的簇，人数多时就称为"普通"，人数少时则称为"其他"。在本例中，这一簇的人数是所有簇中最多的，因此命名为"一般用户"。现将簇的名称及特征归纳为图表4-25。

用 k-means 法实现恰如其分的市场细分

在市场营销中，常常需要考虑**市场细分**（market segmentation），即将市场划分为几个相似性高的群体，针对不同的群体分别制定战略。在商务活动中，聚类分析最常被用于为了细分市场而进行的调查。

在市场调查公司或广告代理公司中，有专家专门负责针对不同的项目发放问卷进行聚类分析，为各簇取看上去很有道理的名字然后进行报告。即使受访者都是首都圈的专职主妇，也可以分为"花枝招展型""名媛贵妇型""贤妻良母型"，耐用消费品制造商有时就会收到这样的报告。虽然这类公司在做聚类分析时，常常摆出一副"从数据推导出了客观事实"的样子，但无论方法有多新颖，**聚类分析基本不能推导出唯一绝对的分类**。

假设使用的是 k-means法，仅仅是设定的簇数不同，就可能得出完全不同的结果。又比如说，仅是最开始的"随机分类"发生了改变，结果就有可能不同。因此，很有可能按照同样的步骤重复做一次分析，所推出的聚类却完全不同。再比如最开始用10个变量进行聚类分析，效果并不好就"剔除了1个看似没有关系的变量"，仅仅是这样结果也会发生变化。是否要对变量进行标准化，用何种方法进行标准化，这些都会影响结果。

图表4-26 *k*-means 法无法完美分类的例子

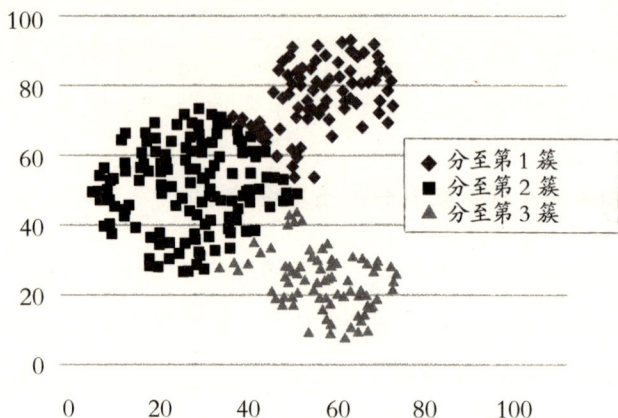

    k-means法还有一个局限，即"分类到与中心距离最近的簇中"也**就默认了所有簇都是半径相同的球形这一假设**。即使是像图表4-26那样，明显能看出分为3个大小不同的椭圆形簇的情况，用*k*-means法也无法将其正确地分为3簇。

    虽然*k*-means法是聚类分析中使用最广泛的方法，但为了突破局限，有许多新方法被陆续提出。仅仅是讲聚类分析大概就可以写本书了。如果想了解更详细的内容，读者可以参考聚类分析的专业书，或是包含聚类分析内容的模式识别、机器学习领域的专业书。使用这些新方法，就能得出略有差异的结果。

    聚类分析就是用数学或计算机科学的知识，来探索"只要看得见，就会觉得应该这样分类"的直觉。和因子分析相同，与其因过度严谨而使结果无法解释，不如先使用与直觉相符的分类再说。

让多元回归分析或 Logistic 回归如虎添翼

如果只是想"把握市场",像这样仅仅进行聚类分析并恰当命名就足以达成目的。不过,就此结束分析其实有些可惜。

聚类分析可以精简互相相关的多个变量,推出易于理解的定性变量。比起将聚类分析精简之前(互相相关)的变量直接作为解释变量,将此精简后的定性变量作为解释变量进行多元回归分析和 Logistic 回归,其结果理解起来应该会更加容易。

像是之前的例子,如果将聚类分析的结果用作解释变量,就可以知道对不同的网站用户类型采取怎样的措施可以改变 outcome,如增加消费金额、提高网站访问量等。

也有聚类分析的结果适合作为 outcome 来处理。比如找到了明显能代表优质顾客特征的簇。这一簇中的人越多,利润也就会越大。接下来用 0 或 1 的二值变量来表示是否属于优质顾客一簇,再进行 Logistic 回归就好了。这样就能知道该怎样做才能增加优质顾客。

无论是因子分析还是聚类分析,就商务应用而言,其本质都在于"将多个变量转换为易于理解或处理的形式"。不要精简了变量就结束分析,不要分完类就结束分析,也不要命名完毕就结束分析,继续使用多元回归分析和 Logistic 回归,看看 outcome 是否与解释变量存在关联性。

终　章

统计方法的总结及其使用顺序

24　本书的总结

最后，让我们复习一下本书前面所讲的内容，同时看看在商务实践中要如何使用这些方法。

统计学各门武器的终极回顾

本书的目标在于介绍对所有商务人士来说都极为实用的方法，让读者学会利用数据分析outcome（将之最大化／最小化就能产生利益的成果指标）与解释变量（左右outcome大小的因素）之间的关联性。

比如outcome对市场营销部门来说就是销售量或到店次数，对人事管理部门来说就是销售业绩或劳动生产率，对物流部门来说就是废弃库存或配送失误的次数等。解释变量可以是性别、年龄、心理特征、广告接触、品牌印象等。在许多企业中，与这些信息相关的数据仅仅是被汇总起来束之高阁，并没有得到活用。

然而，如果能够用数据证明解释变量与outcome之间存在因果关系，就可以通过控制原因来获取更大的利益。本书针这方面的实务应用，介绍了多种常用方法及使用细节。

第1章，我们说明了用平均值、比例和标准差来把握群体并进行组与组之间的比较。根据"将与真值的偏差的平方最小化"的最小二乘法可以得出，平均值是把握整体时使用的"真值"的代理指标。可使用标准差来衡量这个要被最小化的"偏差"。此外，平均值与比例在本质上是相同的。

第2章，我们学到了利用标准误差（在标准差的基础上又考虑了数据数量的指标）来进行检验（统计性假设检验）的方法。使用假设检验，可以判断2组之间平均值或比例之差是否可被视为偶然，亦即分析定性解释变量与outcome之间的关联性。

具体来说，如果数据多达数百乃至数千以上，无论是平均值之差还是比例之差，都可以使用基于正态分布的z检验来判断，这是最基本的检验方法。如果数据较少，就对平均值使用t检验，而对比例使用Fisher确切概率检验。另外，3组以上的比较可以使用方差分析或卡方检验等方法，但实用上推荐大家先将1个组别设定为"参照类别"，再一一进行组与组之间的比较。

第3章，我们学习了回归分析，即考察"某个定量解释变量每增加1单位，定量的outcome会增大／减小多少"。分析单个解释变量与outcome间的关系的，叫作一元回归分析。此外，还有多元回归分析，即要找出"其他解释变量的值不变的情况下，这个解释变量每增加1单位，outcome会增大／减少多少"。

更进一步，我们学习了在outcome是"重度用户或非重度用户"这种按性质分类的情况下使用的Logistic回归分析。Logistic回归得到的结果，表示的是"其他解释变量的值不变的情况下，这个解释变量每增加1单位，outcome取到一方的值（比如是重度用户）的概率，以比值比来看是多少倍"。

我们还说明了，无论是多元回归分析还是Logistic回归，如果解释变量是定性的，将其转换为虚拟变量即可。

但如果几个解释变量之间存在强相关，使用多元回归分析和Logistic回归分析就会让结果难以理解。于是在最后的第4章，我们介绍了因子分析和聚类分析，使用这两种方法可以对彼此相关的解释变量进行精简。

若想精简为定量的因子得分，就使用因子分析；若想精简为定性的簇，则使用聚类分析。之后再将精简的变量作为解释变量或outcome来进行多元回归分析和Logistic回归。

1张表加速理解统计学

图表5-1 "加速统计学理解的1张表"增补版

		解释变量				
		定性（2种分类）		定性 （3种分类以上）	定量	多数 （包括定量和定性）
		数量多	数量少			
outcome	定量 （数值型）	平均值之差的z检验	平均值之差的t检验	平均值之差的方差分析	一元回归分析	多元回归分析
outcome	定性 （分类型）	比例之差的z检验	比例之差的Fisher确切概率检验	比例之差的卡方检验	Logistic回归	
精简变量	定量 （数值型）	因子分析				
精简变量	定性 （分类型）	聚类分析				

将上述方法整理一下，就得到图表5-1。

一般统计学入门书中出现的大多数方法，都是基于广义线性模型，只是因为解释变量和outcome的类型不同而有了不同的名称，其本质其实是一样的。本表中还涵盖了一般不包括在广义线性模型之中的方法，除了加上了数据数量条件，还总结了精简变量的方法。

在此基础上进一步整理为实用方法，如图表5-2所示。

也就是说，若解释变量是定性的，就先确定参照类别，再一一进行比较。实际上，数据量会多达数百条，所以使用z检验也是可以的，但保险起见，对平均值之差最好使用t检验。而对于比例之差，即使数据数量较少也没有问题，可以选择使用z检验或卡方检验。书后的【数学附录11】已经证明了两者的结果完全一致。

此外，一元回归分析可以看作"解释变量只有一个的多元回归分析"，属于多元回归分析的一种，故不再单独列出。读者只要记住，如果只想

图表5-2 "加速统计学理解的1张表"实用版

		解释变量	
		定性 （决定基准，变为2种分类）	多数 （包括定量和定性）
outcome	定量（数值型）	平均值之差的t检验	多元回归分析
	定性（分类型）	比例之差的z检验 （与卡方检验相同）	Logistic回归
精简变量	定量（数值型）	因子分析	
	定性（分类型）	聚类分析	

寻找outcome和解释变量之间关联性，只要使用这张表的上半部分，按情况选择广义线性模型范围内的方法就好了。

而表的下半部分，如果解释变量是定量的，就可以直接使用；如果是定性的就需要先转换为二值变量，再将多个变量标准化之后才能使用。因子分析可以将多个解释变量精简为定量变量，而聚类分析可以将其精简为定性变量。

再进一步，t**检验与"仅有一个二值解释变量的多元回归分析（即一元回归分析）"完全相同，z检验或卡方检验也与"仅有一个二值解释变量的Logistic回归分析"完全相同。**不将它们归为一类，其原因与"实际上以何种顺序使用这些方法"有关。

这个"实际上以何种顺序使用"就是下节要讨论的内容。

25　商务实践中的分析顺序

首先使用多元回归分析或 Logistic 回归

为了便于读者理解，本书是按照"先讲必要的前提知识"这一顺序进行的，但在商务实践中，分析的顺序就完全不同了。图表 5-3 展示了商务实践中的分析顺序。

基本的顺序是，数据整理查验完毕后，首先确定想要最大化或者最小化的 outcome 是什么，再将所有其他项目都作为候选解释变量进行多元回归或者 Logistic 回归（图表 5-3 ①）。现在大多数公司都会面临"解释变量过多"的情况，所以必要的时候还需要使用逐步回归法进行变量选择。

接着，尝试从分析结果中得出结论（图表 5-3 ②）。如果幸运，可能一下就能找到"提升利润的想法"，但大多数的情况下，结果都是"找到了许多解释变量与 outcome 的关联性，但总觉得很奇怪"。不过不必担心，对解释变量进行取舍就可以解决大多数问题。

比如像"每多购买 1 个商品，消费金额会高出 1000 日元"这种与

图表5-3 商务第一线的分析方法使用顺序

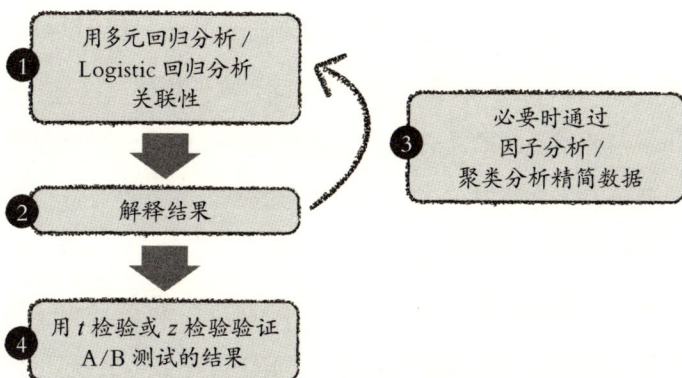

outcome的关联太过显而易见的解释变量，不论 *p* 值有多小，都应该剔除。还要注意，如果回归方程包含了购买商品数这样理所当然的解释变量，其他解释变量的回归系数表示的就是"在购买商品数相同时"与outcome的关联性。

此外，如果因加入了某个解释变量而使其他回归系数的解释变得困难，这种变量也应该剔除。有时还需要把年龄这一定量变量变换为年龄层这一定性分类，因为改变解释变量的处理方式会使结果更易解读。相反，有些解释变量在变量选择过程中被自动剔除了，有时也必须强制将其加回模型。在这种反复取舍解释变量与解释结果的试错过程中，使用因子分析和聚类分析非常方便有效（图表5-3③）。

从分析结果寻找想法的3个方法

如果最终的分析结果与商务一线人士的感觉相符，就要从结果中挖掘利润。方法大致可以分为3种。

首先，如果与outcome存在关联的解释变量可以通过广告、商品制造、实习来"操纵"，就考虑操纵该解释变量来创造利润，还可以根据回归系数来估算"改变这一解释变量可以产生多少日元的影响"。

比如对你公司商品的品牌形象调查进行多元回归分析，在调整了其他解释变量后，认为回答"这一品牌值得信赖"的消费者与其他人相比年均消费金额要高出1万日元。

接下来要考虑的就是，目标市场中认为品牌"值得信赖"的顾客有多少。比如随机抽样调查中有90%的人回答了"不值得信赖"，而预测全日本的顾客数有100万人。那么只要让这90万人信赖品牌，就可以每人增加约1万日元的消费。也就是说，简单计算就能发现有90亿日元（=90万人×1万日元）的"销售额提升空间"。

当然，让全体日本人都信赖该品牌是不可能的。但是通过广告、商品等进行宣传，仅是赢得剩下90万人中一成客户的信赖，也许就能赚到9亿日元了。

有时，我们也会发现不能被操纵的解释变量与outcome之间的关联。比如说，即使我们发现了女性的消费金额比男性更高，也无法改变客户的性别。年龄层、家庭年收入、居住地域等都属于这一种。

然而对于这样的解释变量，即使不能"操纵"它，却可以"调整"。也就是说，即使我们不能操纵到店的每个顾客的性别，却可以将店铺设计的目标设定为"女性顾客达到八成"。这样，即使到店者人数保持不变，也可以期待提升销售额和利润。重新考虑店铺的装潢、招牌、地点、广告媒体和店铺活动，就可以"调整比例"。同样，我们也可以估算出比例改变后利润会提升多少。

图表5-4 从分析结果到新想法

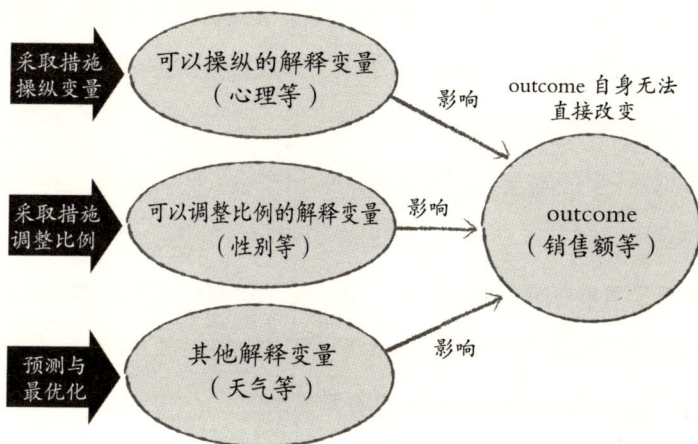

最后，让我们来说明如何活用既无法操纵也无法调整比例的解释变量。比如由于季节和天气不同，商品的销售量会产生变化。但我们既不能把冬天变成夏天，也不能让晴天变成雨天。"增加夏天营业日的比例"或"增加下雨天营业日的比例"这种调整比例的方法同样不现实。虽然这种解释变量无法用于"提升销售额"，但却在其他的角度与利益相关联。也就是说，我们可以配合季节或天气，提前预测必要的进货、生产、库存。这样一来，虽然销售额不会变，但成本会下降。

上述3种思路可以整理为图表5-4。

最后用随机对照实验或A/B测试来验证

此时的想法以及对商业影响的估算，还停留在"如意算盘"的层面。一旦调整了其他解释变量或交叉项，原有的影响可能就会消失，甚至出现"因果颠倒"的情况。

比如说品牌印象"值得信赖"，到底是"因为值得信赖所以购买"还是"因为买了许多所以产生了信赖"，单看p值我们无法判断。如果后者才是对的，那么无论多么努力靠好的广告来赢得了信赖，销售额也无法增加到想象的程度。

这是统计学的难点，因此许多的教科书会让读者注意"不要混淆相关性与因果关系"。但本书决不想用这种糊涂虫的说法做总结。本书主张**"如果发现了可能带来利益的想法，就用恰当的随机对照实验或A/B测试去验证它"**。让经济学家头疼的金融政策应该如何我们不得而知，但商务行为很容易用随机对照实验来验证因果关系。

比如收集一定数量的人随机分成两半：尝试了新措施的为A组，保持原来的做法或者什么都不做仅仅是收集数据的为B组。将数量足够大的对象随机分组，就和掷足够多枚硬币，正反面出现的次数并不会相差太多一样，两组间的各种条件都基本相同。

在这种情况下，如果尝试了新措施的A组的outcome（销售额和生产率等）在无法认为是偶然的程度上高于B组，就可以认为用统计性假设检验证明了因果关系。这里我们使用的是t检验或者z检验（图表5-3④）。

随机化需要的"一定数量"该如何估计

最后可能成为问题的，是随机分组时的"一定数量"到底是多少人以上。接下来，让我们对这一点做出补充。

无论是平均值之差还是比例之差，只要确定了统计功效，就可以从"期待得到多少个标准误差的差距"的角度来估计这个人数。比如统计功效是85%，即差距并非偶然时p值小于0.05的概率是85%，无论是平均值还是比例，标准误差都必须小于预计差距三分之一。也就是说，如果预计采取措施后平均会产生1万日元差距，标准误差就必须控制在3333日元（10000÷3）以内。既然平均值或比例之差的标准误差都取决于由标准差和数据数量，那么知道了outcome的标准差就可算出"需要多少数据（也就是样本量）"。

实际计算一下，想要将标准误差控制在预计差距的⅓时，用原始数据的标准差除以预计差距，再计算其平方的36倍，就得到了对半分之前全体数据的数量。比如有一个预计可以将客人平均消费提高1000日元的措施，想要针对这一措施进行随机对照实验，如果原来客人平均消费的标准差是5000日元，就得到所需要的数据数量是（5000÷1000）^{2}×36=900。将这一数量分成两半，就得到平均每组的数据数量是450。

另外，虽然只是近似的计算，不过**"将标准误差控制在预计差距的多少分之一"的这个"多少分之一"，可以用"正态分布中，从平均值向右○个标准差为止的面积与统计功效一致"算出○再加上1.96来进行计算。**

比如刚才所说的85%的统计功效与正态分布面积一致的点是"向右偏离平均值1.04个标准差的地方"，计算1.04＋1.96就得到3。这就是把标准误差控制在预计差距的三分之一以下的结果。如果统计功效是95%，这个值就是1.64+1.96，大约是⅓.₆；如果统计功效是97.5%，这个值就是1.96+1.96，大约⅓.₉。

另外请注意，如果p值不用5%以来判断，也就是说改变"冒失鬼风险"，这个相加的"1.96"也必须改变。我们在书的最后证明了这种近似计算的做法【数学附录17】。

像这样，首先用多元回归分析和Logistic回归分析寻找想法，再根据需要用因子分析和聚类分析精简变量，最后用随机对照实验和 t 检验、z 检验来验证想法的有效性。按照这样的顺序做下来，你在商务中一定可以找到新的"盈利点"。

26　本书无法学到的3点知识

然而，即使全部掌握了本书的内容，也不能说就彻底掌握了统计学。只能说学会了这些内容，你就站在了统计学的起跑线上。所以最后我想要谈一下大家要如何从起跑线迈出第一步。

现在，各位读者应该已经理解了商务上最常使用的统计方法到底意味着什么，其数学基础是什么，应该如何使用。仅阅读本书还不能了解的东西大致有三：

一是**统计分析工具与实际数据的处理**，二是**从数理上深入理解方法**，三是**近50年来新产生的更为先进的统计方法**。

SAS、R、Excel与统计方法

首先是第1点，统计分析工具与实际数据的处理。前面例子所用的数据数量就只有几件到几十件，通过笔算就能处理，但是在现代，基本没有用笔算进行的统计分析。实际上，像p值、回归系数、因子得分等计算，都是通过SAS或R等工具来完成的（也有一部分仅用Excel就能完成）。

本书倾尽篇幅，就是要让大家理解这些工具输出的数字到底意味着什么。

如果想用SAS、R、Excel来实践本书介绍的方法，只要按照图表5-5来操作就可以了。即使是因注册费太贵而较少使用的分析工具SAS，也发布了名为University Edition（即使不是大学生也能使用）的学习用免费版。R本身就是免费的开源工具。此外，大多数商务人士的电脑上应该都已经安装了Excel。希望各位能够参考图表5-5，使用自己手边的实际数据来尝试一下本书介绍过的方法。

不过，"统计分析工具与实际数据的处理"，并不是知道这些工具的操作方法、得到p值或回归系数就结束了。如果没有从实际数据中找出"应该最大／最小化的outcome是什么"的能力，无论工具用得多么得心应手，也不会有任何发现。

另外，当数据分布于多个表格时，你必学先将它们进行整合，才能使用SAS或者R来分析。当然，这些分析工具的用户手册中也不会具体

图表5-5 各统计分析方法所对应的SAS、R、Excel功能

分析方法	使用SAS	使用R	使用Excel
平均值之差的t检验	ttest程序	t.test函数	t.test函数
比例之差的z检验/卡方检验	freq程序	xtabs函数与prop.test函数	数据透视表与chitest函数
多元回归分析	reg程序	lm函数	分析工具"回归分析"
Logistic回归	logistic程序	glm函数	无相应功能
因子分析	factor程序	factanal函数	无相应功能
聚类分析（k-means法）	fastclus程序	kmeans函数	sql server加载项"数据挖掘"

写明针对同一份数据"应该考虑什么样的解释变量"。

　　我们常常会发现，十分熟悉R的数据处理专家在商务职场上并没有那么闪耀，这常常是因为他们并不具备足够的"找出outcome与解释变量的能力"和"加工现有数据的能力"。

统计学与数学的关系

　　看到这里，想必大家已经能够进行基本分析了，但如果想要深入理解本书多次强调的"从结果中能够或不能够看出什么"或者"解释结果时必须注意哪里"，从数理层面深入理解统计方法就十分重要。

　　在现实中，会遇到本书无法写尽的众多"难以判断的情况"。比如数据的形式可能和书中写的不一样，或者你需要以不同于书中的方法去使用分析结果。本书尽力覆盖了"经常遇到的问题"，但却无法写尽一切可能。然而，从数理上弄清方法与指标的本质，再遇到这种"难以判断的情况"，也会从中找到解决问题的依据。

　　数学家亚瑟·本杰明(Arthur Benjamin)在TED talk等场合下主张，比起微积分和线性代数，高中及之前的数学更应该讲授统计学。我认为这一主张对错参半。

　　他认为，大多数社会人不会用到微积分或线性代数，但统计学对所有社会人来说都是必需的。这一主张完全正确。然而，想要彻底理解统计学的思考方法，微积分和线性代数必不可少。或者说，使用了微积分和线性代数这类共同语言，写书的人会很轻松，读书的人也能更快理解。

　　本书尝试在最大限度上将数学内容用语言描述出来。懂些数学的人想必会感觉"用一行公式就能说明白的东西为什么要讲得这么慢吞吞！"除了微积分和线性代数，学生时代被质疑"将来有什么用"的函数图像、对数等概念，也十分便于统计学的理解。我之所以能够跟上大学以后统计学的学习进度，也是因为有高中和大学的数学基础。

因此，我认为"作为最终学会统计学的前提，应该在讲授现实中如何使用的同时讲授微积分和线性代数"。

即使是本书涉及的、至少50年前就被发明出来的统计学基本方法，不使用微积分和线性代数，恐怕也无法说明到让人可以计算简单数据的程度。如果想要"在某种程度上"理解更加高级的方法，数学能力可能会成为瓶颈。因此，若是今后正式学习统计学时遭遇了困难，比起统计学自身，复习初高中或者大学基础科目的数学知识可能反而是一条近路。

"进阶"的统计方法① 探索想法的新方法

既然通用的统计学基本方法早在50年前就已发展出来了，在此之后又有怎样的进展呢？——介绍所有的进展是很困难的，所以让我从"利用多元回归分析和Logistic回归探索新想法""利用因子分析/聚类分析精简变量"和"利用随机对照实验进行验证"这三个方面，来介绍进阶的统计方法。

首先，在用回归分析探索想法方面，最大的发现在于将分析"时间性要素"变为可能。比如可以用Logistic回归，使用一年的数据来分析"这期间退出会员的顾客和其他顾客的差别在哪里"。不过，除了想知道"一年内是否退出会员"，我们可能还希望知道"退出的人选择什么时间退"。这时候使用的是被称为**生存分析**（survival analysis）的方法群。在分析顾客退出的问题上出现"生存时间"这样夸张的名字，是因为这类方法原本是为了在医学领域分析患者的生存时间而产生的。

代表性的方法，是以发明者名字命名的 **Cox回归**。Cox 回归不使用比值比，而是用**风险率**（hazard ratio）来分析"在一段时间内，有多少倍的概率易发生／不易发生"。

此外，以同一人或物为对象，经多次调查而得到的数据被称为**时间序列数据**，针对这种数据发展出了**时间序列分析**的方法。比如积累了某店铺52周的销售额与项目数据，根据这样的数据来考察"过去的信息与下一周销售量之间关系"，就是时间序列分析。

基本上，时间序列分析重视的是**自相关**（autocorrelation），用刚才的例子来说就是"同一家店铺不同时点的数据互相相关"。既可能存在前一周的销售额越高、下一周的销售额就顺势增加的正相关，也可能存在前一周的高销售额只是预支了下一周销售额的负相关。

像这样，我们可以把握各种各样的"时间性变动"——不仅可以掌握不同时点的数据之间是否相关，还可以知道数据背后是否存在与时间无关的令平均值和方差变动的原因。

博克斯（Box）和詹金斯（Jenkins）两位统计学家1970年开始发表的一系列时间序列分析方法被总结为 **ARIMA**（Autoregressive, Integrated and Moving Average，自回归和积分滑动平均）**模型**，之后又将季节变动等各种要素纳入考量，不断进化发展。

时间序列分析经常被用于预测股价、经济形势等领域，也可以使用它来洞察因果关系。例如我们可以知道最大程度上影响商战期间销售额的是多少个月前的广告质量，还有可能几个月前的销售额增加会"预支"掉后来的销售额，从而给商战期间的总销售额带来负面影响。

另外补充一点，"用之前时点的值来解释其后时点的值的变动"属于时间序列分析，而不考虑前后关系，将几个时点的数据作为把握"个体差异"的信息来处理，分析它与其他解释变量关系的做法叫作**重复测量数据分析**（repeated measures analysis），这两者完全不同。如果想用一般的回归系数来表现"每个人"，就需要选择1人作为基准并引入"人数−1"个虚拟变量。这种做法看上去有些愚蠢。为了妥善处理这种情况，我们会使用**混合效应模型**（mixed effect model）来分析多期数据。即使数据有关居住地、所属机构等空间性信息，混合效应模型也是非常有用的。

"更进一步"的统计方法②—— 精简变量的新方法

接下来是精简变量。因子分析是要考察在几个解释变量背后"左右观测值的潜在因子"，在这里，各因子被理解为相互并列的要素（图表5-6）。

但有时，**潜在因子之间的关系才是重要的**。比如说对调查所得的回答用斜交旋转精简得到了"购买意愿""对品质的信赖""商品认知""对

图表5-6 因子分析示意图

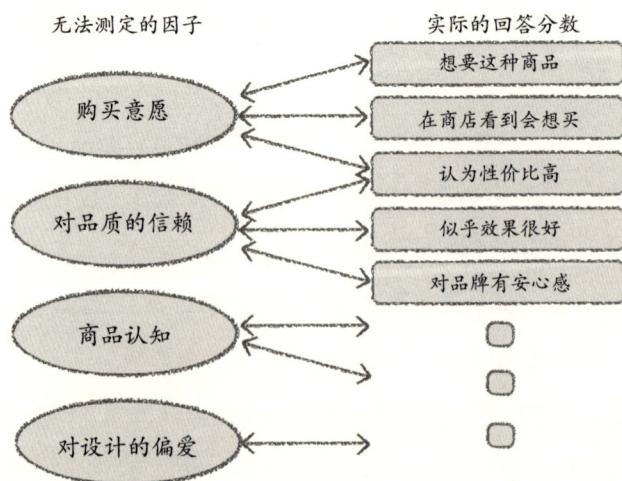

设计的偏爱"这四个因子。然后将这四个因子的得分作为解释变量，将商品的消费金额作为outcome，进行多元回归分析。根据 p 值可以判断，只有购买意愿这个因子与消费金额之间存在难以被视为偶然的关联性，其他因子都落在偶然误差的范围之内（图表5-7）。

然而，即使"对品质的信赖"和"对设计的偏爱"与outcome消费金额并没有直接的关系，却可能与"消费意愿"有关。即使"商品认知"与"购买意愿"并没有直接的关系，但却可能与"对品质的信赖"和"对设计的偏爱"有关。在这种情况下，表明"购买意愿因子得分相同时，其他因子得分与消费金额之间关联性"的多元回归分析的结果就具有误导性。比起这种分析，"商品认知提高了，对设计的偏爱和对品质的信赖就会随之上升，因此商品认知会间接影响outcome"这样的分析结果可能更重要。

就像这样，**结构方程模型**（structural equation modeling）不仅可以

图表5-7 使用因子得分的多元回归分析

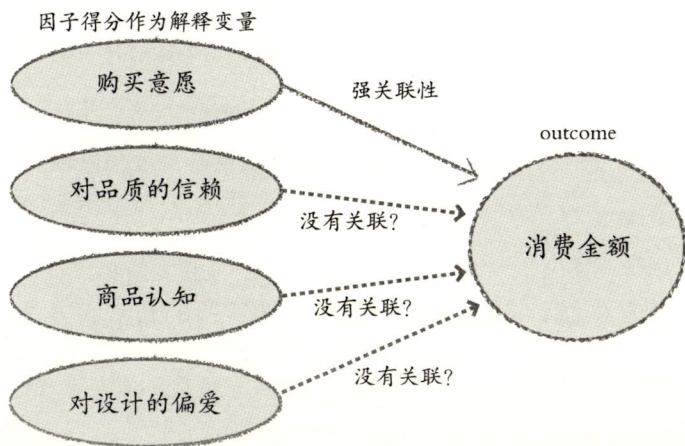

精简变量，还能判明变量间各种直接或间接的关系。如图表5-8所示，用结构方程模型分析上述例子，就能找到仅凭多元回归分析无法发现的复杂的关联性。此外，本书出于实用的考虑，暂且告诉读者"将因子得分作为回归模型的解释变量就好了"，但也有人认为比起这种做法，用结构方程模型来分析因子与outcome的关联性更为理想。其中一个理由是，与其承受因子分析（因子与观测到的变量间的关联性）和回归分析（因子与outcome之间的关联性）的双重误差，还不如一开始只用结构方程模型来分析。

项目反应理论（item response theory）也是因子分析的一种应用方式。该方法从解答考题的正误来推测隐藏在它背后"潜在能力"。项目反应理论被应用于托业和托福等现代考试中，保证了考试的品质及考生之间的公平性。"美国入学考试并不存在偏差值"的说法是错误的，他们使用的是与偏差值具有相同指向性的更加高级的方法。

聚类分析有着各式各样的改良。k-means方法是以完全随机的方式来开始分簇的，而$k$means++法（$k$means++ clustering）改变了这种分簇方式，能更有效率地得到更稳定的分类。

此外还有**核k-means法**（kernel k-means clustering），它利用核函数来考察不能简单用勾股定理计算的"距离"，将k-means法无法判别形状(k-means法认为簇都是相同半径的球状)的簇正确分类。而x-means法（x-means clustering）则按照一定的标准重复k-means法，从而"将簇分为最优数量"。

"更进一步"的统计方法③ ——随机对照实验的新检验方法

最后要说的是用随机对照实验进行检验。随机对照实验理论本身其实已经基本完善了，而跳出该理论从"在无法进行随机对照实验的情况下如何正确检验"这点出发，又发展出了**统计性因果推断**（statistical causal inference）。

假设分析结果发现，"收到直邮广告的群体与没收到的群体之间，销售额相差 5000 日元"。如果是否投放直邮广告是随机的，两个群体之间的各种条件平均下来都相同，我们就可以认为两组之间的差别仅存在于是否投放直邮广告，于是就可推断出，销售额的不同是直邮广告这一原因带来的结果。这是随机对照实验的思维方式。而实际上，我们常常会将广告投放给那些可能会增加购买金额的人。所以，究竟是因为投放了广告所以销售额增加了，还是说因为只给消费额高的人投放，所以销售额才会增加呢？所以在使用多元回归分析的时候往往会进行"如果其他解释变量的条件相同"的调整。

20 世纪 80 年代之后的统计性因果推断，使用了一种完全不同的方法——**倾向评分**（propensity score）法。"用其他解释变量推测的收到直邮广告的概率"就是倾向评分，它用 Logistic 回归来进行。使用倾向评分，是为了利用现在得到的信息，尽可能无偏地推定直邮广告效果。使用倾向评分的代表性方法，是**边缘结构模型**（marginal structural models）。

以上就是我所能想到的"进阶"方法。读者没有必要全部理解这些方法，但如果遇到了用本书讲解的方法无法解决的问题，就可以参照这里的记述，去书店、图书馆、网络上寻找相应领域的入门书或论文、大学讲义等。

直至现在，世界上的统计学家们仍在思考如何处理数据以解决现实问题，以此不断推进统计学理论的发展和细化。在这些成果中，一定有合适的方法能够解决你今后可能遇到的问题。

谢 辞

    艾萨克·牛顿将伟大先人积累的功绩誉为"巨人的肩膀"。言下之意在于，在这些功绩的基础上我们才得以登高望远。

    我想要通过本书传达的，正是统计学巨人肩膀的一部分。在本书中出现的所有统计方法，都是由过去的伟大数学家与统计学家创造，并孜孜不倦地对其意义与本质加以整理才得到的。没有语言可以表达我们对构建了这些知识的先人们的感谢。

    我仍要感谢将这些知识传授给我的恩师们，以及我曾拜读过的书的作者们。哪怕只是在参考文献中将他们的著作介绍给各位读者，写这本书也算是值得了。

    另外，借此机会向百忙之中协助审校本书内容的友人田栗正隆老师和冈田谦介老师致以谢意。不过，若书中出现任何错误，皆由我个人负责。

    此外，更要感谢通读了这么厚一本书的读者们。若是本书能让各位读者的人生变得稍加充实，便是我无上的喜悦。

    最后，请允许我在此向公私上都支持着我的妻子和孩子们聊表谢忱。

西内 启

数学附录

附录 1　偏差的绝对值与中位数

如正文所述，中位数的定义根据数据数量是奇数还是偶数而有所不同，让我们分情况来证明一下。

（ⅰ）数据有奇数个的情况

如果 n 代表自然数，数据数量可以用 $2n-1$ 来表示。此时，如果把数据从小到大排列，写作 $x_1 \leqq x_2 \leqq \cdots \leqq x_{2n-1}$，这组数据的中位数就是 x_n。

在这里，如果把真值写作 t（读者只要认为这是 true 的首字母就好了，正如之后的附录 3 所说，这并不是什么一般性的表示方式），假设 t 满足 $x_k \leqq t \leqq \cdots \leqq x_{k+1}$（$k=1,2,3,\cdots,2n-2$），那么"偏离真值的绝对值的合计" $f(t)$ 可以表示为：

$$f(t) = \sum_{i=1}^{2n-1} |x_i - t| = \sum_{i=1}^{k}(t - x_i) + \sum_{i=k+1}^{2n-1}(x_i - t) = kt - \sum_{i=1}^{k} x_i - (2n-1-k)t + \sum_{i=k+1}^{2n-1} x_i$$

$$= (2k - 2n + 1)t - \sum_{i=1}^{k} x_i + \sum_{i=k+1}^{2n-1} x_i$$

在这里，$f(t)$ 表示的是随着 t 的值变化而变化的函数（function）。

在 $k \leqq n-1$ 的范围之内，t 的系数 $2k-2n+1$ 是负的，随着 t 的增大

$f(t)$ 会减小，在区间 $x_k \leq t \leq x_{k+1}$ 中 $f(t)$ 的最小值是：

$$f(t)_{\min} = f(x_{k+1}) = (2k - 2n + 1)x_{k+1} - \sum_{i=1}^{k} x_i + \sum_{i=k+1}^{2n-1} x_i$$

而 $f(t)$ 的最大值可以表示为：

$$f(t)_{\max} = f(x_k) = (2k - 2n + 1)x_k - \sum_{i=1}^{k} x_i + \sum_{i=k+1}^{2n-1} x_i$$

再考虑"左边相邻的区间"，也就是 $x_{k-1} \leq t \leq x_k$，$f(t)$ 的最小值是：

$$\begin{aligned} f(t)_{\min} = f(x_k) &= [2(k-1) - 2n + 1]x_k - \sum_{i=1}^{k-1} x_i + \sum_{i=k}^{2n-1} x_i \\ &= (2k - 2n + 1)x_k - 2x_k - \sum_{i=1}^{k-1} x_i + \sum_{i=k}^{2n-1} x_i \\ &= (2k - 2n + 1)x_k - \sum_{i=1}^{k-1} x_i - x_k + \sum_{i=k}^{2n-1} x_i - x_k \\ &= (2k - 2n + 1)x_k - \sum_{i=1}^{k} x_i + \sum_{i=k+1}^{2n-1} x_i \end{aligned}$$

这与刚才区间的 $x_k \leq t \leq x_{k+1}$ 的表达式 $f(t)_{\max}$ 一致。因此，对于满足 $k \leq n-1$ 的所有 k 来说，$f(t)$ 在区间 $x_k \leq t \leq x_{k+1}$ 右端取到最小值，并且这个最小值随着 t 或者 k 的增加而单调减少。另外，$-\infty < t \leq x_1$ 这一区间的最小值也是右端的 $f(x_1)$，并且与其右侧相邻区间 $x_1 \leq t \leq x_2$ 的最大值相同。

因此，在 $k \leq n-1$ 的范围内，$k = n-1$ 时，$f(t)$ 在区间右边的 $f(x_{k+1})$ 处取到最小值，这个最小值是：

$$f(t)_{\min} = f(x_{n-1+1}) = f(x_n) \cdots\cdots ①$$

考虑 $k \geq n$ 这一范围，$f(t)$ 依然可以表示为：

$$f(t) = \sum_{i=1}^{2n-1} |x_i - t| = (2k - 2n + 1)t - \sum_{i=1}^{k} x_i + \sum_{i=k+1}^{2n-1} x_i$$

这里，t 的系数 $2k - 2n + 1$ 是正的，因此在各个区间上，t 越大 $f(t)$ 也就越大，并且各个区间的右端（区间的最大值）与其右侧区间的左端（右侧区间的最小值）相一致，$f(t)$ 随着 t 或者说 k 的增加而单调增加。因此，对于满足 $k \geqq n$ 的所有的 k 来说，$k=n$ 的时候 $f(t)$ 在区间 $x_k \leqq t \leqq x_{k+1}$ 的左端 $f(x_k)$ 的处取到最小值，这个最小值是：

$$f(t)_{\min} = f(x_n) \cdots\cdots ②$$

又因为 n 和 k 都是自然数，并不会有 $n-1 < k < n$ 的情况，由于 ① $=$ ② $= f(x_n)$，可以知道 t 与中位数一致的情况下 $f(t)$ 是整个区间的最小值。

（ⅱ）数据有偶数个的情况

如果 n 代表自然数，数据数量可以用 $2n$ 来表示。在这里，把数据从小到大表示为 $x_1 \leqq x_2 \leqq \cdots \leqq x_{2n}$。

在这里依然把真值写作 t，如果 t 在 $x_k \leqq t \leqq x_{k+1}$ 这一区间（$k=1,2,3,\cdots,$ $2n-1$）中，"偏离真值的绝对值的合计" $f(t)$ 可以表示为：

$$f(t) = \sum_{i=1}^{2n} |x_i - t| = \sum_{i=1}^{k}(t - x_i) + \sum_{i=k+1}^{2n}(x_i - t) = kt - \sum_{i=1}^{k} x_i - (2n-k)t + \sum_{i=k+1}^{2n} x_i$$

$$= 2(k-n)t - \sum_{i=1}^{k} x_i + \sum_{i=k+1}^{2n} x_i$$

在 $k < n$ 这一范围内，t 的系数 $2(k-n)$ 是负的，和（ⅰ）中一样，随着 k 或 t 增大，$f(t)$ 单调减少，$k=n-1$ 时 $f(t)$ 在区间右端的 $f(x_{k+1})$ 处取到最小值。也就是：

$$f(t)_{\min} = -2x_n - \sum_{i=1}^{n-1} x_i + \sum_{i=n}^{2n} x_i = -\sum_{i=1}^{n} x_i + \sum_{i=n+1}^{2n} x_i \cdots\cdots ③$$

另一方面，在 $k > n$ 这一范围内 t 的系数 $2(k-n)$ 是正的，随着 k 或 t 增大，$f(t)$ 单调增加，$k=n+1$ 时 $f(t)$ 在区间左端的 $f(x_k)$ 处取到最小值，也就是：

$$f(t)_{\min} = -2x_{n+1} - \sum_{i=1}^{n+1} x_i + \sum_{i=n+2}^{2n} x_i = -\sum_{i=1}^{n} x_i + \sum_{i=n+1}^{2n} x_i \cdots\cdots ④$$

关于最后剩下的 $k=n$ 的情况，考虑区间 $x_n \leq t \leq x_{n+1}$ 上 $f(t)$ 的最小值，因为 t 的系数是 0，所以最小值与 t 无关，得到：

$$f(t)_{min} = -\sum_{i=1}^{n} x_i + \sum_{i=n+1}^{2n} x_i \cdots\cdots ⑤$$

也就是说③＝④＝⑤，当 t 落在 $x_n \leq t \leq x_{n+1}$ 范围里的时候，无论 t 取到何值，$f(t)$ 都在整个区间取到最小值。数据数量是偶数，也就是可以用 $2n$ 个（n 是自然数）来表示时，中位数可以表示为 $(x_n + x_{n+1}) \div 2$，这个中位数自然也包含在 $f(t)$ 取到最小值的区间之内。

就像这样，展开有绝对值的式子时，分情况讨论是非常麻烦的。

附录2 偏差的平方与平均值

最小二乘法认为平均值是真值的优良推测值。接下来就让我们从算式上来考察这一点。

假设有n个（n是自然数）数据$x_1, x_2, \cdots, x_n$，真值写作t，与真值的偏差的平方和$f(t)$可以表示为：

$$f(t) = \sum_{i=1}^{n}(x_i - t)^2 = \sum_{i=1}^{n}(x_i^2 - 2tx_i + t^2) = \sum_{i=1}^{n}x_i^2 - 2t\sum_{i=1}^{n}x_i + nt^2$$

$$= nt^2 - 2n\overline{x}t + \sum_{i=1}^{n}x_i^2$$

这里，

$$\overline{x} = \frac{1}{n}\sum_{i=1}^{n}x_i$$

也就是说，$\overline{x}$是x的平均值，即将n个数据$x_1, x_2, \cdots, x_n$相加再用n去除所得到的数值。读作"x bar"，在统计学中，习惯用"bar"来表示数据的平均值。

将$f(t)$最小化的t是什么呢？使用初中所学的配方法就能算出答案，即：

$$f(t) = n(t^2 - 2\overline{x}t) + \sum_{i=1}^{n} x_i^2 = n(t^2 - 2\overline{x}t + \overline{x}^2 - \overline{x}^2) + \sum_{i=1}^{n} x_i$$

$$= n(t - \overline{x})^2 - n\overline{x}^2 + \sum_{i=1}^{n} x_i^2$$

由此可知 $t = \overline{x}$ 的时候 $f(t)$ 最小。

另外，用高中学习的微分法则更加简单：

$$f'(t) = 2nt - 2n\overline{x} = 2n(t - \overline{x})$$

所以令 $f'(t)=0$ 就可以知道 $t = \overline{x}$ 的时候 $f(t)$ 最小。这就是正文中所说的平方比绝对值更加便利，因为容易微分和积分。

附录3　平均值与比例的标准误差

为了方便，附录的顺序与正文稍有不同，即按照"平均值与比例的标准误差"→"方差与无偏方差"→"中心极限定理"的顺序进行说明。想要尽快了解中心极限定理的说明的读者，也最好先将正文读到第111页，了解标准误差到底是什么。

在【附录2】中，我们考虑了"与真值的偏差的平方和"$f(t)$。正文中提到过，这个合计值除以数据数量n就是方差。x的方差经常因为variance的首字母而表示为$V(x)$，它可以写成：

$$V(x) = \frac{1}{n}\sum_{i=1}^{n}(x_i - t)^2$$

再取根号就得到标准差。

另外，加总起来用n除的操作也可以说是求"期望"。期望的英文是expectation，所以x的期望写作$E(x)$。采用这种写法，方差就是：

$$V(x) = E[(x_i - t)^2]$$

这样，方差可以说是"与真值的偏差的平方的期望"。

基于【附录2】的观念，t并不是含糊不清的"真值"，而是平均值。x的平均值是收集无限多数据就能知道的"x的期望"，也就是$E(x)$。于是可以将方差表示为：

$$V(x) = E[(x - t)^2] = E\{[x - E(x)]^2\}$$

但是这样，E指的是哪个范围的期望并不明确。考虑到E代表收集无限多数据就能知道的"真实的平均值（mean）"，统计学惯例上使用英文字母m所对应的希腊字母，将方差表示为：

$$V(x) = E[(x - t)^2] = E\{[x - E(x)]^2\} = E[(x - \mu)^2]$$

再次确认一下期望的定义，它是指"（可能取到的值 × 取到这个值的概率）的合计"。比如说"掷一枚骰子，点数为1 ~ 6的概率都是⅙"，如果用$p(x)$来表示x取到某个值的概率，就可以写成：

$$p(1) = p(2) = p(3) = p(4) = p(5) = p(6) = \frac{1}{6}$$

于是掷出点数的平均值，也可以说是x的期望，就可以表示为：

$$\mu = E(x) = \sum_{x=1}^{6} x \cdot p(x)$$

计算得出 $\mu = 3.5$。同样，方差，也就是$(x - \mu)^2$的期望，可以表示为：

$$V(x) = E[(x - \mu)^2] = \sum_{i=1}^{n} (x_i - \mu)^2 \cdot p(x_i)$$

与刚才提到的用 μ 来表示平均值一样，这种利用期望来定义的理论上的方差习惯上用 σ^2 来表示。希腊字母 σ 读作"Sigma"，对应的英文字母是s。大概是由于方差是标准差SD的平方，才用这种表示方法来表示。另外，刚才我们说 μ 是"收集无限个数据就能知道的真实平均值"，这与"从实际数据计算出来的平均值（称为样本平均）"是完全不同的东西。同样，

用 σ^2 来表示的方差,一般指的是"收集无限个数据就能知道的真实方差",要与从实际数据计算出来的方差（称为样本方差）相区别。

顺便一提,表示 $x_1+x_2+\cdots+x_n$ 这种相加含义的符号 Σ 是 σ 的大写,来自于表示合计的英文单词sum的首字母。

这种期望的表示方法在统计学的初等证明中经常被用到,故在此先介绍三个后续计算中会用到的公式。

第一个公式是说变量相互独立（一方变大时,另一方不会因之变大或变小）时,变量之和的期望等于其期望之和。用公式表示如下：

$$E(x+y)=E(x)+E(y) \quad <期望的公式 1>$$

比如在掷骰子的同时掷1枚硬币。骰子掷出的点数与硬币的正反没有任何关系。所以骰子掷出的点数与硬币出现正面的次数之和的期望,就等于它们的期望之和,也就是3.5+0.5=4。

第二个公式是说,常数（无变动的固定值）与 x 相乘的期望,等于 x 的期望的常数倍。比如用 a 来表示这个常数：

$$E(ax)=aE(x) \quad <期望的公式 2>$$

比如骰子点数不是1、2、3、4、5、6而是乘以2的2、4、6、8、10、12,期望就是3.5的2倍,也就是7。

第三个公式是说,相互独立的变量乘积的期望,等于期望的乘积。用公示表示如下：

$$E(x\times y)=E(x)\times E(y) \quad <期望的公式 3>$$

如果是刚才骰子与硬币的例子,"二者乘积的期望",也就是只在硬币是正面的时候算骰子的点数,硬币是反面的时候将点数强制算成0,期望就是3.5×0.5=1.75。

另外,常数的期望就是常数本身,也就是说 $E(a)=a$。

使用这些公式，可以证明正文第133页所提到的"方差的可加性"。也就是说相互独立的变量之和的方差，与二者方差之和一致。用数学来表示就是：

$$V(x + y) = V(x) + V(y)\cdots\cdots①$$

成立。因为：

$$
\begin{aligned}
V(x + y) &= E\{[x + y - E(x) - E(y)]^2\} \\
&= E\{[x - E(x)]^2 + 2[x - E(x)][y - E(y)] + [y - E(y)]^2\} \\
&= E\{[x - E(x)]^2\} + 2E\{[x - E(x)][y - E(y)]\} + E\{[y - E(y)]^2\} \\
&= V(x) + 2E[xy - E(x)y - E(y)x + E(x)E(y)] + V(y) \\
&= V(x) + V(y) + 2[E(x)E(y) - E(x)E(y) - E(y)E(x) + E(x)E(y)] \\
&= V(x) + V(y)
\end{aligned}
$$

另外，因为方差是在数据平方状态下的指标，故原始数据 x 的 a 倍的 ax，其方差就是：

$$V(ax) = a^2 V(x)\cdots\cdots②$$

这也可以用期望的公式来证明：

$$
\begin{aligned}
V(ax) &= E\{[ax - E(ax)]^2\} = E\{[ax - aE(x)]^2\} = E\{a^2[x - E(x)]^2\} \\
&= a^2 E\{[x - E(x)]^2\} = a^2 V(x)
\end{aligned}
$$

接下来以上述内容为基础，说明为什么平均值或比例的标准误差是标准差除以 $\sqrt{n}$ 吧。

平均值的标准误差是"在同样的条件下多次计算平均值，得到的平均值的标准差"，可以表示为：

$$\text{SE} = \sqrt{V(\overline{x})} = \sqrt{V(\frac{x_1 + x_2 + \cdots + x_n}{n})}$$

在此应用②式，得到：

$$SE = \sqrt{\frac{1}{n^2}\, V(x_1 + x_2 + \cdots + x_n)} = \frac{1}{n}\sqrt{V(x_1 + x_2 + \cdots + x_n)}$$

又因为 x_1 和 x_2 等是相互独立的，利用公式的方差可加性，得到：

$$SE = \frac{1}{n}\sqrt{V(x_1) + V(x_2) + \cdots + V(x_n)}$$

不论是 x_1 还是 x_2 方差都同样是 $V(x)=\sigma^2$。也就是说 $V(x)=V(x_1)=V(x_2)=\cdots=V(x_n)=\sigma^2$，因此：

$$SE = \frac{1}{n}\sqrt{\sigma^2 + \sigma^2 + \cdots + \sigma^2} = \frac{1}{n}\sqrt{n\sigma^2} = \sqrt{\frac{\sigma^2}{n}} = \frac{\sigma}{\sqrt{n}} \cdots\cdots ③$$

（σ 是 $\sqrt{\sigma^2}$，也就是标准差。）

同样，让我们再考察比例的标准误差。比例可以认为是 x 取 0 或 1 这种情况下的平均值。按照讨论骰子时用到的期望的思考方法：

$$V(x) = E[(x-\mu)^2] = \sum_{x=0}^{1} (x-\mu)^2 p(x)$$

在这里 μ 与"取到 1 的概率"，也就是 $p(1)$ 相等。相反，$p(0)=1-p(1)=1-\mu$。令 $\mu=p(1)=p$，得到：

$$\begin{aligned} V(x) &= (0-p)^2(1-p) + (1-p)^2 p = p^2(1-p) + (1-p)^2 p \\ &= p(1-p)(p+1-p) = p(1-p) \end{aligned}$$

把这一结果代入公式 ③，比例的标准误差可以表示如下：

$$SE = \sqrt{\frac{V(x)}{n}} = \sqrt{\frac{p(1-p)}{n}}$$

附录4　方差与无偏方差

想要求出 n 个数据 x_1，x_2，$\cdots$，x_n 的方差，也就是样本方差 v，按下式计算就可以：

$$v = \frac{1}{n}\sum_{i=1}^{n}(x_i-\mu)^2 \quad ①$$

然而我们在计算方差时，真实的平均值实际上并不可知，所以要使用样本数据的平均值 $\overline{x}$。尤其是在数据数量少的时候，这一差别多少会带来偏差。

用 x 的平均值代替真实平均值 μ 来计算"偏差平方和"，可以得到：

$$\sum_{i=1}^{n}(x_i-\overline{x})^2 = \sum_{i=1}^{n}(x_i-\mu+\mu-\overline{x})^2 = \sum_{i=1}^{n}[(x_i-\mu)^2+2(x_i-\mu)(\mu-\overline{x})+(\mu-\overline{x})^2]$$

$$= \sum_{i=1}^{n}(x_i-\mu)^2+\sum_{i=1}^{n}[2(x_i-\mu)(\mu-\overline{x})+(\mu-\overline{x})^2]$$

根据①式：

$$\sum_{i=1}^{n}(x_i-\mu)^2 = nv$$

因此：

$$\sum_{i=1}^{n}(x_i-\overline{x})^2 = nv + \sum_{i=1}^{n}[2(x_i-\mu)(\mu-\overline{x})+(\mu-\overline{x})^2]$$

$$= nv + \sum_{i=1}^{n}(2\mu x_i - 2\overline{x}x_i - 2\mu^2 + 2\mu\overline{x}+\mu^2 - 2\mu\overline{x}+\overline{x}^2)$$

$$= nv + \sum_{i=1}^{n}(2\mu x_i - 2\overline{x}x_i - \mu^2 + \overline{x}^2) = nv + n\overline{x}^2 - n\mu^2 + 2(\mu-\overline{x})\sum_{i=1}^{n}x_i$$

$$= nv + n\overline{x}^2 - n\mu^2 + 2(\mu-\overline{x})n\overline{x} = nv + n\overline{x}^2 - n\mu^2 + 2n\mu\overline{x} - 2n\overline{x}^2$$

$$= nv - n\overline{x}^2 + 2n\mu\overline{x} - n\mu^2 = nv - n(\overline{x}^2 - 2\mu\overline{x}+\mu^2) = nv - n(\overline{x}-\mu)^2$$

因此有：

$$\frac{1}{n}\sum_{i=1}^{n}(x_i-\overline{x})^2 = v - (\overline{x}-\mu)^2$$

因此在计算样本方差时，用 $\overline{x}$ 来替代 μ，会使计算出的方差比实际的方差小 $(\overline{x}-\mu)^2$。若数据数量 n 足够大，$\overline{x} \leftleftarrows \mu$，问题就不存在了，但若数据量不够就必须要注意这点。

想要知道 $(\overline{x}-\mu)^2$ 大概有多大，先对上式两边求期望，得到：

$$E\left[\frac{1}{n}\sum_{i=1}^{n}(x_i-\overline{x})^2\right] = E\left[\frac{1}{n}\sum_{i=1}^{n}(x_i-\mu)^2\right] - E[(\overline{x}-\mu)^2]$$

在这里，等号右边的第一项就是 x 的方差 $V(x)=\sigma^2$，重点看第二项 $E[(\overline{x}-\mu)^2]$，会发现这是"$\overline{x}$ 的方差"，也就是"$\overline{x}$ 的标准误差的平方"。在【附录3】中我们证明了平均值的标准误差的平方是 x 的方差除以数据数量，也就是 $\frac{\sigma^2}{n}$。因此，以下关系成立：

$$E\left[\frac{1}{n}\sum_{i=1}^{n}(x_i-\overline{x})^2\right] = \sigma^2 - \frac{\sigma^2}{n} = \frac{(n-1)\sigma^2}{n} \leftrightarrow \sigma^2 = E\left[\frac{1}{n-1}\sum_{i=1}^{n}(x_i-\overline{x})^2\right]$$

也就是说，不使用 μ 而使用 $\overline{x}$ 计算偏差的情况下，如果 $(\overline{x}-\mu)^2$ 无法忽视，"偏差的平方和"就不该用 n 去除，而是用 $n-1$ 去除才对。按照这种思路，我们将每个样本数据与样本平均值之差的平方和用 $n-1$ 而不是 n 去除得到的值称为无偏方差。

附录 5　正态分布的数学性质

此前我们考察了表示数据特征的均值和方差。收集无限多的数据就能知道的变量 x 的平均值 μ 与方差 σ^2 可以表示为：

$$\mu = E(x) , \quad \sigma^2 = E[(x-\mu)^2]$$

我们曾在掷骰子的例子中考察过，期望是 x 的值与取到该值的概率的乘积的合计，因此把 x 取到某个值的概率写成 $p(x)$，就有：

$$\mu = E(x) = \sum x \cdot p(x)$$

同样，方差，也就是 $(x-\mu)^2$ 的期望可以表示为：

$$\sigma^2 = E[(x-\mu)^2] = \sum (x-\mu)^2 \cdot p(x)$$

然而，现实中很多数据并不像掷骰子那样，能够确切地得出"这个值出现的概率 $p(x)$ 是多少"。比如，从日本男性中随机抽出 1 人，身高是 170cm 的概率是多少？对问题的理解不同，答案也就不同。

身高 170cm 的定义到底是什么？是定义为"169.5cm 以上 170.5cm 以下，四舍五入后是 170cm"，还是"169.95cm 以上 170.05cm 以下为170.0cm",又或者更加宽泛的"165cm以上175cm以下,大概是170cm",理解不同,回答的概率也就不同。如果是严格的170cm,也就是在原子层面上的"170.0000cm",概率就会变得极其微小。

为了区分,像这种可以取到小数点后任意位的变量称为**连续变量**,而像骰子的点数一样只能取到自然数这种不连续值的变量叫作**离散变量**。只有 x 是离散变量时,才可以定义 x 取到某个值的概率是 $p(x)$;若 x 为连续变量,就不能考虑"取到某个值的概率",而必须考虑"169.5cm以上170.5cm以下"这种"x 处在某个值到某个值之间的概率"。统计学中使用所谓的**概率密度函数**来考察这样的概率。

正态分布使用的就是如下的图。纵轴是"概率密度",确定了"x 从哪里到哪里"的范围以后用它可以求出概率。概率密度函数表示的就是 x 与概率关系。我们已经说过,概率密度函数用 $f(x)$ 来表示,这源自英语中 function 这个单词。下图的概率密度函数是:

$$f(x) = \frac{1}{\sqrt{2\pi}} \exp(-\frac{x^2}{2})$$

这里 $\exp(-\frac{x^2}{2})$ 表示的是自然对数底,或称奈皮尔数 e 的 $(-x^2/2)$ 次方,也可以写成如下形式:

$$\exp(-\frac{x^2}{2}) = e^{-\frac{x^2}{2}} = \frac{1}{e^{\frac{x^2}{2}}} \cdots\cdots ①$$

这是方差为 1(也就是说标准差也是 1)、平均值是 0 的最易计算的正态分布,因此被称为**标准正态分布**。只要是服从正态分布,即使平均值和方差为其他值,也可以通过"减去平均值再除以标准差"的操作转换为服从标准正态分布。也就是说,对于服从平均值是 μ、方差是 $σ^2$ 的正态分布的 x,进行 $z = \frac{x - μ}{σ}$

$$f(x) = \frac{1}{\sqrt{2\pi}} \exp(-\frac{x^2}{2})$$

这个范围的
面积占全体的
95%

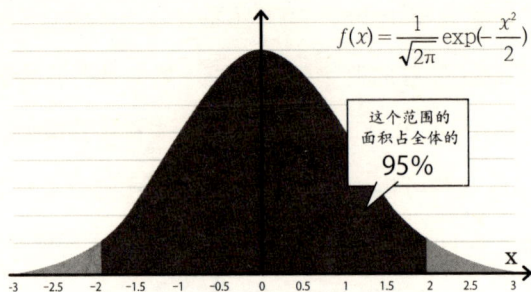

的转换，z就服从标准正态分布：

$$f(z) = \frac{1}{\sqrt{2\pi}} \exp(-\frac{z^2}{2})$$

这一操作被称为**标准化**或 **z变换**，是在正文中介绍过的z检验的由来。无论对于什么样的数据，"判断平均值或比例之差除以标准误差得到的值是否超过1.96"，就是将平均值或比例之差处理为服从均值是0、方差是1的标准正态分布后，利用这个概率密度函数求出"超出该值概率有多大"。

实际上求"落在某值到某值之间的概率"，是对概率密度函数求定积分，也就是求x在某值到某值的范围内，曲线$f(x)$下方的面积。比如，我们在正文中多次提到的标准正态分布，"值在−2到2之间的概率"，也就是值落在平均值±2SD范围内的概率，用$f(x)$求出的结果是约95%，这可以表示为：

$$\int_{-2}^{2} f(x)dx = \int_{-2}^{2} \frac{1}{\sqrt{2\pi}} \exp(-\frac{x^2}{2})dx \cong 0.95$$

其中，$\cong$与$\fallingdotseq$等符号一样，意味着"基本相等"。另外，因为x可能取到的值在理论上是从$-\infty$到∞的全体实数，"取到比平均值$+2SD$更大的值的概率大约为2.5%"可以表示为：

$$\int_{2}^{\infty} f(x)dx = \int_{2}^{\infty} \frac{1}{\sqrt{2\pi}} \exp(-\frac{x^2}{2})dx \cong 0.025$$

之前我们用期望，也就是用"可能取到的值取到该值的概率的合计"这种思路来处理平均值和方差。现在用概率密度函数 $f(x)$ 来代替 $p(x)$，用积分符号 ∫(Integral) 来代替 Σ，则可将平均值和方差写作如下形式：

$$\mu = \int_{-\infty}^{\infty} f(x)dx, \ \sigma^2 = \int_{-\infty}^{\infty} (x-\mu)^2 \cdot f(x)dx$$

另外，在概括分布特征方面，除了均值和方差，还有偏度和峰度这两个没有那么重要的指标：

$$\text{偏度} = \int_{-\infty}^{\infty} (x-\mu)^3 \cdot f(x)dx$$

$$\text{峰度} = \int_{-\infty}^{\infty} (x-\mu)^4 \cdot f(x)dx$$

不同点是，方差是 $(x-\mu)$ 平方的期望，而偏度则是 $(x-\mu)$ 三次方的期望，衡量的是分布的非对称性，即"偏斜程度"。峰度是 $(x-\mu)$ 四次方的期望，衡量的是分布向平均值附近集中的程度，即"尖锐程度"。这些表示分布特征的指标被合称为**矩**（moment），即将平均值称为"一阶矩"，将方差称为"二阶矩"，将偏度称为"三阶矩"，将峰度称为"四阶矩"。

那么，让我们用标准正态分布的概率密度函数来实际计算一下这些值吧。然而，即使是最简单的一阶矩，也就是平均值：

$$\mu = \int_{-\infty}^{\infty} x f(x)dx = \int_{-\infty}^{\infty} x \cdot \frac{1}{\sqrt{2\pi}} \exp(-\frac{x^2}{2})dx$$

也无法用普通的办法算出来。读者此时可能会因为不知道用分部积分还是置换积分而烦恼，不过不要着急，先来考察一下 $f(x)$ 的导数。

$$f'(x) = \left[\frac{1}{\sqrt{2\pi}} \exp(-\frac{x^2}{2}) \right]' = \frac{1}{\sqrt{2\pi}} \exp(-\frac{x^2}{2}) \cdot (-\frac{2x}{2})$$

$$= \frac{1}{\sqrt{2\pi}} \exp(-\frac{x^2}{2}) \cdot (-x) = -x \cdot f(x)$$

说点题外话，高斯汇编在《误差论》中的论文最早导出了正态分布概率密度函数。他从(1)小误差比大误差更容易发生；(2)非常大的误差极少发生；(3)同样大小的正负误差发生概率相同这三个条件，想到：

$$\frac{f'(x)}{f(x)} = ax \quad (a: 常数)$$

再由此导出正态分布中$\exp(-x^2)$的常数倍部分（希望会解微分方程的读者务必挑战一下）。

回归正题，对刚才的

$$f'(x) = -x \cdot f(x)$$

的两边进行不定积分，得到：

$$\int f'(x)dx = -\int x \cdot f(x)dx$$

左边"导数的积分"就是$f(x)$，也就是说：

$$-f(x) = \int x \cdot f(x)dx \cdots\cdots ②$$

所以有：

$$\mu = \int_{-\infty}^{\infty} x \cdot f(x)dx = -[f(x)]_{-\infty}^{\infty} = -\{\lim_{x\to\infty}[f(x) - f(-x)]\} = 0$$

这是因为，$f(x)$以$x=0$为轴左右对称，也就是说：

$$f(x) = f(-x) \cdots\cdots ③$$

（就像无论x是正是负，x^2的值都一样）。

让我们顺势来考虑二阶矩也就是方差。刚才我们已经算出来标准正态分布的μ是0，因此

$$\sigma^2 = \int_{-\infty}^{\infty} (x-\mu)^2 \cdot f(x)dx = \int_{-\infty}^{\infty} x^2 \cdot f(x)dx \cdots\cdots ④$$

在这里要使用高中学习的分部积分。分部积分是指：

$$\int_a^b u(x)v'(x)dx = [u(x)v(x)]\,_a^b - \int_a^b u'(x)v(x)dx$$

令 $u(x)=x$、$v'(x)=x\cdot f(x)$，$u'(x)=1$、$v(x)=-f(x)$（因为②），可以算出：

$$\sigma^2 = \int_{-\infty}^{\infty} x^2 f(x)dx = [-x\cdot f(x)]_{-\infty}^{\infty} + \int_{-\infty}^{\infty} f(x)dx$$
$$= \lim_{x\to\infty}\{-x\cdot f(x)-[x\cdot f(-x)]\} + \int_{-\infty}^{\infty} f(x)dx$$

根据③，$f(x)=f(-x)$，所以下式成立：

$$\sigma^2 = \lim_{x\to\infty}[-2x\cdot f(x)] + \int_{-\infty}^{\infty} f(x)dx = \lim_{x\to\infty}[-2x\cdot\frac{1}{\sqrt{2\pi}}\exp(-\frac{x^2}{2})] + \int_{-\infty}^{\infty} f(x)dx$$

$$= \lim_{x\to\infty}(-\sqrt{\frac{2}{\pi}}\frac{x}{e^{\frac{x^2}{2}}}) + \int_{-\infty}^{\infty} f(x)dx\ (因为①)$$

这样一来，$x\to\infty$ 的时候，由于 $x\ll e^{\frac{x^2}{2}}$，$\lim_{x\to\infty}(-\sqrt{\frac{2}{\pi}}\frac{x}{e^{\frac{x^2}{2}}})=0$，

$$\sigma^2 = \int_{-\infty}^{\infty} f(x)dx$$

等号的右边其实是在问"概率密度函数对从 $-\infty$ 到 ∞ 的所有实数的积分是多少"，简单来说就是"可能发生的所有的概率相加是多少"，从概率的定义可以知道答案是100%，也就是"1"。因此，

$$\sigma^2 = \int_{-\infty}^{\infty} f(x)dx = 1$$

这就证明了标准正态分布的均值和方差确实是0和1。

如果理解了以上内容，三阶矩也就是偏度也可以按照同样的方法计算出来。像刚才一样使用分部积分，这次令 $u(x)=x^2$、$v'(x)=x\cdot f(x)$，得到：

$$偏度 = \int_{-\infty}^{\infty}(x-\mu)^3\cdot f(x)dx = \int_{-\infty}^{\infty} x^3\cdot f(x)dx = [-x^2\cdot f(x)]_{-\infty}^{\infty} + 2\int_{-\infty}^{\infty} x\cdot f(x)dx$$

等号右边第一项与③相同，x 的正负因为平方被消掉，因此是0。第二项是的 μ 定义的2倍，因此也是0。所以，标准正态分布的三阶矩即偏度也是0。

最后，四阶矩也就是峰度怎么样呢？这里也是用分部积分，令 $u(x)=x^3$、$v'(x)=x\cdot f(x)$，得到：

$$峰度=\int_{-\infty}^{\infty}x^4\cdot f(x)dx=[-x^3\cdot f(x)]_{-\infty}^{\infty}+3\int_{-\infty}^{\infty}x^2\cdot f(x)dx$$

$$=\lim_{x\to\infty}\{-x^3\cdot f(x)-[x^3\cdot f(-x)]\}+3\int_{-\infty}^{\infty}x^2\cdot f(x)dx$$

$$=\lim_{x\to\infty}(-\sqrt{\frac{2}{\pi}}\frac{x^3}{e^{\frac{x^2}{2}}})+3\int_{-\infty}^{\infty}x^2\cdot f(x)dx$$

$x\to\infty$ 时，$x^3\ll e^{\frac{x^2}{2}}$，因此这里的第一项是 0。第二项是④中方差定义的 3 倍，因此我们知道峰度=3（另外，有些教科书为了让标准正态分布的峰度是 0 而将峰度定义为"四阶矩 −3"，这点请读者注意）。

不只是三阶矩和四阶矩，还可以计算一般化的 n 阶矩。假设 n 阶矩定义为：

$$M_{n(x)}=\int_{-\infty}^{\infty}x^n\cdot f(x)dx$$

这与之前相同，令 $u(x)=x^{n-1}$、$v'(x)=x\cdot f(x)$ 就可以用分部积分解决。这样，n 是 3 以上的奇数（$2k+1$：k 是自然数）的时候：

$$M_{2k+1(x)}=\int_{-\infty}^{\infty}x^{2k+1}\cdot f(x)dx=[-x^{2k}\cdot f(x)]_{-\infty}^{\infty}+2k\cdot\int_{-\infty}^{\infty}x^{2k-1}\cdot f(x)dx$$

等号右边第一项因为"平方把 ± 消掉因此是 0"，第二项是 $M_{2k-1(x)}$，也就是"小一个的奇数阶矩"的 $2k$ 倍。

因此可以得到递推式：

$$M_{2k+1(x)}=2k.M_{2k-1(x)}$$

这个递推式开始于 $M_{1(x)}=\mu=0$，无论之后乘以什么样的自然数 k，奇数阶矩 $M_{2k-1(x)}$ 都是 0。

再来考虑偶数阶矩，n 是 4 以上的偶数 $2k+2$ 的时候：

$$M_{2k+2(x)}=\int_{-\infty}^{\infty}x^{2k+2}\cdot f(x)dx=[-x^{2k+1}\cdot f(x)]_{-\infty}^{\infty}+(2k+1)\cdot\int_{-\infty}^{\infty}x^{2k}\cdot f(x)dx$$

在 $x \to \infty$ 的时候，$x^{2k+1} << e^{\frac{x^2}{2}}$，因此右边第一项

$$\lim_{x \to \infty}(-\sqrt{\frac{2}{\pi}} \frac{x^{2k+1}}{e^{\frac{x^2}{2}}}) = 0$$

第二项是 $M_{2k(x)}$ 也就是"小一个的偶数阶矩"的 $(2k+1)$ 倍。因此写出偶数阶矩的递推式，就是：

$$M_{2k+2(x)} = (2k+1) \cdot M_{2k(x)}$$

这个递推式开始于 $M_{2(x)} = \sigma^2 = 1$。可以知道 $2k$ 阶矩是像 $M_{4(x)} = 3 \times 1 = 3$，$M_{6(x)} = 5 \times 3 \times 1 = 15$ 一样，从 1 开始按顺序乘上 k 个奇数。另外，就像用"Σ"表示"累加"，我们用圆周率的符号 π 的大写字母，也就是希腊字母 Π 来代表"累乘"（"乘起来"在英语中是 product，因此使用的是 p 所对应的希腊字母）。使用这一符号，偶数阶矩可以一般化为：

$$M_{2k(x)} = \prod_{i=1}^{k}(2i-1)$$

把以上内容总结一下就是：

$$M_{n(x)} = \begin{cases} 0 & (n\text{是奇数}) \\ \prod_{i=1}^{n/2}(2i-1) & (n\text{是偶数}) \end{cases}$$

像本文中一样——用高中水平的知识来处理分布的矩是非常麻烦的，统计学家一般会使用矩量母函数或者特征函数这些便利的工具来计算。这无论如何都要用到大学以上的数学知识，因此本书并不会涉及。希望有兴趣的读者可以参考竹村彰通所著的《现代数理统计学》（创文社）等书，了解数理统计学的思考方式。

附录6　中心极限定理

在【附录5】中，我们知道了均值是0、方差是1的标准正态分布的 n 阶矩可以表示为：

$$M_{n(x)} = \begin{cases} 0 & (n是奇数) \\ \prod_{i=1}^{n/2} (2i-1) & (n是偶数) \end{cases} \quad \cdots\cdots ①$$

如果想要证明中心极限定理，也就是证明无论它们原来是否服从正态分布，把一些值加总充分多次，就服从正态分布这一法则，只要证明"加总起来的值服从的分布"有上述矩就可以了。写在数理统计学教科书中的严密证明无论如何都需要大学水平的数学，但如果不采取那么严密的形式，只是想要体验一下"好像真的是这样啊"这种心情，用高中水平的数学知识也可以做到。参考切比雪夫和马尔可夫这两位19世纪的俄罗斯数学家最开始进行的初等证明方法，让我们来考虑如下步骤。

首先考虑一个我们完全不知道服从何种分布的连续变量 x。

完全不知道服从何种分布，也就不知道 x 的概率密度函数 $f(x)$ 可以写成什么式子。假设均值 μ_x、方差 σ_x^2 等 n 阶矩全部都存在且取到有限值。有限方差就是指"方差是 ∞"（实际上，这种分布在理论上也是存在的）以外的状态。当然方差也不是 0。方差是 0 指的是取到某值的概率是 100%，那无论把这个值如何加总也不可能服从正态分布。不过，在严密的证明中并不需要假设"n 阶矩全部存在且取到有限值"。

假设我们从这个概率密度函数得到了相互独立的 k 个数据 $x_1, x_2, \cdots,$ x_k。本来我们想知道的，应该是这组数据的合计 $X = x_1 + x_2 + \cdots + x_k$ 在 k 充分大的时候是否服从正态分布，但是直接计算这个有些困难，因此我们先将其标准化，或者说进行 z 变换，再考察变换之后的值。也就是说，令

$$z_i = \frac{x_i - \mu_x}{\sigma_x}$$

这样，变换后的 z 服从的分布是否满足 $\mu_z = 0$、$\sigma_z = 0$ 就与 x 服从的分布是否为正态分布变成了同一个问题。不考虑 X 而考虑 $Z = (z_1 + z_2 + \cdots + z_k) \div \sqrt{k}$ ，有

$$Z = \frac{1}{\sqrt{k}} \sum_{i=1}^{k} z_i$$

$$= \frac{1}{\sqrt{k}} \sum_{i=1}^{k} \frac{x_i - \mu_x}{\sigma_x}$$

$$= \frac{1}{\sqrt{k}\,\sigma_x} \sum_{i=1}^{k} (x_i - \mu_x)$$

$$= \frac{1}{\sqrt{k}\,\sigma_x} \sum_{i=1}^{k} x_i - \frac{\sqrt{k}\,\mu_x}{\sigma_x} = \frac{X}{\sqrt{k}\,\sigma_x} - \frac{\sqrt{k}\,\mu_x}{\sigma_x}$$

$$\Leftrightarrow X = \sqrt{k}\,\sigma_x Z + k\mu_x$$

所以，如果 Z 服从正态分布，"Z 的某倍再加上某个值"的 X 也应该

服从正态分布。这样，我们终于要考虑Z的矩了。首先是一阶矩"平均值"：

$$E(Z) = E(\frac{z_1 + z_2 + \cdots + z_k}{\sqrt{k}})$$

$$= \frac{1}{\sqrt{k}}[E(z_1) + E(z_2) + \cdots + E(z_k)]$$

$$= \frac{kE(z)}{\sqrt{k}} = \sqrt{k}\mu_z = 0$$

关于二阶矩"方差"有：

$$E[(Z-\mu)^2] = E(Z^2) = E\left[\frac{(z_1 + z_2 + \cdots + z_k)^2}{k}\right]$$

$$= \frac{1}{k}[E(z_1^2 + z_2^2 + \cdots + z_k^2 + 2z_1z_2 + 2z_1z_3 \cdots + 2z_{k-1}z_k)]$$

$$= \frac{1}{k}[E(z_1^2) + E(z_2^2) + \cdots + E(z_k^2) + 2E(z_1)E(z_2) + 2E(z_1)\ E(z_3) \cdots + 2E(z_{k-1})E(z_k)$$

这样算下来得到了一个似乎很麻烦的式子，但我们并不用害怕。

无论是 $E(z_1^2)$ 还是 $E(z_2^2)$ 全部都是 $E(z^2)$，$E(z_1)E(z_2)$ 或 $E(z_1)E(z_3)$ 全都是 $E(z)^2$，因此我们只要考虑它们分别有多少个好了。在全部的 $k \times k$ 个组合中两个相同的值相乘的项有 k 个，它们是 $E(z^2)$，而剩下的 k^2-k 个是 $E(z)^2$，因此可以知道：

$$E[(Z-\mu)^2] = \frac{1}{k}[kE(z^2) + (k^2 - k)E(z)^2] = E(z^2) + (k-1)E(z)^2$$

而且 $E(z) = \mu_z = 0$，所以 Z 的二阶矩是：

$$E(Z^2) = E(z^2) = 1$$

再考虑三阶矩，得到：

$$E(Z^3) = E\left[\frac{(z_1 + z_2 + \cdots + z_k)^3}{k\sqrt{k}}\right]$$

这里分子出现了"三次方"，计算起来非常麻烦。

但是，假如我们用 z_i、z_j、z_k（$i \neq j \neq k$）来表示展开后能得到的项，其实只有 $z_i^3 z_j^0 z_k^0$、$z_i^2 z_j^1 z_k^0$、$z_i^1 z_j^1 z_k^1$ 这 3 种模式，并且：

$$E(z_i^3 z_j^0 z_k^0) = E(z^3)$$

$$E(z_i^2 z_j^1 z_k^0) = E(z^2)E(z) = E(z^2) \cdot 0 = 0$$

$$E(z_i^1 z_j^1 z_k^1) = E(z)^3 = 0^3 = 0$$

只要是有 1 次方的项，即使只有 1 个，最后的期望也是 0。因此，只要考虑 k 个全部都是相同值相乘的 $E(z^3)$ 就好了。这样，能得到：

$$E(Z^3) = E\left[\frac{(z_1 + z_2 + \cdots + z_k)^3}{k\sqrt{k}}\right] = \frac{1}{k\sqrt{k}} \cdot kE(z^3) = \frac{E(z^3)}{\sqrt{k}}$$

根据假设，x 与 z "存在有限的矩"。$E(z^3) = E\big[(z-0)^3\big] = E\big[(z-\mu_z)^3\big]$，也就是说，虽然不知道具体的值，但 $E(z^3)$ 存在且取到某个有限值。这样，在 k 与这个三阶矩相比足够大的时候，可以认为：

$$E(Z^3) = \frac{E(z^3)}{\sqrt{k}} \cong 0$$

这意味着，加总的数据数量 k 足够大的时候 Z 与标准正态分布一样偏度是 0。

那么四阶矩又如何呢？四阶矩也要考虑展开项，将至少有 1 个 1 次项的排除，只考虑 $E(z_i^4) = E(z^4)$ 与 $E(z_i^2 z_j^2) = E(z^2)^2$ 这 2 种模式就好了。先不论前者，后者处理起来有些麻烦，但用高中学习的多项式定理来考虑可能会简单些。根据多项式定理，展开时 $(a + b + c)^n$，次数是 $a^p b^q c^r$ 的项对应的系数是 $\dfrac{n!}{p! \ q! \ r!}$，这一规律在计算 $(z_1 + z_2 + \cdots + z_k)^4$ 时也可以使用。

举例来说，$(z_1 + z_2 + \cdots + z_k)^4$ 展开后，$z_i^2 z_j^2$ 对应的系数是 $4! \div 2! \div 2! = 6$。

另外，从 k 个值中选出 2 个——z_i 和 z_j，i 和 j 的组合一共存在 $k(k-1) \div 2$ 种。所以有：

$$E(Z^4) = E\left[\frac{(z_1 + z_2 + \cdots + z_k)^4}{k^2}\right] = \frac{1}{k^2}[kE(z^4) + \frac{6k(k-1)}{2}E(z^2)^2]$$

$$= \frac{1}{k}[E(z^4) + 3(k-1)E(z^2)^2]$$

$$= \frac{E(z^4)}{k} - \frac{1}{k}E(z^2)^2 + 3E(z^2)^2$$

$$= \frac{E(z^4)}{k} - \frac{1}{k} + 3 \quad (\text{因为。} E(z^2) = \sigma_z^2)$$

这里与刚才一样，考虑 k 充分大的情况，就得到：

$$E(Z^4) \cong 3$$

这又与标准正态分布的四阶矩一致。

如果有兴趣可以计算五阶以上的矩，得到的结果依然会是"奇数阶 k 只会出现在分母中，k 充分大的时候可以认为是 0"，"偶数阶只剩下 k 可以除尽分子分母的项，无论 z 的高阶矩的值是什么，都和标准正态分布的矩一致"。

用初等数学（虽说如此但也包含了技巧性的展开）将这种关系一般化的是马尔可夫和切比雪夫。在他们研究成果的基础上，利用特征函数这一工具得出现代通用的中心极限定理的则是李雅普诺夫。

清水良一所著的《中心极限定理》（教育出版）中十分详细地介绍了正态分布与中心极限定理的发展历史以及现代化的证明方法，想要了解更高水平内容的读者可参考这本书。

附录 7　切比雪夫不等式

切比雪夫不等式是指，无论数据的分布方式如何，平均值 ±2SD 的范围内至少会包含 3/4 的数据。更加一般化的表达是，无论数据的分布方式如何，数据出现在平均值 $\pm k \times$ SD 这一范围以外的概率在 $1/k^2$ 之下。$k=2$ 的时候这个概率的上限是 1/4，因此"落在平均值 ±2SD 的范围内的概率"的下限就是 3/4。

将上述一般化的表达用连续变量 x 的概率密度函数 $f(x)$、均值 μ、方差 $\sigma^2 (>0)$ 来表示就是：

$$\int_{\mu-k\sigma}^{\mu+k\sigma} f(x)dx \geqq 1 - \frac{1}{k^2}$$

该式之所以能够成立，首先考虑方差 σ^2：

$$\begin{aligned}
\sigma^2 &= E[(x-\mu)^2] = \int_{-\infty}^{\infty}(x-\mu)^2 f(x)dx \\
&= \int_{-\infty}^{\mu-k\sigma}(x-\mu)^2 f(x)dx + \int_{\mu-k\sigma}^{\mu+k\sigma}(x-\mu)^2 f(x)dx + \int_{\mu+k\sigma}^{\infty}(x-\mu)^2 f(x)dx \\
&\geqq \int_{-\infty}^{\mu-k\sigma}(x-\mu)^2 f(x)dx + \int_{\mu+k\sigma}^{\infty}(x-\mu)^2 f(x)dx
\end{aligned}$$

（将积分范围分为 3 部分，除去最中间的一部分。）

在这里，第一项和第二项是对 μ 偏离 $\pm k\sigma$ 以上的范围，因此 $|x-\mu| \geqq k\sigma > 0$，所以有 $(x-\mu)^2 \geqq k^2\sigma^2 > 0$。

因此有：

$$\sigma^2 \geqq \int_{-\infty}^{\mu-k\sigma}(x-\mu)^2 f(x)dx + \int_{\mu+k\sigma}^{\infty}(x-\mu)^2 f(x)dx \geqq \int_{-\infty}^{\mu-k\sigma} k^2\sigma^2 f(x)dx + \int_{\mu+K\sigma}^{\infty} k^2\sigma^2 f(x)dx$$

$$= k^2\sigma^2 \left(\int_{-\infty}^{\mu-k\sigma} f(x)dx + \int_{\mu+k\sigma}^{\infty} f(x)dx \right) = k^2\sigma^2 \left(1 - \int_{\mu-k\sigma}^{\mu+k\sigma} f(x)dx \right)$$

$$\Leftrightarrow \frac{1}{k^2} \geqq 1 - \int_{\mu-k\sigma}^{\mu+k\sigma} f(x)dx \Leftrightarrow \int_{\mu-k\sigma}^{\mu+k\sigma} f(x)dx \geqq 1 - \frac{1}{k^2}$$

由此，我们证明了切比雪夫不等式。

附录 8 关于平均值与比例之差的 z 检验

比例之差的 z 检验，就像正文中"参加过体育社团组"与"未参加体育社团组"那样，给定两组人数分别是 n_1、n_2，符合某个条件的人数比例分别为 p_1、p_2，将两组比例之差 (p_1-p_2) 看作服从正态分布（中心极限定理），考察该差距"有多么不可能"。

如果想要用正态分布来计算概率，必须要知道"均值与方差"。根据原假设，"两组之间不存在差距"，比例之差的平均值应该是 0。至于方差，如【附录 3】所言，每组的标准误差 SE 是：

$$\mathrm{SE}_i = \sqrt{\frac{p(1-p)}{n_i}}$$

根据原假设，这里的 p 应该是"两组共同的比例"，所以不能直接使用 p_1 和 p_2。两组"符合某条件"的人数加起来是 $n_1 p_1 + n_2 p_2$，而全体人数是 $n_1 + n_2$，可以求出：

$$p = \frac{n_1 p_1 + n_2 p_2}{n_1 + n_2}$$

比例的标准误差是"比例的方差的平方根"。因此我们有：

$$V(p_i) = \mathrm{SE}_i^2 = \frac{p(1-p)}{n_i}$$

我们想要知道的方差是 $V(p_1-p_2)$。由【附录3】中证明的方差的可加性和 $V(ax)=a^2V(x)$，可知：

$$\begin{aligned}
V(p_1-p_2) &= V[p_1+(-p_2)] \\
&= V(p_1) + V(-p_2) \\
&= V(p_1) + (-1)^2\, V(p_2) \\
&= V(p_1) + V(p_2)
\end{aligned}$$

因此有：

$$V(p_1-p_2) = \frac{p(1-p)}{n_1} + \frac{p(1-p)}{n_2} = p(1-p)(\frac{1}{n_1} + \frac{1}{n_2})$$

所以，对 (p_1-p_2) 进行"原始值减去平均值除以标准差"的 z 变换：

$$z = \frac{p_1-p_2}{\sqrt{p(1-p)(\frac{1}{n_1}+\frac{1}{n_2})}}$$

$$\text{这里 } p = \frac{n_1 p_1 + n_2 p_2}{n_1 + n_2}$$

z 服从的就是标准正态分布。

同样地，让我们来考察一下平均值之差 $(\bar{x}_1 - \bar{x}_2)$。其中，$\bar{x}_1$ 表示"第1组的平均值"。

根据原假设，$(\bar{x}_1 - \bar{x}_2)$ 的平均值是0。和刚才一样，利用【附录3】中的结果可以得到方差是：

$$V(\bar{x}_1 - \bar{x}_2) = V(\bar{x}_1) + V(\bar{x}_2) = \frac{\sigma_1^2}{n_1} + \frac{\sigma_2^2}{n_2}$$

（相信不用我说大家也知道 σ_1^2，σ_2^2 分别是每组的方差。）

利用 z 变换

$$z = \frac{\overline{x}_1 - \overline{x}_2}{\sqrt{\dfrac{\sigma_1^2}{n_1} + \dfrac{\sigma_2^2}{n_2}}}$$

原假设下的 p 值可以用标准正态分布计算出来。实际上，σ_1^2 和 σ_2^2 是"收集无限数据应该得到的值"，因此基于【附录4】的思考方法，我们一般会使用从样本数据中计算出的无偏方差。

附录9 χ^2（卡方）分布与 t 分布的关系

服从 t 分布的检验统计量 t 到底是什么呢？它可以表示成如下形式：

$$t = 服从标准正态分布 \times \frac{\sqrt{自由度}}{\sqrt{服从 \chi^2 分布的值}}$$

在进行 z 检验的时候，要进行

$$z = \frac{x - \mu}{\sigma}$$

的变换，但现实中分母所使用的 σ 并不是"有无限多的数据就能求得的真实的值"，而是"从有限数据中推测出的有一定变动性的值"，所以在这种情况下，更应该使用 t 检验而不是 z 检验。如果收集到的样本量大（正文中所说的判断标准大概是有数百乃至数千）到可以将 σ 看作真实值，使用 z 检验也是可以的。但如果仅分析 4 个数据，这两种检验之间差别就不能无视。

正文中也曾提及，χ^2 分布是，将服从平均值为 0、方差为 1 的标准正态分布的相互独立的变量 x 的平方相加得到的变量所服从的分布。我们将

x服从均值为 μ、方差为 σ^2 的正态分布写成 $x \sim N(\mu, \sigma^2)$，χ^2 分布就是满足

$$\chi_n^2 = \sum_{i=1}^{n} x_i^2 \qquad [x_i \sim N(0, 1)]$$

的 χ_n^2 所服从的分布。

　　将不同个服从正态分布的 x 的平方相加会得到不同的分布，这个"将多少个相加"的数量就是 χ^2 分布的自由度。比如将3个 x^2 相加得到的 χ^2 分布，其自由度就是3。

　　那么，从少量数据求出来的方差又是怎样的呢？n 个数据求出的无偏方差 v 可以写成：

$$v = \frac{1}{n-1} \sum_{i=1}^{n} (x_i - \overline{x})^2$$

　　这与刚才所说的 χ^2 分布有所关联。假设其中的 x 服从正态分布，其均值为 μ，方差为 σ^2，那么 x 减去平均值再除以标准差，所得的值服从标准正态分布，因此考察

$$C = \sum_{i=1}^{n} \left(\frac{x_i - \mu}{\sigma} \right)^2$$

这一平方和，C 服从自由度为 n 的 χ^2 分布。这里的 σ^2 是真实的方差，也就是常数，因此：

$$\Leftrightarrow \sigma^2 C = \sum_{i=1}^{n} (x_i - \mu)^2$$

如果 $\overline{x} = \mu$，等号右边就和刚才 v 的式子中 Σ 部分的计算相同，因此有：

$$v = \frac{1}{n-1} \sigma^2 C$$

这相当于是把原来的方差 σ^2 乘以了一个服从 χ^2 分布的从概率角度来说存

在分散的部分。用x的平均值除以由此无偏方差v算出的标准误差$\sqrt{\dfrac{v}{n}}$，便能得到最基础的t检验统计量，其原假设就是"x的平均值是否为0"。

这时，有读者就会问："为什么要特意检验平均值是否为0呢？"让我们先来考虑这种情况：有若干职员，针对每个人计算其"今年的销售量－去年的销售量"，单个来看结果有正有负，但总体上看今年销售量增加了的职员比较多。想要知道这两年销售量之差是否能被视为偶然，只要对"两年销售量之差的平均值是否为0"进行t检验就好了。

这时候，检验统计量t是：

$$t = \frac{\overline{x}}{\sqrt{v/n}} = \frac{\overline{x}}{\sqrt{\dfrac{1}{n(n-1)}\sum_{i=1}^{n}(x_i - \overline{x})^2}} = \frac{\overline{x}}{\sqrt{\dfrac{1}{n(n-1)}\sigma^2 C}} = \frac{\overline{x}}{\sigma/\sqrt{n}}\frac{\sqrt{n-1}}{\sqrt{C}}$$

这与

$$t = 服从标准正态分布 \times \frac{\sqrt{自由度}}{\sqrt{服从\chi^2分布的值}}$$

的定义形式一致。由此可知，z检验并没有考虑到的标准误差的分散性，在t检验这里都被纳入了考量。为了理解这一点，无论如何也要接触一下正文中避开未提的"自由度是什么""为什么不是n而是$n-1$"。

为什么不是n而是$n-1$呢？和在【附录3】学习无偏方差时一样，答案在于使用的是$\overline{x}$还是μ。刚才笔者厚着脸皮写"如果$\overline{x} = \mu$"，但如果这真的成立，也就没有必要使用t分布了。

想求无偏方差，就需要用$(n-1)$而不是用n去除，因为：

$$E[(x_i - \overline{x})^2] = \frac{(n-1)}{n}\sigma^2$$

考虑等号的左边，因为：

$$\overline{x} = \frac{1}{n}\sum_{j=1}^{n} x_j$$

所以有：

$$E[(x_i - \overline{x})^2] = E\left[\left(x_i - \frac{1}{n}\sum_{j}^{n} x_j\right)^2\right] = E\left[\left(x_i - \frac{x_i}{n} - \frac{1}{n}\sum_{j\neq i}^{n} x_j\right)^2\right]$$

$$= E\left[\left(\frac{n-1}{n}x_i - \frac{1}{n}\sum_{j\neq i} x_j\right)^2\right]$$

简单来说，就是分解为"含有同样的 x_i 的部分"和"含有其他的 x_i 的部分"。

特别考察一下第 n 个数据 x_n，有：

$$\overline{x} = \frac{1}{n}\sum_{i=1}^{n} x_i = \frac{1}{n}\left(x_n + \sum_{i=1}^{n-1} x_i\right) \Leftrightarrow x_n = n\overline{x} - \sum_{i=1}^{n-1} x_i$$

因此有：

$$x_n - \overline{x} = n\overline{x} - \sum_{i=1}^{n-1} x_i - \overline{x} = (n-1)\overline{x} - \sum_{i=1}^{n-1} x_i = -\sum_{i=1}^{n-1}(x_i - \overline{x})$$

也就是对直到第 $n-1$ 项的数据求 $x_i - \overline{x}$ 之和再乘以 -1。让我们用具体的例子来说明一下这到底是什么。比如 $n=3$ 的时候：

$$\overline{x} = \frac{x_1 + x_2 + x_3}{3}$$

$$x_1 - \overline{x} = x_1 - \frac{x_1 + x_2 + x_3}{3} = \frac{3x_1 - x_1 - x_2 - x_3}{3} = \frac{2x_1 - x_2 - x_3}{3}$$

同样能得到 $x_2 - \overline{x} = \frac{-x_1 + 2x_2 - x_3}{3}$，$x_3 - \overline{x} = \frac{-x_1 - x_2 + 2x_3}{3}$。

另外还能得到：

$$(x_1 - \overline{x}) + (x_2 - \overline{x}) = \frac{2x_1 - x_2 - x_3 - x_1 + 2x_2 - x_3}{3}$$

$$= \frac{x_1 + x_2 - 2x_3}{3} = -(x_3 - \overline{x})$$

这一关系对于 3 以外的 n 也是成立的。

这样，就得到：

$$E[(x_i - \overline{x})^2] = \frac{1}{n}\sum_{i=1}^{n-1}\left(\frac{n-1}{n}x_i - \frac{1}{n}\sum_{j\neq i}x_j\right)^2 + \frac{1}{n}\left[-\sum_{j\neq i}\left(\frac{n-1}{n}x_i - \frac{1}{n}\sum_{j\neq i}x_j\right)\right]^2$$

在这里，将等号右边第一项（关于 x_1 到 x_{n-1} 的部分）和第二项（关于 x_n 的部分）共同的部分写作：

$$\frac{n-1}{n}x_i - \frac{1}{n}\sum_{j\neq i}x_j = y_i$$

来考察一下这部分。就像刚才在的例子中证明的 $(2x_1 - x_2 - x_3)/3$ 一样，这个值是 "$(n-1)$ 倍的 x_i 减去 $n-1$ 个 'x_i 之外的 x' 再除以 n"。只要 x 服从的是相同的分布，$n-1$ 个的 x 减去 $n-1$ 个 x 的值，也就是 y 的均值就是 0。于是有：

$$E[(x_i - \overline{x})^2] = \frac{1}{n}\sum_{i=1}^{n-1}y_i^2 + \frac{1}{n}\left(-\sum_{i=1}^{n-1}y_i\right)^2 = \frac{1}{n}\sum_{i=1}^{n-1}y_i^2 + \frac{1}{n}\left(\sum_{i=1}^{n-1}y_i\right)^2$$

从这里变换为服从 χ^2 分布的形式花不少的功夫，但最重要的是，我们将原来的 "平均值是 0 的相互独立的 n 个 $(x_i - \overline{x})^2$ 的合计是多少" 这一问题，转化为了 "平均值是 0 的相互独立的 $n-1$ 个 y_i^2 合计是多少"。

如果要问为什么能够做到这一转化，因为 $\overline{x}$ 并不独立于 "n 个 x_i"，所以 $\overline{x}$ 在式子中出现就意味着，像这次我们使用的一样（无论是 x_1、x_2 还是别的值），某一个 x_i 的值，是被平均值 $\overline{x}$ 和 x_i 之外的值固定了。这种 1 个值因为其他值被固定的状态在统计学中称为 "自由度减少了 1"。给定服从均值是 0、方差是 1 的正态分布的 n 个相互独立的数据时，数据平方和应该服从自由度是 n 的 χ^2 分布。然而，在计算过程中使用了从 n 个数据计算出的平均值，自由度会减少 1，也就变成了服从自由度 $n-1$ 的 χ^2 分布。

　　不仅是 t 检验，在回归分析中 t 分布也有着重要的意义，对于正确分析数十至数百件程度的少量数据是很重要的，但是统计学中，或者说费希尔的发明之中最让初学者混乱的，大概就是这个自由度的概念。然而，只要理解了"计算方差所用的数据数量不同，自由度也就不同，方差背后的 χ^2 分布的形状也就不同""如果计算方差的时候使用了 n 个数据的均值，那么自由度就是 $n-1$"，今后的学习就会容易很多。

　　由于数据数量有限时 χ^2 分布的形状存在差异，对平均值除以标准误差进行假设检验时，求出的结果多少会和正态分布存在差距。为了正确考察这一差距，t 分布考虑了标准误差服从的 χ^2 分布的自由度。另外，想要实际使用这个 t 分布，自然也必须考虑"是自由度为多少的 t 分布"。比如在考察每组 n 人的 2 组数据间平均值之差的时候，所使用的 t 分布的自由度就是全部的 $2n$ 个自由度减去 2 个平均值的自由度，也就是 $2n-2$。

　　如果读者理解了以上内容，今后在读统计学入门书的时候，遭遇挫折的风险应该会大大减小。

附录 10　费希尔确切概率检验

在此对正文中简略带过的费希尔确切概率检验的计算过程进行补充说明。

	部门主管以上	无职位	合计
参加过体育社团	4人 (66.7%)	2人 (33.3%)	6人
未参加体育社团	1人 (25%)	3人 (75%)	4人
合计	5人 (50%)	5人 (50%)	10人

首先，从全部的10人中选出5位成功者，组合的方式共有 $\dfrac{10!}{5!(10-5)!} = 252$ 种。这是在高中学习过的排列组合的知识。想要检验这一结果，可以在Excel中输入 =combin(10,5)。

接下来考虑在这252种组合中，"有4人以上参加过体育社团"的组合有多少。成功者一共只有5个人，因此"有4人以上参加过体育社团"，具体来说就是有4人或5人参加过体育社团。

先考察有4人参加过体育社团的情况。从参加过体育社团的6人中选出4人的组合数，一共有 $\dfrac{6!}{4!(6-4)!}=15$ 种。另一方面，从未参加体育社团的4人中选出1人的组合数共有4种。所以，"5位成功者中有4人参加过体育社团"的组合数就是 $15\times4=60$。在252种情况中有60种，也就是约有23.8%的概率会出现这种结果。

而5人全部是参加过体育社团的情况，只需要考虑从参加过体育社团的6人中选出5人的组合数共 $\dfrac{6!}{5!(6-5)!}=6$ 种，以及未参加体育社团者中"谁都没有成功"的仅1种情况的乘积。这一情况出现的概率是2.38%（=6/252）。

将两种情况相加得到的252种情况中的66种，也就是约有26.2%的概率。这就是"参加过体育社团者的成功率较高的概率，也就是单侧检验的 p 值"。

如果想进一步求双侧检验的 p 值，必须加上参加过体育社团者的成功率比实际数据更低的所有情况的概率。

参加过体育社团的6人中有1人成功、未参加过体育社团的4人全部成功的概率是 $\dfrac{6!}{1!(6-1)!}\times\dfrac{4!}{4!(4-4)!}\div252=6\div252=2.38\%$。参加过体育社团的6人中有2人成功、未参加过体育社团的4人中有3人成功的概率是 $\dfrac{6!}{2!(6-2)!}\times\dfrac{4!}{3!(4-3)!}\div252=60\div252=23.8\%$。

因此，把这些全部相加，得到252种组合中的132种，也就是有52.4%的概率会得到与原假设相反的结果。这就是双侧检验的 p 值。

将这一计算更加一般化，在原假设正确的情况下，从以下汇总表中得到的概率 p 可以表示为如下公式：

	符合条件	不符合条件	合计
第1组	a	b	$a+b$
第2组	c	d	$c+d$
合计	$a+c$	$b+d$	$a+b+c+d$

$$p = \frac{(a+b)!(c+d)!(a+c)!(b+d)!}{(a+b+c+d)!a!b!c!d!}$$

按照前文

$$p = \frac{第1组中有a人符合条件的组合数 \times 第2组中有c人符合条件的组合数}{全体中选出(a+c)个符合条件的人的组合数}$$

的顺序进行计算，这是：

$$p = \frac{(a+b)!}{a!b!} \times \frac{(c+d)!}{c!d!} \div \frac{(a+b+c+d)!}{(a+c)!(b+d)!}$$

与刚才给出的公式完全一致。

另外，不考虑"符合条件的有多少人"而考虑"不符合条件的有多少人"，虽然思考的方式有所变化，得到的结果也与之前给出的公式一致。

附录 11 z 检验与 χ^2（卡方）检验

根据下表，证明在 2×2 的交叉表中"比例之差的 z 检验与 χ^2 检验完全相同"。

	符合条件	不符合条件	合计
第1组	a	b	$a+b$
第2组	c	d	$c+d$
合计	$a+c$	$b+d$	$a+b+c+d$

首先利用 z 检验来考察组间"符合条件的比例"之差。在原假设，也就是"两组间符合条件的比例没有差别"成立的情况下，两组共同的比例 p 是：

$$p = \frac{a+c}{(a+b+c+d)}$$

而第1组与第2组的人数 n_1, n_2 与比例 p_1, p_2 分别是：

$$n_1 = a + b, n_2 = c + d, p_1 = \frac{a}{a+b}, p_2 = \frac{c}{c+d},$$

将这些代入【附录8】中的公式，得到：

$$z = \frac{p_1 - p_2}{\sqrt{p(1-p)(\frac{1}{n_1} + \frac{1}{n_2})}} = \frac{\frac{a}{a+b} - \frac{c}{c+d}}{\sqrt{\frac{a+c}{a+b+c+d} \cdot (1 - \frac{a+c}{a+b+c+d})(\frac{1}{a+b} + \frac{1}{c+d})}}$$

$$= \frac{\frac{ac + ad - ac - bc}{(a+b)(c+d)}}{\sqrt{\frac{(a+c)(b+d)}{(a+b+c+d)^2} \cdot \frac{(c+d+a+b)}{(a+b)(c+d)}}}$$

$$= \frac{ad - bc}{(a+b)(c+d)\sqrt{\frac{(a+c)(b+d)}{(a+b+c+d)(a+b)(c+d)}}}$$

$$= \frac{ad - bc}{\sqrt{\frac{(a+c)(b+d)(a+b)^2(c+d)^2}{(a+b+c+d)(a+b)(c+d)}}}$$

$$= (ad - bc)\sqrt{\frac{a+b+c+d}{(a+b)(a+c)(b+d)(c+d)}}$$

因此可以得到如下变形：

$$z = (ad - bc)\sqrt{\frac{a+b+c+d}{(a+b)(a+c)(b+d)(c+d)}} \quad \cdots\cdots ①$$

　　另一方面，在χ^2检验中，我们要计算每个单元格"在原假设下的期望频数（人数）E"，再考察其与每个单元格的实际频数（人数）的差。

　　比如现在数值为a的单元格的期望频数，是使用刚才算出的"原假设下两组共同的符合条件的比例"p乘以第1组的人数，也就是：

$$E_a = (a+b)p = \frac{(a+b)(a+c)}{a+b+c+d}$$

同样地,b的期望频数也可以用两组共同的"不符合条件的比例"$1-p$来计算:

$$E_b = (a+b)(1-p) = \frac{(a+b)(b+d)}{a+b+c+d}$$

对于c, d也可以求出:

$$E_c = (c+d)p = \frac{(c+d)(a+c)}{a+b+c+d}$$

$$E_d = (c+d)(1-p) = \frac{(c+d)(b+d)}{a+b+c+d}$$

在检验中,

$$\chi^2 = \sum \frac{(实际频数-期望频数)^2}{期望频数}$$

该值在交叉表为形式的情况下，服从自由度为$(n-1) \times (m-1)$的χ^2分布，以此可以求出p值。另外，该值服从χ^2分布是因为Σ中是"服从正态分布的值的平方"，我们在此仅做直观上的说明。

刚才我们说了，可以认为各个单元格内频数的期望是"全体人数 × 某组占全体的比例 × 符合／不符合条件的人在全体中的比例"，这里的"关于行的比例"×"关于列的比例"就是与"正态分布的平方"相关联的地方。就像在z检验中比例可以用正态分布来近似一样，"比例×比例"也可以用正态分布的平方近似。另外，"实际频数－期望频数"这一分子的平均值为0，除以作为分母的期望频数也使方差被标准化为1了。

本例中，表格是2×2的，因此自由度是1（$=1 \times 1$）。也就是说，若作为每行合计的两组的人数以及作为每列合计的符合条件与不符合条件的人数为固定值，只要确定了某一个单元格的值，其他单元格的值就会被"行的合计－这个单元格的值"或"列的合计－这个单元格的值"所决定。

因此虽然加总了4个值，但自由度仅为1。

那么，实际计算一下，首先对 a 来说，有：

$$\frac{(\text{实际频数}-\text{期望频数})^2}{\text{期望频数}}=\frac{\left[a-\dfrac{(a+b)(a+c)}{a+b+c+d}\right]^2}{\dfrac{(a+b)(a+c)}{a+b+c+d}}$$

$$=\frac{\left(\dfrac{a^2+ab+ac+ad-a^2-ab-ac-bc}{a+b+c+d}\right)^2}{\dfrac{(a+b)(a+c)}{a+b+c+d}}$$

$$=\frac{(ad-bc)^2}{(a+b)(a+c)(a+b+c+d)}$$

同样，对 b 来说，有：

$$\frac{\left[b-\dfrac{(a+b)(b+d)}{a+b+c+d}\right]^2}{\dfrac{(a+b)(b+d)}{a+b+c+d}}=\frac{(ab+b^2+bc+bd-ab-b^2-ad-bd)^2}{(a+b)(b+d)(a+b+c+d)}$$

$$=\frac{(bc-ad)^2}{(a+b)(b+d)(a+b+c+d)}$$

$$=\frac{(ad-bc)^2}{(a+b)(b+d)(a+b+c+d)}$$

对于 c 来说，有：

$$\frac{\left[c-\dfrac{(c+d)(a+c)}{a+b+c+d}\right]^2}{\dfrac{(c+d)(a+c)}{a+b+c+d}}=\frac{(ac+bc+c^2+cd-ac-c^2-ad-cd)^2}{(c+d)(a+c)(a+b+c+d)}$$

$$=\frac{(bc-ad)^2}{(c+d)(a+c)(a+b+c+d)}$$

$$=\frac{(ad-bc)^2}{(c+d)(a+c)(a+b+c+d)}$$

对于 d 来说，有：

$$\frac{\left[d-\dfrac{(c+d)(b+d)}{a+b+c+d}\right]^2}{\dfrac{(c+d)(b+d)}{a+b+c+d}} = \frac{(ad+bd+cd+d^2-bc-cd-bd-d^2)^2}{(c+d)(b+d)(a+b+c+d)}$$

$$= \frac{(ad-bc)^2}{(c+d)(b+d)(a+b+c+d)}$$

因此，把这些加起来得到：

$$\chi^2 = \frac{(ad-bc)^2}{a+b+c+d}\left[\frac{1}{(a+b)(a+c)}+\frac{1}{(a+b)(b+d)}+\frac{1}{(c+d)(a+c)}+\frac{1}{(c+b)(d+d)}\right]$$

$$= \frac{(ad-bc)^2}{a+b+c+d}\left[\frac{b+d+a+c}{(a+b)(a+c)(b+d)}+\frac{b+d+a+c}{(c+d)(a+c)(b+d)}\right]$$

$$= \frac{(ad-bc)^2}{a+b+c+d}(a+b+c+d)\left[\frac{1}{(a+b)(a+c)(b+d)}+\frac{1}{(c+d)(a+c)(b+d)}\right]$$

$$= \frac{(ad-bc)^2}{a+b+c+d}(a+b+c+d)\left[\frac{c+d+a+b}{(a+b)(a+c)(b+d)(c+d)}\right]$$

$$= \frac{(ad-bc)^2(a+b+c+d)}{(a+b)(a+c)(b+d)(c+d)}$$

因此：

$$\chi^2 = \frac{(ad-bc)^2(a+b+c+d)}{(a+b)(a+c)(b+d)(c+d)}\cdots\cdots②$$

根据①和②，$\chi^2=z^2$，由于自由度为1的χ^2分布就是"只有1个服从标准正态分布的z的平方"时的分布，两者的值一致，服从的完全是同一分布。因此对于表来说，比例之差的z检验与χ^2检验完全相同。

为了让大家对刚才提到的χ^2分布自由度为1有一个直观的认识，顺便让我们来考察一下在只有第1组符合条件的人数a是自由变量，"第1组的人数B""符合条件的全部人数C""全体人数N"都已被决定了的条件下，将②式用a,B,C,N来表示时是怎样的。

	符合条件	不符合条件	合计
第1组	a	$B-a$	B
第2组	$C-a$	$N-B-C+a$	$N-B$
合计	C	$N-C$	N

可以得到：

$$\chi^2 = \frac{[a(N-B-C+a)-(B-a)(C-a)]^2 N}{BC(N-B)(N-C)}$$

$$= \frac{(aN-aB-aC+a^2-BC+aB+aC-a^2)^2 N}{BC(N-B)(N-C)}$$

$$= \frac{(aN-BC)^2 N}{BC(N-B)(N-C)}$$

$$= \frac{(a-B\frac{C}{N})^2 N^3}{BC(N-B)(N-C)}$$

$$= \frac{(a-B\frac{C}{N})^2}{N \cdot \frac{B}{N} \cdot \frac{C}{N} \cdot \frac{N-B}{N} \cdot \frac{N-C}{N}}$$

$$= \frac{(a-N\frac{B}{N}\frac{C}{N})^2}{N \cdot \frac{B}{N}(1-\frac{B}{N}) \cdot \frac{C}{N}(1-\frac{C}{N})}$$

这里分子的 $N\frac{B}{N}\frac{C}{N}$ 就是之前所说的"全体人数 × 第1组占全体的比例 × 符合条件的人在全体中的比例"，也就是对应 a 所在单元格的期望。另外分母中的 $\frac{B}{N}(1-\frac{B}{N})$ 和 $p(1-p)$ 一样是比例的方差，也就是"第1组占全体比例的方差"。同样，$\frac{C}{N}(1-\frac{C}{N})$ 是"符合条件的人数占全体比例的方差"。因此，χ^2 值可被看作：

$$\chi^2 = \left(\frac{a\text{的实际值}-a\text{的期望值}}{a\text{的标准差}}\right)^2$$

于是，我们可以知道，即使使用的是4个单元格的信息，由于"服从标准正态分布的变量的平方只有1个"，因此检验统计量服从的是自由度为1的χ^2分布。

附录 12　邦费罗尼校正

以 p 值是否小于 0.05 来判断原假设，犯冒失鬼错误的风险是 0.05，也就是在 1 次的假设检验中，将实际上没有任何差距的偶然误差判断为"显著性差异"的风险是 5%。

那么，如果用相同的数据进行 n 次假设检验，这一风险会增加多少呢？计算"将错误风险为 5% 的事件独立重复 n 次，一次都不犯错的概率是多少？"可以得到：

$$\text{一次都不犯错的概率} = (1-0.05)^n$$

利用这个来求至少会犯一次错的概率，得到：

$$\text{至少会犯一次错的概率} = 1 - (\text{一次都不犯错的概率}) = 1 - (1-0.05)^n$$

但这个 0.05 也会依情况不同而改变，所以，我们用 α 来代替它，得到：

$$\text{至少犯一次错的概率} = 1 - (1-\alpha)^n$$

如果计算 $(1-\alpha)^n$ 的部分，会得到：

$$\text{至少会犯一次错的概率} = 1 - \left(1^n - n\alpha + \frac{n!}{2!(n-2)!}\alpha^2 + \cdots + \frac{(-1)^k n!}{k!(n-k)!}\alpha^k + \cdots\right)$$

　　虽然当 n 很大的时候必须要写出异常长的式子，但万幸的是 α 的值一般是 0.05，有时会是 0.01 等"比 1 小的值"。这样一来，即使 α 高达 0.05，其平方也只有 0.0025，小到几乎可以无视。这样可以得到：

$$\text{至少犯一次错的概率} \cong 1-(1-n\alpha)=n\alpha$$

　　重复 n 次显著性水平为 α 的假设检验，"冒失鬼错误"的概率大概会变为 α 的 n 倍。

　　邦费罗尼校正是从这里进行逆运算，如果最终想要将"冒失鬼错误"的概率控制在 α 以内，每一次的假设检验中用 α/n 来判断就好了。比如要在 10 次假设检验的情况下把"至少犯一次冒失鬼错误的概率"控制在 5% 以内，每一次假设检验就要用 p 值是否小于 0.005 也就是 0.5% 来进行判断。

　　然而，虽然邦费罗尼校正确实能将"冒失鬼错误"的概率保持在一定水平之内，但如果 n 很大，就很难发现显著性差异，也就是说统计功效降低了。比如，在 $n=100$ 的情况下

$$\text{至少犯一次错的概率} = 1-(1^{100}-100\alpha+\frac{100\cdot 99}{2\cdot 1}\alpha^2+\cdots)$$
$$\cong 1-(1-100\alpha+4950\alpha^2)=100\alpha-4950\alpha^2$$

　　虽然 α^2 本身是很小的值，但如果 n 很大，系数就会变大，最终的概率也就很难无视。在如果想将至少犯一次错误的概率控制在 0.05 以内，即：

$$100\alpha-4950\alpha^2=0.05$$
$$\Leftrightarrow 4950\alpha^2-100\alpha+0.05=0$$

用二次方程解的公式，可以得到：

$$\alpha=\frac{50\pm\sqrt{50^2-4950\cdot 0.05}}{4950}=\frac{50\pm\sqrt{2500-247.5}}{4950}$$
$$=\frac{50\pm 47.46}{4950}\cong 0.0197,\ 0.0005$$

　　我们自然希望显著性水平更大些，所以将显著性水平定为0.0197，这样一来，重复检验100次也能将 α 错误的概率控制在5%以内。然而，Bonferroni校正只考虑到一次项，100次检验整体的 α 错误是5%，每次检验就必须使用0.0005（也就是0.05%）这一严格的标准。因此，它只适用于 n 并不是很大的情况，或只用来充当大概的判断标准。

　　此外，还有Holm方法和Benjamin–Hochberg法，它们使用了比邦费罗尼校正更为复杂的概率计算，在处理多重比较时能使统计功效不那么容易下降，有兴趣的读者可以自行查阅相关内容。

附录 13　一元回归分析

	访问次数	签约数
A	0次	0件
B	2次	3件
C	4次	3件

基本的思考方法是，将访问次数 x 与签约数 y 之间的关系视为 $y=ax+b$，把根据回归方程推测出的 y 与其实际值之差的平方和（即残差平方和）最小化。

所以残差平方和就是：

$$残差平方和 = \sum_{i=1}^{n}[y-(ax+b)]^2$$

代入这 3 个人的数据，得到：

$$残差平方和 = (0-a\cdot0-b)^2+(3-a\cdot2-b)^2+(3-a\cdot4-b)^2$$
$$= b^2+9+4a^2+b^2-12a-6b+4ab+9+16a^2+b^2-24a-6b+8ab$$
$$= 20a^2+12ab-36a+3b^2-12b+18$$

要知道让这个式子最小的 a, b 的组合，懂得微积分的人直接对 a, b 求导就可以了。即使不懂，用好初中学习的配方法也能解出来。过程如下：

$$残差平方和 = 20a^2 + 12(b-3)a + 3b^2 - 12b + 18$$

$$= 20[a^2 + \frac{12}{20}(b-3)a] + 3b^2 - 12b + 18$$

$$= 20\left\{a^2 + \frac{6}{10}(b-3)a + \left[\frac{3}{10}(b-3)\right]^2 - \left[\frac{3}{10}(b-3)\right]^2\right\} + 3b^2 - 12b + 18$$

$$= 20\left[a^2 + \frac{3}{10}(b-3)\right]^2 - 20\left[\frac{3}{10}(b-3)\right]^2 + 3b^2 - 12b + 18$$

$$= 20\left[a^2 + \frac{3}{10}(b-3)\right]^2 - \frac{20 \cdot 9}{100}(b^2 - 6b + 9) + 3b^2 - 12b + 18$$

$$= 20\left[a^2 + \frac{3}{10}(b-3)\right]^2 - \frac{9}{5}b^2 + \frac{54}{5}b - \frac{81}{5} + 3b^2 - 12b + 18$$

$$= 20\left[a^2 + \frac{3}{10}(b-3)\right]^2 + \frac{(-9+15)b^2 + (54-60)b + (-81+90)}{5}$$

$$= 20\left[a^2 + \frac{3}{10}(b-3)\right]^2 + \frac{1}{5}(6b^2 - 6b + 9)$$

$$= 20\left[a^2 + \frac{3}{10}(b-3)\right]^2 + \frac{6}{5}\left(b^2 - b + \frac{1}{4} - \frac{1}{4}\right) + \frac{9}{5}$$

$$= 20\left[a^2 + \frac{3}{10}(b-3)\right]^2 + \frac{6}{5}\left(b - \frac{1}{2}\right)^2 - \frac{6}{5} \cdot \frac{1}{4} + \frac{9}{5}$$

$$= 20\left[a^2 + \frac{3}{10}(b-3)\right]^2 + \frac{6}{5}\left(b - \frac{1}{2}\right)^2 + \frac{3}{2}$$

因此，$b = \frac{1}{2}$，$a = -\frac{3}{10}(b-3) = -\frac{3}{10}\left(\frac{1}{2} - 3\right) = \frac{3}{10} \cdot \frac{6-1}{2} = \frac{3}{4}$ 的时候残差平方和最小。

这样，我们就求出了使残差平方和最小的回归直线 $y = 0.75x + 0.5$。

到现在为止我们都在用具体的数值进行计算，现在让我们来推导对其他数据也适用的一般化的公式。想用回归直线 $y = ax + b$ 来拟合 n 组数据 (x_i, y_i)，由于残差平方和（residual sum of squares）可以看成是被 a, b

的值影响的函数，将其写作 $R(a, b)$，可以表示为：

$$R(a, b) = \sum_{i=1}^{n} (y_i - ax_i - b)^2$$

想要求最小化 $R(a, b)$ 的 a, b 的组合，分别对 a, b 求导令其等于 0，这是理科的一般做法。首先对 b 求导，因为括号右上方的次数是 2 以及 b 的系数是 -1，有：

$$-2\sum_{i=1}^{n} (y_i - ax_i - b) = 0$$

$$\Leftrightarrow \sum_{i=1}^{n} y_i = a\sum_{i=1}^{n} x_i + nb \cdots\cdots ①$$

①式的两边同时除以 n，得到：

$$\overline{y} = a\overline{x} + b \cdots\cdots ①'$$

这告诉我们回归直线通过 x 与 y 的平均值。

而对 a 求导，因为括号右上方的次数是 2 以及 a 的系数是 $-x_i$，有：

$$-2\sum_{i=1}^{n} (y_i - ax_i - b)x_i = 0$$

$$\Leftrightarrow \sum_{i=1}^{n} x_i y_i = a\sum_{i=1}^{n} x_i^2 + b\sum_{i=1}^{n} x_i \cdots\cdots ②$$

①和②中都有 Σ，看似非常复杂，而实际上不过是 2 个关于 a, b 的式子，也就是初中学习的联立方程组。

所以利用①'消掉②中的 b 就可以解出 a。

$$\sum_{i=1}^{n} x_i y_i = a\sum_{i=1}^{n} x_i^2 + (\overline{y} - a\overline{x})\sum_{i=1}^{n} x_i = a\sum_{i=1}^{n} x_i^2 + (\overline{y} - a\overline{x})n\overline{x} = a\sum_{i=1}^{n} x_i^2 + n\overline{x}\overline{y} - an\overline{x}^2$$

$$= a\left(\sum_{i=1}^{n} x_i^2 - n\overline{x}^2\right) + n\overline{x}\overline{y}$$

因此可以导出：

$$a = \left(\sum_{i=1}^{n} x_i y_i - n\overline{xy} \right) \div \left(\sum_{i=1}^{n} x_i^2 - n\overline{x}^2 \right) \cdots\cdots ③$$

考察式子等号右边的第二项，实际上有：

$$\sum_{i=1}^{n} (x_i - \overline{x})^2 = \sum_{i=1}^{n} (x_i^2 - 2\overline{x}x_i + \overline{x}^2) = \sum_{i=1}^{n} x_i^2 - 2\overline{x}\sum_{i=1}^{n} x_i + n\overline{x}^2$$

$$= \sum_{i=1}^{n} x_i^2 - 2\overline{x}n\overline{x} + n\overline{x}^2 = \sum_{i=1}^{n} x_i^2 - n\overline{x}^2$$

这是 "x 与平均值之差的平方和"，如果用 n 或 $n-1$ 去除就得到了方差。

同样，关于等号右边第一项有：

$$\sum_{i=1}^{n} (x_i - \overline{x})(y_i - \overline{y}) = \sum_{i=1}^{n} x_i y_i - \overline{y}\sum_{i=1}^{n} x_i - \overline{x}\sum_{i=1}^{n} y_i + n\overline{xy}$$

$$= \sum_{i=1}^{n} x_i y_i - \overline{y}n\overline{x} - \overline{x}n\overline{y} + n\overline{xy} = \sum_{i=1}^{n} x_i y_i - n\overline{xy}$$

这表示的是 "x 对平均值的偏离 ×y 对平均值的偏离"。到现在我们尚未说明这个式子除以 n 以后叫作什么。如果 x 与 y 相互独立，这个值应该是 0，它是一个判断相互间关联性的指标，叫作协方差。虽然并没人真用笔算，但若想根据样本数据计算出一元回归分析的回归系数（斜率），只要分别求出每组 x 与 y 乘积的合计、数据量 ×x 的平均值 ×y 的平均值、x 平方和、数据量 ×x 平均值的平方，就可以利用③式求出斜率。用一句话来说，就是 "协方差除以方差"。而截距只要利用①'式 "斜率为 a 的直线通过 x 与 y 的平均值" 来求就可以了。

我们最后想要知道的，是如何求回归系数的标准误差。

将③式的第二项，也就是 "x 与平均值之差的平方和（Sum of Squares）" 写作，③式可以改写为：

$$a = \frac{1}{S_x} \sum_{i=1}^{n} (x_i - \overline{x})(y_i - \overline{y}) = \frac{1}{S_x} \sum_{i=1}^{n} (x_i - \overline{x}) y_i - \frac{\overline{y}}{S_x} \sum_{i=1}^{n} (x_i - \overline{x})$$

$$= \frac{1}{S_x} \sum_{i=1}^{n} (x_i - \overline{x}) y_i - \frac{\overline{y}}{S_x} (n\overline{x} - n\overline{x}) = \frac{1}{S_x} \sum_{i=1}^{n} (x_i - \overline{x}) y_i \cdots\cdots ④$$

迄今为止，我们接触的 a（斜率）与 b（截距）都只是从实际数据中计算出的值，让我们试着写出其真值 α、β 与第 i 个数据对应的误差 ε_i 表达式。统计学中，对于与误差、残差相关的数值，经常用 error 的首字母 e 或者与其相对应的希腊字母 ε（epsilon）来表示。这样，对于所有的 i 来说下式都应该成立：

$$y_i = \alpha x_i + \beta + \varepsilon_i \cdots\cdots ⑤$$

再详细一点说，在回归分析中对误差项有若干假设，即误差的期望为 0、误差独立于 x 与 y、误差服从正态分布。将这个⑤式代入④式，有：

$$a = \frac{1}{S_x} \sum_{i=1}^{n} (x_i - \overline{x})(\alpha x_i + \beta + \varepsilon_i)$$

$$\Leftrightarrow a = \frac{\alpha}{S_x} \sum_{i=1}^{n} (x_i - \overline{x}) x_i + \frac{\beta}{S_x} \sum_{i=1}^{n} (x_i - \overline{x}) + \frac{1}{S_x} \sum_{i=1}^{n} (x_i - \overline{x}) \varepsilon_i \cdots\cdots ⑥$$

在此，注意等号右边的第一项，会发现：

$$\sum_{i=1}^{n} (x_i - \overline{x}) x_i = \sum_{i=1}^{n} x_i^2 - \overline{x} \sum_{i=1}^{n} x_i = \sum_{i=1}^{n} x_i^2 - n\overline{x}^2 = S_x$$

对于等号右边的第二项，有：

$$\sum_{i=1}^{n} (x_i - \overline{x}) = n\overline{x} - n\overline{x} = 0$$

因此，把以上结果代入⑥式，可以得到：

$$a = \frac{S_x \alpha}{S_x} + \frac{\beta}{S_x} 0 + \frac{1}{S_x} \sum_{i=1}^{n} (x_i - \overline{x}) \varepsilon_i = \alpha + \frac{1}{S_x} \sum_{i=1}^{n} (x_i - \overline{x}) \varepsilon_i \cdots\cdots ⑦$$

从⑦式求 a 的期望，由于 ε_i 独立于 $(x_i - \overline{x})$ 且期望为 0，可以得到：

$$E(a) = \alpha + \frac{1}{S_x} E\left[\sum_{i=1}^{n}(x_i - \overline{x})\right] \cdot E(\varepsilon_i) = \alpha$$

于是我们知道了，最小二乘法得到的 a 的期望确实与真实的回归系数一致。

再考虑方差，有：

$$V(a) = \mathrm{E}[(a-\alpha)^2] = E\left\{\frac{1}{S_x}\left[\sum_{i=1}^{n}(x_i-\overline{x})\,\varepsilon_i\right]^2\right\}$$

在这里不同的 ε_i 相互独立，并且还有：

$$E\left\{\left[\sum_{i=1}^{n}(x_i-\overline{x})\right]^2\right\} = E\left[\sum_{i=1}^{n}(x_i-\overline{x})^2\right] = S_x$$

所以：

$$V(a) = \frac{1}{S_x^2} S_x E(\varepsilon_i^2) = \frac{E(\varepsilon_i^2)}{S_x}$$

ε_i 是实际值距离真实回归方程的偏差，当数据量足够大的时候，距离回归方程的偏差的平方的平均值——也就是均方——与 ε_i 的期望一致。因此我们证明了正文中提及的：

$$回归系数a的标准误差 = \sqrt{\frac{均方}{x的偏差平方和}} = \sqrt{\frac{残差平方和}{x的偏差平方和 \times 数据量}}$$

另外，回归系数 a 除以其标准误差所得到的值，在 n 并不充分大的时候并不服从标准正态分布，而是服从自由度为 $n-2$ 的 t 分布。也就是说这个标准误差的背后存在自由度为 $n-2$ 的 χ^2 分布。丢失的2个自由度是由于我们并未使用斜率和截距的真值，而是使用了根据样本数据算出来的值。在正文的例子中，因为样本数据只有3个所以自由度是1。另外，"除以数据量"也不是用数据的个数 n 而是用自由度 $n-2$ 来除。这样，利用正文中的数据可以求出正确的标准误差是 $\sqrt{\dfrac{1.5}{8 \times 1}} = 0.433$ 。

　　此外，t 分布中，对应标准正态分布落在 ± 1.96 范围内、以平均值为中心的 95% 的数据所在的区间，因自由度的不同而不同。自由度越大就越接近 ± 1.96 这一范围，自由度越小，范围就越大。在自由度为 1 的时候，范围要扩展到 ± 12.7。

　　因此，回归系数的 95% 置信区间是 $0.75 \pm 12.7 \times 0.433$，也就是 $-4.75 \sim 6.25$ 这一范围。相反，对自由度为 1 的 t 分布来说，回归系数除以标准误差得出的 $\pm 1.73 (= 0.75 \div 0.433)$ 的范围中存在多少数据呢？结果是 66.7%。想要检验这一点的读者可以在 Excel 中使用 t.dist 等函数，而用 1 减去这个值得到的 33.3% 就是 "回归系数是 0" 这一原假设对应的 p 值。

附录14 一元回归分析与 t 检验的关系

让我们考虑一下二值解释变量 x 与定量 outcome y 的一元回归分析和 t 检验。首先来看一元回归分析。如【附录13】，将回归系数为0的原假设对应的检验统计量写作 t_a：

$$t_a = \cfrac{\text{回归系数}}{\sqrt{\cfrac{\text{残差平方和}}{x\text{的偏差平方和} \times (\text{数据数量} - 2)}}}$$

服从的是自由度为 $n-2$ 的 t 分布。首先让我们从这里开始思考。模仿【附录13】（不过，此处使用的并不是与真实回归直线的偏差，而是与从数据计算出的回归直线的偏差），将分子的回归系数和分母中的标准误差分别整理成算式如下：

$$\text{回归系数} = \sum_{i=1}^{n}(x_i - \overline{x})(y_i - \overline{y}) \div \sum_{i=1}^{n}(x_i - \overline{x})^2$$

$$\text{回归系数的标准误差} = \sqrt{\sum_{i=1}^{n}e_i^2} \div \sqrt{\sum_{i=1}^{n}(x_i - \overline{x})^2} \div \sqrt{n-2}$$

x为二值变量。现在考虑n个数据,最开始有n_0个$x=0$和n_1个$x=1$(也就是有$n_0+n_1=n$)。此时$\bar{x}=n_1\div n$,因此有:

$$
\begin{aligned}
\text{回归系数} &= \left[\sum_{i=1}^{n_0}\left(0-\frac{n_1}{n}\right)(y_i-\bar{y})+\sum_{i=n_0+1}^{n}\left(1-\frac{n_1}{n}\right)(y_i-\bar{y})\right]\div\left[\sum_{i=1}^{n_0}\left(0-\frac{n_1}{n}\right)^2+\sum_{i=n_0+1}^{n}\left(1-\frac{n_1}{n}\right)^2\right]\\
&= \left[\sum_{i=1}^{n_0}-\frac{n_1}{n}(y_i-\bar{y})+\sum_{i=n_0+1}^{n}\frac{n_0}{n}(y_i-\bar{y})\right]\div\left[\sum_{i=1}^{n_0}\left(\frac{n_1}{n}\right)^2+\sum_{i=n_0+1}^{n}\left(\frac{n_0}{n}\right)^2\right]\\
&= \left(-\frac{n_1}{n}\sum_{i=1}^{n_0}y_i+\frac{n_1}{n}n_0\bar{y}+\frac{n_0}{n}\sum_{i=n_0+1}^{n}y_i-\frac{n_0}{n}n_1\bar{y}\right)\div\left[n_0\left(\frac{n_1}{n}\right)^2+n_1\left(\frac{n_0}{n}\right)^2\right]\\
&= \left(-\frac{n_1}{n}\sum_{i=1}^{n_0}y_i+\frac{n_0}{n}\sum_{i=n_0+1}^{n}y_i\right)\div\left[\frac{n_0n_1}{n^2}(n_1+n_0)\right]\\
&= \left(-\frac{n_1}{n}\sum_{i=1}^{n_0}y_i+\frac{n_0}{n}\sum_{i=n_0+1}^{n}y_i\right)\div\left(\frac{n_0n_1}{n^2}n\right)\\
&= -\frac{n_1 n}{n n_0 n_1}\sum_{i=1}^{n_0}y_i+\frac{n_0 n}{n n_0 n_1}\sum_{i=n_0+1}^{n}y_i\\
&= -\frac{1}{n_0}\sum_{i=1}^{n_0}y_i+\frac{1}{n_1}\sum_{i=n_0+1}^{n}y_i
\end{aligned}
$$

此时令:

$$\frac{1}{n_0}\sum_{i=1}^{n_0}y_i=\bar{y}_0,\quad \frac{1}{n_1}\sum_{i=n_0+1}^{n}y_i=\bar{y}_1$$

就得到:

$$\text{回归系数}=\bar{y}_1-\bar{y}_0$$

$\bar{y}_0$、$\bar{y}_1$分别是x为0的组与x为1的组outcome的平均值。因此正文中说,x是二值变量时,回归系数是两组平均值之差。同样考虑一下标准误差,有:

$$
\begin{aligned}
\text{回归系数的标准误差} &= \sqrt{\sum_{i=1}^{n_0}e_i^2+\sum_{i=n_0+1}^{n}e_i^2}\div\sqrt{\sum_{i=1}^{n_0}\left(0-\frac{n_1}{n}\right)^2+\sum_{i=n_0+1}^{n}\left(1-\frac{n_1}{n}\right)^2}\div\sqrt{n-2}\\
&= \sqrt{\sum_{i=1}^{n_0}e_i^2+\sum_{i=n_0+1}^{n}e_i^2}\div\sqrt{\frac{n_0n_1}{n}}\div\sqrt{n-2}
\end{aligned}
$$

在这里,残差e_i是各组的y与其平均值之间的偏差,也就是y的偏差平方和。

分别用

$$v_0 = \frac{1}{n_0 - 1} \sum_{i=1}^{n_0} e_i^2, v_1 = \frac{1}{n_1 - 1} \sum_{i=n_0+1}^{n} e_i^2 \quad,$$

表示两组的无偏方差。利用这两个式子，可以得到：

$$
\begin{aligned}
回归系数的标准误差 &= \sqrt{(n_0 - 1)v_0 + (n_1 - 1)v_1} \div \sqrt{\frac{n_0 n_1}{n}} \div \sqrt{n - 2} \\
&= \sqrt{\frac{(n_0 - 1)v_0 + (n_1 - 1)v_1}{n - 2}} \cdot \sqrt{\frac{n}{n_0 n_1}} \\
&= \sqrt{\frac{(n_0 - 1)v_0 + (n_1 - 1)v_1}{n_0 + n_1 - 2}} \cdot \sqrt{\frac{n_0 + n_1}{n_0 n_1}} \\
&= \sqrt{\frac{(n_0 - 1)v_0 + (n_1 - 1)v_1}{n_0 + n_1 - 2}} \cdot \sqrt{\frac{1}{n_0} + \frac{1}{n_1}}
\end{aligned}
$$

左侧根号内的部分用术语叫作合并方差（pooled variance），可用于针对 2 组间平均值之差进行 t 检验。这是在假设两组存在共同方差的情况下，根据每组的无偏方差来推测共同方差所得到的结果。无偏方差乘以自由度 $n_i - 1$ 就是原来的偏差平方和，将两组的偏差平方和相加，再除以两组的自由度的和，就得到了合并方差。还可以这样理解：因为公式中出现了 2 个根据数据计算出的平均值，所以整体的自由度是 $n-2$。将这个合并方差用 s_2 来表示，就有：

$$回归系数的标准误差 = \sqrt{\frac{s^2}{n_0} + \frac{s^2}{n_1}}$$

与平均值之差的 z 检验情况相同，即与平均值之差的标准误差一致。

由此可知，二值变量的回归系数就是两组数据的平均值之差，回归系数的标准误差就是 2 组间平均值之差的标准误差。两者都服从自由度为 $n-2$ 的 t 分布，所以解释变量为二值变量时，一元回归分析与 t 检验是一样的。

附录 15　多元回归分析

根据最小二乘法,用下表的6人数据来计算多元回归分析的回归系数。

	访问次数	男性虚拟变量	签约数
F	1次	0	2件
G	2次	0	5件
H	3次	0	5件
I	3次	1	0件
J	4次	1	3件
K	5次	1	3件

在这里,解释变量有2个,因此要对3个系数——2个回归系数和截距——进行推测。与一元回归方程不同,多元回归分析对解释变量和回归系数的个数并没有限制。所以如果存在26个以上的解释变量,想要用 a 与 b 这样的字母来表示,英文字母就会不够用。因此为了对任意数量的解释变量都可以适用,多元回归分析的回归方程在解释变量有 k 个的时候,一般被表示为:

$$y_j = \beta_0 + \beta_1 x_{1j} + \beta_2 x_{2j} + \cdots + \beta_i x_{ij} + \cdots + \beta_k x_{kj} + \varepsilon_j \cdots\cdots ①$$

这里，β_0 是截距，i 大于等于 1 的 β_i 是解释变量对应的回归系数，最后的 ε_j 与一元回归时相同，是误差项。我们假设该误差项期望为 0、与 x 和 y 的值相互独立，且服从正态分布。另外，i 表示的是第几个解释变量，j 表示的是对应的第几个数据，希望读者不要混淆。这个有些复杂的符号 x_{ij} 表示的就是"第 i 个解释变量的第 j 个数据"。

顺便说一下，之前讲解回归方程，使用的是初中数学常见的 $y=ax+b$ 这一形式，因此将回归系数写作 a，将其真实值写作 α。但统计学教科书中更多地是将回归方程写作 $y=a+bx$，将回归系数的真实值写作 β。同样，多元回归分析中习惯将回归系数的真实值写作 β_i，又或者欧美的初中生学习的直线表达式就是 $y=a+bx$ 也说不定。另外，在多元回归分析中，也有将根据数据推测的回归系数写作 b_i，或者为了表示"从数据中推测出的 β_i"这一含义而写作 $\hat{\beta}_i$。这一符号读作"Beta i hat"。本书中使用的是 b_i。

①式表示的是"真实的回归方程"，将从数据中算出来的截距和回归系数写作 b_i，将用这些值所表示的回归方程计算出来的残差写作 e，以下关系也成立：

$$y_j = b_0 + b_1 x_{1j} + \cdots + b_k x_{kj} + e_j \cdots\cdots ②$$

同样使用最小二乘法。和刚才一样，残差平方和可以认为是受 $b_0, b_1, \cdots, b_k$ 影响的函数，故可表示为：

$$R(b_0, b_1, \cdots, b_k) = \sum_{j=1}^{n} (y_j - b_0 - b_1 x_{1j} - \cdots - b_k x_{kj})^2$$

对 b_0、b_1 等等求导（这在大学之后的数学中叫作偏导数），让其"=0"，得到 $k+1$ 个式子，再解这个联立方程组，思路与一元回归分析时一样。然而，解释变量增加后，联立方程组解起来非常麻烦，大学数学中会使用矩阵工具求解。一般的统计学教科书对多元回归分析结果的考察，都是用偏导数与矩阵来进行的，有兴趣的读者可以参考那些书。本书不使用矩阵和偏导数，而是用初等写法与联立方程组来说明回归系数和截距的求解方法。

想要从②式求出 y 的平均值 $\bar{y}$，将左边的 y_j 用 Σ 来加总再除以数据数量 n 就可以了：

$$\bar{y} = \frac{1}{n}\sum_{j=1}^{n} y_j = \frac{1}{n}\sum_{j=1}^{n}(b_0 + b_1 x_{1j} + b_k x_{kj} + e_j)$$

稍微计算一下等号右边，可以得到：

$$\bar{y} = \frac{1}{n}\sum_{j=1}^{n} b_0 + \frac{1}{n}\sum_{j=1}^{n} b_1 x_{1j} + \cdots + \frac{1}{n}\sum_{j=1}^{n} b_k x_{kj} + \frac{1}{n}\sum_{j=1}^{n} e_j = b_0 + b_1 \bar{x}_1 + b_k \bar{x}_k + \bar{e}$$

根据回归分析对误差项的假设，$\bar{e}$ 等于 0，于是有：

$$\bar{y} = b_0 + b_1 \bar{x}_1 + \cdots + b_k \bar{x}_k$$

和一元回归分析时一样，回归方程通过 outcome 和解释变量的平均值。但仅靠这一点，无法决定全部的回归系数。接下来我们来考虑 $x_1 y$ 的平均值。为了求它，在②式的两边乘以 x_1，得到：

$$y_1 x_{1j} = b_0 x_{1j} + b_1 x_{1j}^2 + \cdots + b_k x_{kj} x_{1j} + x_{1j} e_j$$

和刚才相同，在这个式子的两边用 Σ 加总再除以数据数量 n 就好了。于是和刚才相同，我们得到如下关系成立：

$$\overline{x_1 y} = b_0 \overline{x_1} + b_1 \overline{x_1^2} + \cdots + b_k \overline{x_k x_1} + \overline{x_1 e}$$

同样根据回归分析对误差项的假设，得到 $\overline{x_1 e}$ 等于 0，然后有：

$$\overline{x_1 y} = b_0 \overline{x_1} + b_1 \overline{x_1^2} + \cdots + b_k \overline{x_k x_1}$$

将等号右边的前两项，与介绍一元回归分析时提到的"对回归系数求导让其=0"相比，会发现两者表示的其实是一样的。

另外，同样考虑 x_2y 的平均值，能得到：

$$\overline{x_2y} = b_0\,\overline{x_2} + b_1\overline{x_2x_1} + \cdots + b_k\overline{x_2x_k}$$

截距和回归系数加起来共有 $k+1$ 个，所以一共有 $k+1$ 个这样的式子成立。这些式子中的每一个都与"对截距或回归系数求偏导再令其等于0"计算得到的式子相对应。接下来只要用实际数据把 $\overline{x_1y}$、$\overline{x_1^2}$ 等值计算出来，解联立方程组，就能知道多元回归分析的回归系数与截距了。

根据本节最开始列出的数据计算出所需的值，结果可整理如下：

	访问次数(x_1)	男性虚拟变量(x_2)	签约数(y)	x_1^2	x_2^2	x_1x_2	x_1y	x_2y
F	1	0	2	1	0	0	2	0
G	2	0	5	4	0	0	10	0
H	3	0	5	9	0	0	15	0
I	3	1	0	9	1	3	0	0
J	4	1	3	16	1	4	12	3
K	5	1	3	25	1	5	15	3
均值	3	0.5	3	32/3	0.5	2	9	1

而需要解的，首先是左边为 y 的平均值（对截距求偏导得到）的方程：

$$\overline{y} = b_0 + b_1\overline{x_1} + b_2\overline{x_2}$$

接下来是关于 x_1y 平均值（对 x_1 求偏导得到）的方程：

$$\overline{x_1y} = +b_0\,\overline{x_1} + b_1\overline{x_1^2} + b_2\overline{x_1x_2}$$

还有关于 x_2y 平均值（对 x_2 求偏导得到）的方程：

$$\overline{x_2y} = +b_0\,\overline{x_2} + b_1\overline{x_1x_2} + b_2\overline{x_2^2}$$

将上表中的值分别代入，得到有3个方程的联立方程组：

$$\begin{cases} 3 = b_0 + 3b_1 + \frac{1}{2}b_2 & \cdots\cdots ③ \\ 9 = 3b_0 + \frac{32}{3}b_1 + 2b_2 & \cdots\cdots ④ \\ 1 = \frac{1}{2}b_0 + 2b_1 + \frac{1}{2}b_2 & \cdots\cdots ⑤ \end{cases}$$

首先将③变形，得到：

$$③ \Leftrightarrow b_0 = 3 - 3b_1 - \frac{1}{2}b_2 \cdots\cdots ③'$$

将 b_0 代入④中，得到：

$$9 = 9 - 9b_1 - \frac{3}{2}b_2 + \frac{32}{3}b_1 + 2b_2$$
$$\Leftrightarrow \frac{5}{3}b_1 + \frac{1}{2}b_2 = 0$$
$$\Leftrightarrow b_1 = -\frac{3}{10}b_2 \cdots\cdots ④'$$

再将③'代入⑤中，得到：

$$1 = \frac{3}{2} - \frac{3}{2}b_1 - \frac{1}{4}b_2 + 2b_1 + \frac{1}{2}b_2 = \frac{6 + (-6+8)b_1 + (-1+2)b_2}{4} = \frac{6 + 2b_1 + b_2}{4}$$
$$\Leftrightarrow 2b_1 + b_2 + 2 = 0 \cdots\cdots ⑤'$$

将④'代入其中，得到：

$$-\frac{3}{5}b_2 + b_2 + 2 = \frac{2}{5}b_2 + 2 = 0$$
$$\Leftrightarrow b_2 = -5$$

将这一结果代入④'，得到：

$$b_1 = -\frac{3}{10}(-5) = \frac{3}{2}$$

再把 b_1, b_2 的结果代入③'式，得到：

$$b_0 = 3 - 3 \cdot \frac{3}{2} - \frac{1}{2}(-5) = 3 - \frac{9}{2} + \frac{5}{2} = 1$$

根据以上结果，回归方程是：

$$y = 1 + 1.5x_1 - 5x_2$$

如果性别条件相同，访问每增加1次，签约数平均会增加1.5件；而如果访问次数相同，与女性相比，男性的签约数平均要少5件。正文中的结论得到了证明。

另外，到现在为止我们都没有使用矩阵和偏导数进行解释，但想要理解多元回归分析等同时分析多个变量的方法，使用矩阵会更直观。这点对于因子分析也是一样的。一般的数理统计学教科书使用的矩阵、向量等线性代数的符号，对于懂得的人来说异常轻松，且符合直觉。

如果你们已能在一定程度上理解了本书中出现的数学内容，请务必拿起大学的线性代数入门书，对比本书的讲解、带着线性代数的观念重新学习统计学。

附录 16 比值比

假设从目标群体中随机选出接受调查者，询问他们"你是否具有某个共同因素"及"你是否符合某个结果"，得到了如下的 2×2 交叉表。

	符合结果	不符合结果	合计
具有某个共同因素	a	b	$a+b$
不具有某个共同因素	c	d	$b+c$
合计	$a+c$	$b+d$	$a+b+c+d$

考察"具有某个共同因素"的人与"不具有某个共同因素"的人相比，符合结果的比值比是多少，可以得到：

$$比值比 = \frac{具有某个共同因素一组的\ odds}{不具有某个共同因素一组的\ odds}$$

$$= \frac{具有某个共同因素一组符合结果的比率 \div (1-具有某个共同因素一组符合结果的比率)}{不具有某个共同因素一组符合结果的比率 \div (1-不具有某个共同因素一组符合结果的比率}$$

$$= \frac{\dfrac{a}{a+b} \div (1-\dfrac{a}{a+b})}{\dfrac{c}{c+d} \div (1-\dfrac{c}{c+d})} = \frac{\dfrac{a}{a+b} \div (\dfrac{b}{a+b})}{\dfrac{c}{c+d} \div (\dfrac{d}{c+d})} = \frac{\dfrac{a}{b}}{\dfrac{c}{d}} = \frac{ad}{bc}$$

　　将原因和结果反过来，考虑与"不符合结果"的人相比，"符合结果"的人具有某个共同因素的odds是前者的多少倍，这一比值比为：

$$
\begin{aligned}
\text{比值比} &= \frac{\text{符合结果一组的odds}}{\text{不符合结果一组的odds}} \\
&= \frac{\text{符合结果一组具有某个共同因素的比率} \div (1-\text{符合结果一组具有某个共同因素的比率})}{\text{不符合结果一组具有某个共同因素的比率} \div (1-\text{不符合结果一组具有某个共同因素的比率})} \\
&= \frac{\dfrac{a}{a+c} \div (1-\dfrac{a}{a+c})}{\dfrac{b}{b+d} \div (1-\dfrac{b}{b+d})} = \frac{\dfrac{a}{a+c} \div (\dfrac{c}{a+c})}{\dfrac{b}{b+d} \div (\dfrac{d}{b+d})} = \frac{\dfrac{a}{c}}{\dfrac{b}{d}} = \frac{ad}{bc}
\end{aligned}
$$

　　因此，比值比具有因果颠倒其值依然相同的性质。

　　我们原本想知道的是"具有某个共同因素"一组符合结果的比率，是"不具有某个共同因素"一组符合结果的比率的多少倍，这种比例之比可以表示为：

$$
\text{比例之比} = \frac{a}{a+b} \div \frac{c}{c+d} = \frac{a(c+d)}{(a+b)c}
$$

　　如果符合结果的比率如果小到不得不进行病例对照研究的程度，也就是$a \ll b$且$c \ll d$时，可以认为$a+b \cong b$及$c+d \cong d$，因此有：

$$
\text{比例之比} \cong \frac{ad}{bc} = \text{比值比}
$$

二者近似一致。

　　那么实际进行病例对照研究时，刚才的交叉表会变成什么样呢？我们会有意地让病例组（符合结果的人）的人数比对照组（不符合结果的人）更多。比如在病例对照研究调查中收集的病例组数据，是刚才随机抽样时病例组人数的m倍，病例对照研究的交叉表就变成了下面这样。

	符合结果	不符合结果	合计
具有某个共同因素	ma	b	$ma+b$
不具有某个共同因素	mc	d	$mc+d$
合计	$ma+mc$	$b+d$	$ma+b+mc+d$

像刚才一样考虑其比例之比，会得到：

$$比例之比 = \frac{ma}{ma+b} \div \frac{mc}{mc+d} = \frac{a(mc+d)}{c(ma+b)}$$

这与随机抽样得到的结果完全不同。而比值比仍为：

$$比值比 = \frac{\dfrac{ma}{ma+b} \div \left(1-\dfrac{ma}{ma+b}\right)}{\dfrac{mc}{mc+d} \div \left(1-\dfrac{mc}{mc+d}\right)} = \frac{\dfrac{ma}{ma+b} \div \left(\dfrac{b}{ma+b}\right)}{\dfrac{mc}{mc+d} \div \left(\dfrac{d}{mc+d}\right)} = \frac{\dfrac{ma}{b}}{\dfrac{mc}{d}} = \frac{ma}{b}\frac{d}{mc} = \frac{ad}{bc}$$

与抽样调查得到的比值比一致。

　　所以，如果符合结果的人在整体中占比很低，此时采取病例对照研究法，刻意多收集相当于"病例"的符合结果者的数据，计算比值比，结果会与正常的抽样调查所得出的比值比一致。

　　不过实际上，在不进行随机抽样而是"刻意多收集"的过程中，经常发生病例群体中符合结果的人比例比原本更高或更低的情况。

　　假设为了将犯罪者作为病例、其他人作为对照而到监狱收集病例。即使比值比表明，病例明显比作为对照的一般市民做事笨拙、对人生感到后悔、健谈且不认生，也不能认为"这种人容易犯罪"。因为，只有做事笨拙的罪犯才会被抓捕，如果犯罪者中也包括并没被抓到或是犯罪事实没有被发觉的人，那么也有可能"比起一般市民，做事精明的人更容易犯罪"。另外，这些罪犯可能不是因为犯罪本身而感到后悔，而是在监狱的再教育之后才产生了后悔的心理，这种情况就不是后悔的人容易犯罪，原先的解读其实是倒果为因。此外，参与这种对自己没有好处的调查的，大多是喜欢说话且不认生的人。

像这样，解读调查结果时必须注意到"其中存在着怎样的偏斜"，为了避开这种影响，还要在数据的收集方法上下功夫，此时，使用 *Logistic* 回归调整造成偏斜的条件就变得十分重要。

附录 17　统计功效与样本量设计

让我们来考虑一下，对比例之差进行 z 检验时必须要收集多少数据（也就是样本量的大小）。

假设样本共有 n 人，随机地分成人数相等的 2 组。一组作为比较对照组，什么都不做或者继续原来的做法，称为第 0 组。对另一组——称为"第 1 组"——采取可能有效的新措施。将目前的 outcome 用比例 p_0 代表，假设采取新措施之后预计这一比例会上升 d(>0)，达到 p_1。

在这种情况下，想要用 z 检验来验证新措施的效果，使用原假设下两组共同的比例 p，得到：

$$z = \frac{p_1 - p_0}{\sqrt{p(1-p)(\frac{1}{n_0} + \frac{1}{n_1})}} = \frac{d}{\sqrt{p(1-p)(\frac{2}{n} + \frac{2}{n})}} = \frac{d}{\sqrt{\frac{4p(1-p)}{n}}}$$

将这一式子的分母"原假设下 d 的标准误差"写作：

$$\sqrt{\frac{4p(1-p)}{n}} = SE_0 \cdots\cdots ①$$

　　这样，如果原假设是正确的，两组间比例之差就服从均值为0、方差为SE_0^2的正态分布。这里SE的下标0，来源于原假设"null hypothesis"也就是"零假设"，常用于表示"原假设正确的情况下……"原假设本身也经常用hypothesis的首字母写作H_0。

　　另外，本书此前都只是在"原假设正确的情况下"对检验统计量进行计算，而统计功效指的是"确实存在差距时，判断存在显著性差异的概率"。所以，我们也必须考虑"两组之间差的真实值确实是d"的情况。这种与原假设相对立的假设称为对立假设，与刚才的H_0相对应表示为H_1。考虑对立假设下两组比例之差的分布，其均值是d，再将标准误差写作SE_1，从方差的可加性，可以得到：

$$\mathrm{SE}_1 = \sqrt{\frac{p_0(1-p_0)}{n_0} + \frac{p_1(1-p_1)}{n_1}}$$
$$= \sqrt{\frac{2}{n}(p_1 - p_0^2 + p_1 - p_1^2)} = \sqrt{\frac{2}{n}[p_0 + p_1 - (p_0^2 + p_1^2)]}$$

原假设下两组共同的比例p为：

$$p = \frac{\frac{n}{2}p_0 + \frac{n}{2}p_1}{n} = \frac{p_0 + p_1}{2} \Leftrightarrow 2p = p_0 + p_1$$

另外，因为：

$$4p^2 = (2p)^2 = (p_0 + p_1)^2 = (2p_0 + d)^2 = 4p_0^2 + 4p_0 d + d^2$$
$$p_0^2 + p_1^2 = p_0^2 + (p_0 + d)^2 = 2p_0^2 + 2p_0 d + d^2$$

所以有：

$$p_0^2 + p_1^2 = \frac{4p^2}{2} + \frac{d^2}{2} = 2p^2 + \frac{d^2}{2}$$

因此：

$$SE_1 = \sqrt{\frac{2}{n}\left(2p - 2p^2 - \frac{d^2}{2}\right)} = \sqrt{\frac{4}{n}p(1-p) - \frac{d^2}{n}}$$

根据①式：

$$\frac{4p(1-p)}{n} = SE_0^2$$

所以有：

$$SE_1 = \sqrt{SE_0^2 - \frac{d^2}{n}} \cdots\cdots ②$$

此时重新考虑统计功效，也就是"确实存在差距时，判断为显著性差异的概率"。判断为显著性差异的概率，是这个均值为 d、标准误差为的正态分布中，位于 $1.96SE_0$ 右侧的面积。如果统计功效是85%，在标准正态分布中，$-1.04 \sim \infty$ 的面积大约就是85%（这点可以在Excel中输入 =normsinv(0.85) 来＋确认），如图所示，原假设分布的均值0加上 $1.96 \times SE_0$，与对立假设的均值 d 减去 $1.04 \times SE_1$ 一致。

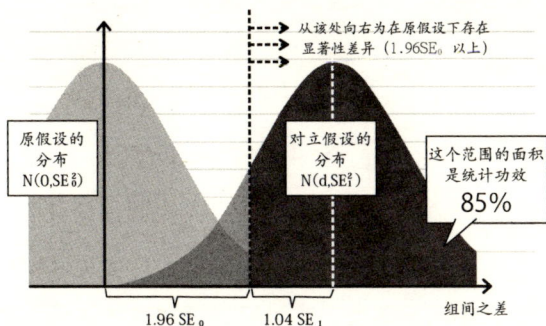

用式子来表示就是：

$$0 + 1.96 \times SE_0 = d - 1.04 \times SE_1 = d - 1.04\sqrt{SE_0^2 - \frac{d^2}{n}} \Leftrightarrow 1.96 = \frac{d}{SE_0} - 1.04\sqrt{1 - \frac{d^2}{nSE_0^2}}$$

将1.96和1.04这种具体的数值一般化，分别写作 a、b，它们就相当于"标准正态分布下，令数据分布在$0 \pm a$范围内的概率等于$1 - \alpha$（设定α错误的水平为α）的a的值"以及"标准正态分布下，令数据分布在$-b \sim \infty$或$-\infty \sim b$范围内的概率等于设定的统计功效，也就是$1 - \beta$（统计功效等于1减去β错误的概率）的b的值"。

再令$d \div \mathrm{SE}_0 = r$，即"比例之差在原假设下是标准误差的r倍"，就有：

$$\Leftrightarrow a = r - b \sqrt{1 - \frac{r^2}{n}}$$

$$\Leftrightarrow \frac{r - a}{b} = \sqrt{1 - \frac{r^2}{n}} \cdots\cdots ③$$

$$\Leftrightarrow \left(\frac{r - a}{b} \right)^2 = 1 - \frac{r^2}{n}$$

$$\Leftrightarrow r^2 - 2ar + a^2 - b^2 + \frac{b^2 r^2}{n} = \left(1 + \frac{b^2}{n} \right) r^2 - 2ar + a^2 - b^2 = 0$$

可以看出，如果比例之差d不是很大，n就得有数百乃至更多。另一方面，b的值随着统计功效的增大而增大，但即使统计功效是99%，b也只有约2.33，并不算大。况且要求这么高的统计功效，n只怕会更多。如果$\frac{b^2}{n}$可以忽略不计，就有：

$$r^2 - 2ar + (a^2 - b^2) = r^2 - 2ar + (a + b)(a - b) = [r - (a + b)][r - (a - b)] = 0$$

因此，

$$r = a + b \text{ 或 } r = a - b$$

但是再重新观察一下③式，右边明显是非负的，因此左边也不会是负的，所以一定有：

$$r \geqslant a$$

加上这一条件，我们可以知道刚才的解中只有$r = a + b$是正确的。所以，如果错误是双侧5%（$a = 1.96$）、统计功效是85%（$b = 1.04$），并且n有数百乃至更多，我们就得到了一个大概的标准，即预估的组间差 d 大约为原假设下标准误差的 3 倍（=1.96+1.04）。

那么，按照这个标准，样本量应该有多少呢？ 根据①式，有：

$$r = \frac{d}{\text{SE}_0} = \frac{d}{\sqrt{\frac{4p(1-p)}{n}}} = \frac{\sqrt{n}d}{2\sqrt{p(1-p)}} = 3$$

$$\Leftrightarrow n = \frac{36p(1-p)}{d^2}, \text{ 其中} p = \frac{p_0 + p_1}{2} = p_0 = \frac{d}{2}$$

假设未采取新措施时，顾客的到店比例是 27%（=p_0），由于采取新措施，到店比例增加了 6%（=d）。此时，p=30%，能够得到：

$$n = 36 \times 0.3 \times 0.7 \div 0.06^2 = 2100$$

也就是说将 2100 人随机分成 2 组，每组各 1050 人，对其中 1 组采取新措施。若差距确实存在，统计功效为 85%，p 值小于 0.05。顺便计算一下刚才假设的"可以无视的" $\frac{b^2}{n}$ 这一项，得到 0.0005（=$1.04^2 \div 2100$），将其忽略而求出 r=3 的做法看来没有问题。

至于均值之差则更加简单。假设采取新措施之后即使均值改变了方差也不会变。这意味着方差相同，因此该假设也被称为"同方差性假设"。不过实际上，以提高顾客消费金额为目标的措施，可能会令当前消费金额高的人消费更多，这时候方差会变大；相反，也有可能让当前消费金额低的人消费更多，此时方差就会变小。若能从已有的数据中发现端倪，就可以在估测采取措施一组的标准误差之后，再来进行样本量的设计。但如果我们不知道方差如何变化，不如先假设同方差，也就是"方差维持现状"。这样有 $\text{SE}_0 = \text{SE}_1$，因此有：

$$0 + a\text{SE}_0 = d - b\text{SE}_0$$

$$\Leftrightarrow r = \frac{d}{\text{SE}_0} = (a + b)$$

证明毫不费力地就完成了。只要同方差成立，无论 n 是大还是小都有 $r=a+b$。此外在原假设下，采取新措施后方差 σ^2 不变，因此关于标准误差有：

$$\mathrm{SE}_0 = \sqrt{\frac{\sigma^2}{n_1} + \frac{\sigma^2}{n_2}} = \sigma\sqrt{\frac{2}{n} + \frac{2}{n}} = \sigma\sqrt{\frac{4}{n}} = \frac{2\sigma}{\sqrt{n}}$$

因此：

$$r = \frac{d}{\mathrm{SE}_0} = \frac{d\sqrt{n}}{2\sigma} = 3$$
$$\Leftrightarrow n = \frac{36\sigma^2}{d^2}$$

和刚才一样，在显著性水平为 5%、统计功效是 85% 时，将方差的 36 倍除以措施效果的平方，就可求出必要的样本量。比如现在客人平均消费金额的标准差是 5000 日元，采取了将平均购买金额增加 1000 日元的措施，可以算出来必需的样本量是 900 人（$=36 \times 50002 \div 1000^2$）。

为了便于计算，此前我们都是用显著性水平为 5%、统计功效为 85% 时 $r=3$ 来进行计算，现将其他的显著性水平和统计功效所对应的 r 的值总结于下表。不论是均值之差还是比例之差，该表都同样适用。

		统计功效						
		70% ($b=0.52$)	75% ($b=0.67$)	80% ($b=0.84$)	85% ($b=1.04$)	90% ($b=1.28$)	95% ($b=1.64$)	99% ($b=2.33$)
显著性水平	双侧 10%($a=1.64$)	2.17	2.32	2.49	2.68	2.93	3.29	3.97
	双侧 5%($a=1.96$)	2.48	2.63	2.80	3.00	3.24	3.60	4.29
	双侧 1%($a=2.58$)	3.10	3.25	3.42	3.61	3.86	4.22	4.90

　　只要记住了这些,在进行 A/B 测试时,就不难估测出需要的样本量了。希望读者能活用本书内容, 在自己身边的数据中寻找值得使用 A/B 测试检验的新想法。

参考文献

第1章

清水良一.中心極限定理.教育出版，1976.

Quetelet, L.A.. *Sur l' homme et le développement de se facultés ou essai de physique sociale*. Bachelier, 1835.

Quetelet, L.A.. *Letters on the theory of probabilities* (OG Downes, Trans.). Layton, 1849.

Gauss, C.F.. *Theoria motus corporum coelestium in sectionibus conicis solem ambientium*.1809.

学生の健康白書に関する特別委員会（編）.学生の健康白書2005.国立大学法人保健管理施設協議会，2008.

第2章

Salsburg, D.. *The Lady Tasting Tea: How Statistics Revolutionized Science in the Twentieth Century*. Holt Paperbacks, 2002.

芝村良.R.Aフィッシャーの統計理論—推測統計学の形成とその社会的背景.九州大学出版会，2004.

日本野球機構.年度別成績 [2014/9/27引用] . Available from: http://bis. npb.or.jp/yearly/

Helmert, F.R.. Die Genauigkeit der Formel von Peters zur Berechnung des wahrscheinlichen Beobachtungsfehlers directer Beobachtungen gleicher Genauigkeit [in German]. *Astronomische Nachrichten*, 1876, 88: 113–132.

Pearson, K.. On the criterion that a given system of deviations from the probable in the case of a correlated system of variables is such that it can be reasonably supposed to have arisen from random sampling. *Phil Mag Ser*, 1900, 50:157–175.

Fisher, R.A.. *Statistical Methods for Research Workers*. Cosmo Publications, 1925.

Holm, S.A.. simple sequentially rejective multiple test procedure. *Scand J Stat*, 1979, 6:65–70.

Benjamini, Y., Hochberg, Y.. Controlling the discovery rate: a practical and powerful approach to multiple testing. *Journal of the Royal Statistical Society*, Series B, 1995, 57: 289–300.

第3章

Galton, F.. Regression Towards Mediocrity in Hereditary Stature. *Journal of the Anthropological Institute of Great Britain and Ireland*, 1886, 15:246–263.

Pearson, K.. Mathematical Contributions to the Theory of Evolution. III. Regression, Heredity and Panmixia. *Philosophical Transactions of the Royal Society of London*, 1896, 187:253–318.

Fisher, R.A.. *Statistical Methods for Research Workers*. Cosmo Publications, 1925.

Pearson, K.. Notes on the history of correlation. *Biometrika*, 1920, 25–45.

Rothman, K.J.. *Epidemiology: An Introduction*, 2nd ed. Oxford University Press, 2012.

嶋康晃.世界の心臓を救った町―フラミンガム研究の55年.ライフサイエンス出版, 2011.

Truett, J., Cornfield, J., Kannel, W.. A multivariate analysis of the risk of coronary heart disease in Framingham. *J Chronic Dis*. 1967, 20(7):511–524.

Nelder, J.A., Wedderburn, R.W.M.. Generalized linear models. *Journal of the Royal Statistical Society*, Series A, 1972, 125:370–384.

丹後俊郎，高木晴良，山岡和枝.ロジスティックス回帰分析―SASを利用した統計解析の実際.朝倉書店，1996.

Burnham, K.P., Anderson, D.R.. *Model Selection and Multimodel Inference*. 2nd ed. Springer Verlag, 2002.

第 4 章

Spearman, C.. "General intelligence" objectively determined and measured. *Am J Psychol*, 1904, 15:201–292.

Thurstone, L.L.. The vectors of mind. *Psychological Review*, 1934, 41:1–32.

Thurstone, L.L.. A new conception of intelligence. *Educational Record*. 1936, 17:441–450.

Flanagan, D.P., Genshaft, J.L., Harrison, P.L., editors. *Contemporary intellectual assessment: Theories, tests and issues*. Guilford, 1997.

豊田秀樹.因子分析入門―Rで学ぶ最新データ解析.東京図書，2012.

Robbins, S.P.. *Essentials of Organizational Behavior*. 8th ed. Prentice Hall, 2005.

前川真一，竹内啓.SASによる多変量データの解析.東京大学出版会，1997.

Sibson, R.. SLINK: an optimally efficient algorithm for the single-link cluster method. *The Computer Journal*, 1973, 16:30–34.

Hartigan, J.A.. *Clustering Algorithms*. John Wiley & Sons Inc, 1975.

Brito, P., Bertrand, P., Cucumel, G., Carvalho, F.D., editors. *Selected contributions in data analysis and classification*. Springer, 2007.

终章

Benjamin, A.. Teach statistics befor calculus! TED2009. Available from: http://www.ted.com/talks/arthur_benjamin_s_formula_for_changing_

math_education?language=ja

　　大橋靖雄，浜田知久馬.生存時間解析―SASによる生物統計.東京大学出版会;1995.

　　Box. G.E.P., Jenkins, G.M.. *Time Series Analysis: Forecasting and Control*.1st ed. Holden Day; 1970.

　　藤越康祝.経時データ解析の数理.朝倉書店，2009.

　　甘利俊一，佐藤俊哉，竹内啓，狩野裕，松山裕，石黒真木夫.多変量解析の展開―隠れた構造と因果を推理する.岩波書店，2002.

　　豊田秀樹.項目反応理論［入門編］（第2版).朝倉書店，2012.

　　Arthur, D., Vassilvitskii, S.. K-means++: the advantages of careful seeding. Proceedings of the eighteenth annual ACm-SIAM symposium on Discrete algorithms. 2007, 1027–1035.

　　Girolami, M, . Mercer kernel-based clustering in the feature space. Neural Networks, IEEE Transactions on. 2002, 13:780–784.

　　Pelleg, D., Moore, A.. X-means: Extending K-means with Efficient Estimation of the Number of Clusters. 2000. Available from: www.cs.cmu.edu/ ～ dpelleg/download/xmeans.pdf

索引

出版后记

改变店面的装潢能使客流量增加了10%，连锁店家是否应该重新装修所有的门店？

为甄选应聘者，公司安排了多门考试，用什么样的方式处理分数才能公平地找出合适的人才？

拜访客户的次数与签约数量有什么关系？男性销售员和女性销售员之间有显著的差异吗？

……

想要找到上述商业问题的答案，就要学会灵活地运用统计工具。然而现在，无论是课堂还是各类统计学书籍，更多地是在讲授统计学的基本概念及其数学基础，而对统计学的商业运用鲜着笔墨。在大数据时代，各种数据唾手可得，最大限度地利用这些数据做出恰到好处的决策，是当前商业精英的必备技能。

这本统计学就是专为大数据时代的商务人士所写。在商业领域，我们最关心的是"因果关系"，比如做什么活动能提高销量、怎样运营可以减少库存。统计学就是把握纷繁数据背后"因果关系"的利器。本书作者西内启多年从事统计学的教学与应用，拥有不可多得的统计学实战经验，前作《看穿一切的统计学》曾畅销37万册。在本书中，作者用商务案例和直观的图表浅析了假设检验、随机对照实验、回归分析、因子分析、聚类分析等实用方法。正文中没有令人望而却步的公式与推导，毫无基础知识的读者也可以轻松地从中汲取养分，看穿数字背后的真相。

服务热线：133-6631-2326 188-1142-1266

读者信箱：reader@hinabook.com

后浪出版公司

2017 年 9 月

图书在版编目（CIP）数据

统计思维 / (日) 西内启著；李晨译 . -- 杭州：
浙江人民出版社，2017.7（2018.10 重印）
ISBN 978-7-213-08338-9

Ⅰ.①统… Ⅱ.①西… ②李… Ⅲ.①概率统计
Ⅳ.① O211

中国版本图书馆 CIP 数据核字 (2017) 第 193683 号

浙 江 省 版 权 局
著作权合同登记号
图字：11-2017-213

TOKEIGAKU GA SAIKYO NO GAKUMON DEARU [JISSEN HEN]
by HIROMU NISHIUCHI
Copyright © 2014 HIROMU NISHIUCHI
Chinese (in Simplified character only) translation copyright © 2017 by Ginkgo(Beijing)Book Co., Ltd.
All rights reserved.
Chinese (in Simplified character only) translation rights arranged with Diamond,Inc.
through Bardon-Chinese Media Agency.

统计思维

[日] 西内启 著　　李 晨 译

出版发行：浙江人民出版社（杭州市体育场路 347 号　邮编　310006）
责任编辑：潘海林
责任校对：徐永明
特约编辑：李　峥
封面设计：Cyali
印　　刷：北京盛通印刷股份有限公司
开　　本：690 毫米 × 960 毫米 1/16
印　　张：23
字　　数：280 千
版　　次：2017 年 12 月第 1 版
印　　次：2018 年 10 月第 2 次印刷
书　　号：ISBN 978-7-213-08338-9
定　　价：52.00 元